高等院校数字艺术设计系列教材

CorelDRAW X7 平面设计应用案例教程

（第四版）

曹天佑　刘绍婕　关向东　编著

清華大學出版社
北京

内容简介

本书以案例作为主线，在具体应用中体现软件的功能和知识点。根据CorelDRAW的使用习惯，由简到繁精心设计了50个实例，由优秀的高校老师及一线设计师共同编写，循序渐进地讲解了使用CorelDRAW制作和设计专业平面作品所需要的知识。全书共分12章，包括CorelDRAW软件基础、图形的基本绘制、图形对象的编辑与艺术处理、文字的编辑与应用、特殊图形效果的制作、海报设计、插画设计、企业形象设计、广告设计、书籍装帧设计、包装设计和网页设计等内容。

本书采用案例教程的编写形式，兼具技术手册和应用技巧参考手册的特点，技术实用，讲解清晰，不仅可以作为图形设计初、中级读者的学习用书，也可以作为院校及培训机构艺术专业的教材。

图书在版编目(CIP)数据

CorelDRAW X7平面设计应用案例教程 / 曹天佑，刘绍婕，关向东 编著. —4版. —北京：清华大学出版社，2019（2023.1重印）
(高等院校数字艺术设计系列教材)
ISBN 978-7-302-51285-1

Ⅰ. ①C… Ⅱ. ①曹… ②刘… ③关… Ⅲ. ①图形软件—高等学校—教材 Ⅳ. ①TP391.413

中国版本图书馆CIP数据核字(2018)第216692号

责任编辑： 李　磊　焦昭君
装帧设计： 王　晨
责任校对： 成凤进
责任印制： 沈　露

出版发行： 清华大学出版社
网　　址：http://www.tup.com.cn，http://www.wqbook.com
地　　址：北京清华大学学研大厦A座　　邮　　编：100084
社 总 机：010-83470000　　邮　　购：010-62786544
投稿与读者服务：010-62776969，c-service@tup.tsinghua.edu.cn
质 量 反 馈：010-62772015，zhiliang@tup.tsinghua.edu.cn
印 装 者：三河市铭诚印务有限公司
经　　销：全国新华书店
开　　本：185mm×260mm　　印　　张：14　　字　　数：340千字
版　　次：2007年5月第1版　　2019年1月第4版　　印　　次：2023年1月第4次印刷
定　　价：69.00元

产品编号：080449-01

CorelDRAW X7 | 前言

随着时代的进步，人们对于设计的要求越来越高。对于一个从未接触过 CorelDRAW 软件的读者来说，当看到该软件在设计方面的强大功能后，总是会有一种想快速学会并进行运用的想法。

目前市面上的大多数 CorelDRAW 书籍总是会出现理论知识讲解与实际操作不能完全融合的情况，而本书独具特色，按照案例的方式将理论进行合理的穿插，从而能够使读者更容易了解软件功能在设计中的运用，使读者在学习时少走弯路。通过本书希望能够帮助读者解决学习中的难题，提高技术水平，快速成为平面设计高手。

本书特点

本书内容由浅入深，丰富多彩，力争涵盖 CorelDRAW X7 中全部的知识点，并以案例的方式对软件中的功能进行详细讲解，使读者尽快掌握软件的应用。

本书具有以下特点：

◎ 内容全面，几乎涵盖了 CorelDRAW X7 中的所有知识点，在设计中使用的不同方法和技巧都有相应的案例作为引导。本书由高校老师及一线设计师共同编写，从图形设计的一般流程入手，逐步引导读者学习软件和设计的各种技能。

◎ 语言通俗易懂，讲解清晰，前后呼应，以最小的篇幅、最易读懂的语言来讲解每一项功能和每一个案例，让读者学习起来更加轻松，阅读更加容易。

◎ 案例丰富，技巧全面实用，技术含量高，与实践紧密结合。每一个案例都倾注了作者多年的实践经验，每一项功能都经过技术认证。

◎ 注重理论与实践的结合，在本书中案例的运用都围绕软件的某个重要知识点展开，使读者更容易理解和掌握，方便知识点的记忆，进而能够举一反三。

本书章节安排

本书依次讲解了 CorelDRAW 软件基础、图形的基本绘制、图形对象的编辑与艺术处理、文字的编辑与应用、特殊图形效果的制作、海报设计、插画设计、企业形象设计、广告设计、书籍装帧设计、包装设计和网页设计等内容。

本书作者有着多年丰富的教学经验和实际设计经验，在编写本书时将自己实际授课和作品设计过程中积累下来的宝贵经验与技巧展现给读者，希望读者能够在体会 CorelDRAW 软件强大功能的同时，将创意和设计理念通过软件操作反映到平面设计制作的视觉效果中来。

本书读者对象和作者

本书主要面向初、中级读者，是一本非常适合的入门与提高教材。对于软件的讲解从必备的基础操作开始，以前没有接触过 CorelDRAW X7 的读者无须参照其他书籍即可轻松入门，接触过 CorelDRAW 软件的读者同样可以从中快速了解该软件中的各种功能和知识点，自如地踏上新的台阶。

本书主要由曹天佑、刘绍婕和关向东编著，参加编写的人员还有王红蕾、陆沁、时延辉、戴时影、冯海靖、张希、潘磊、刘冬美、尚彤、孙倩、陈美荣、殷晓峰、谷鹏、胡铂、赵頔、张猛、齐新、王海鹏、刘爱华、王君赫、张杰、张凝、周荣、周莉、陆鑫、刘智梅、贾文正、黄友良、蒋立军、蒋岚、蒋玉、苏丽荣、谭明宇、李岩、吴承国、陶卫锋、孟琦、曹培军、沈桂军、刘丹、王凤展、卜彦波、祁淑玲、吴忠民、袁震寰、田秀云、李垚、郎琦、谢振勇、霍宏等。

由于作者水平所限，书中疏漏和不足之处在所难免，敬请读者批评、指正。

本书提供了案例的素材文件、源文件、视频以及 PPT 课件等立体化教学资源，扫一扫右侧的二维码，推送到自己的邮箱后下载获取。

编　者

CorelDRAW X7 目录

第 1 章 CorelDRAW 软件基础

第 2 章 图形的基本绘制

第 3 章 图形对象的编辑与艺术处理

第 4 章 文字的编辑与应用

第 5 章 特殊图形效果的制作

第1章

CorelDRAW X7

| CorelDRAW 软件基础

本章主要讲解CorelDRAW中文件的新建、打开、保存和关闭，以及导入图片、页面设置、查看方式、显示方式等操作，使读者对CorelDRAW的工作窗口和操作中的一些基础知识有初步的了解，以方便读者对后续内容的学习。

| 本章重点

- 新建文档
- 打开文件
- 导入素材
- 查看方式
- 页面设置
- 不同模式的显示方式
- 存储与关闭

实例1　新建文档

实例 目的

本实例的目的是让大家了解在CorelDRAW中新建文档的方法和创建过程。

实例 重点

- 启动CorelDRAW X7
- CorelDRAW X7对话框
- 新建文档
- 从模板新建文档

实例 步骤

STEP 1 单击桌面左下方的“开始”按钮，在弹出的菜单中将鼠标指针移到“程序”选项上，在其右侧展开下一级子菜单，再将鼠标指针移至CorelDRAW Graphics Suite X7选项上，展开下一级子菜单，最后将鼠标指针移至CorelDRAW X7选项，如图1-1所示。

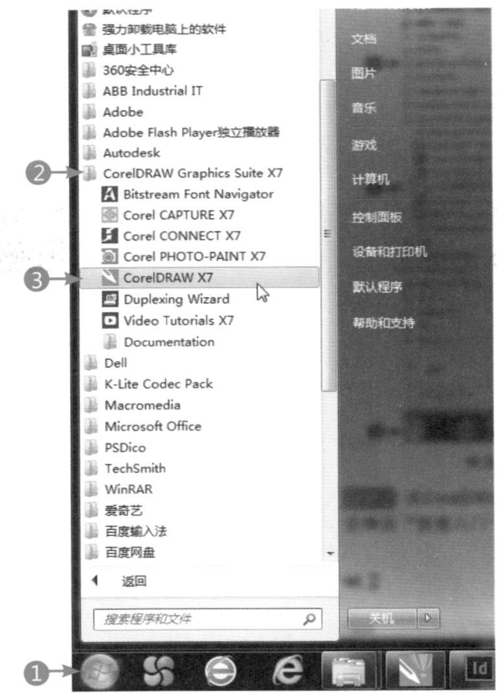

图1-1　启动菜单

> **提 示**
>
> 如果在计算机桌面上创建有CorelDRAW X7快捷方式，双击该图标，也可快速启动CorelDRAW X7。

STEP 2 在CorelDRAW X7选项上单击鼠标左键，即可启动CorelDRAW X7，如图1-2所示，系统会弹出“快速入门”对话框，如图1-3所示。

图1-2 启动界面

图1-3 “快速入门”对话框

提 示

“启动时始终显示欢迎屏幕”复选框处于勾选状态时，则每次启动CorelDRAW X7时，都会出现“快速入门”对话框；如果将复选框的勾选取消，则在每次启动CorelDRAW X7时，将不再出现该对话框。

STEP 3 将光标移到“新建文档”按钮处，鼠标指针变为☝图形时，单击鼠标左键，系统会弹出如图1-4所示的“创建新文档”对话框。

图1-4 “创建新文档”对话框

STEP 4 设置完毕单击“确定”按钮，系统自动新建一个空白文档，此时的CorelDRAW X7工作界面如图1-5所示。

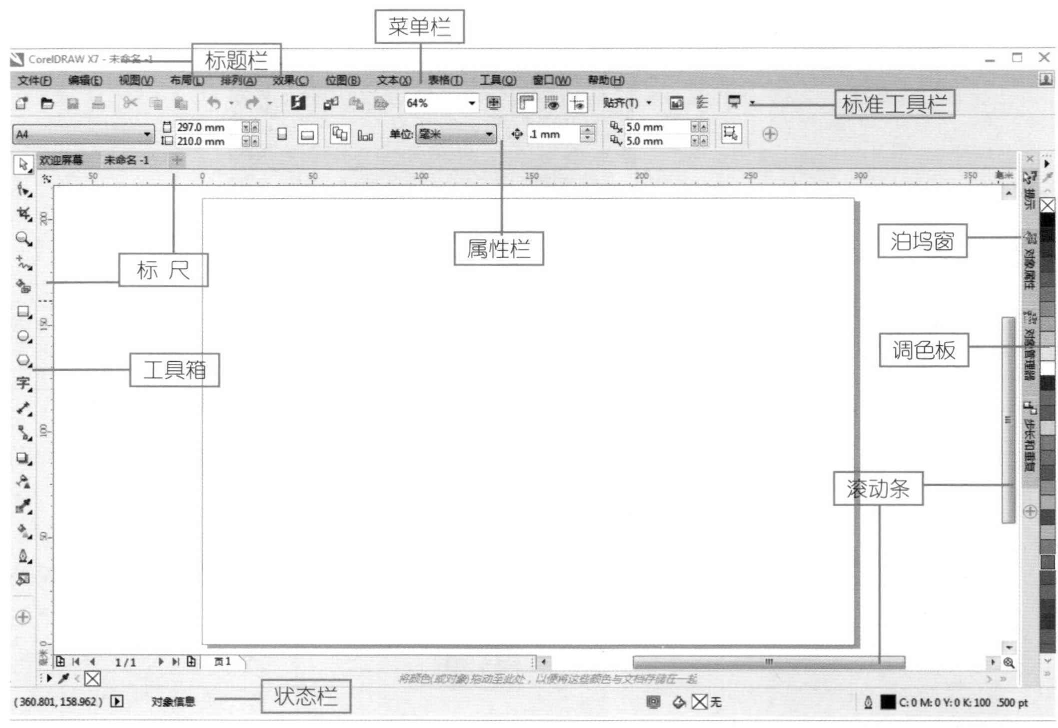

图1-5 工作界面

之前介绍了在CorelDRAW X7的“快速入门”对话框中建立空白文档。运行CorelDRAW X7软件后，要建立新的空白文档，可通过执行菜单中的“文件/新建”命令，如图1-6所示，或单击标准工具栏上的（新建）按钮来建立空白文档，如图1-7所示。

图1-6 菜单栏

技 巧

除了通过执行菜单中的“文件/新建”命令和单击标准工具栏上的（新建）按钮，可以新建空白文档外，还可以按Ctrl+N键，快速建立一个新的空白文档。

图1-7 标准工具栏

从模板新建

STEP 1 执行菜单中的“文件/从模板新建”命令，打开“从模板新建”对话框，如图1-8所示。

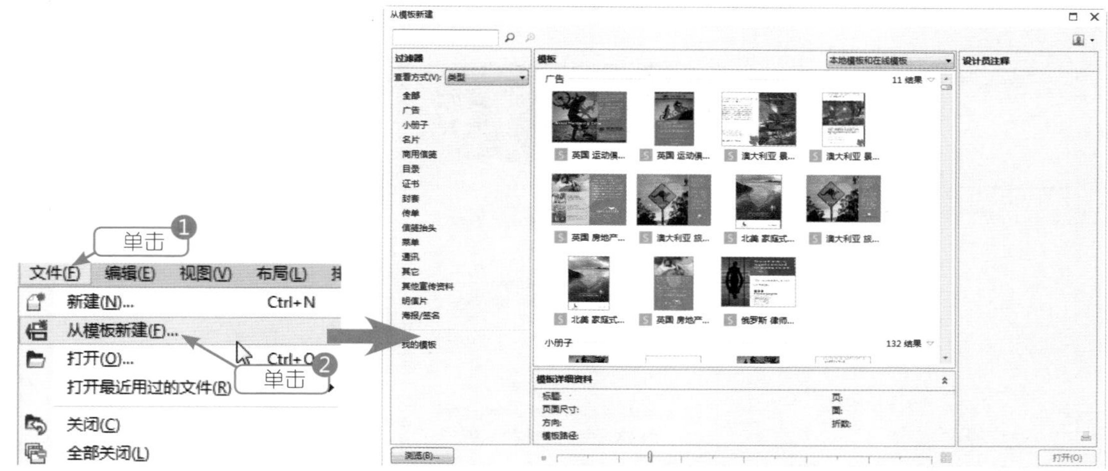

图1-8 “从模板新建”对话框

提 示

打开CorelDRAW X7欢迎屏幕界面时，可以在其中直接单击“从模板新建”选项来新建模板文档。

STEP 2 在“从模板新建”对话框中，单击“小册子”选项，在模板列表中选择其中的一个模板，如图1-9所示。

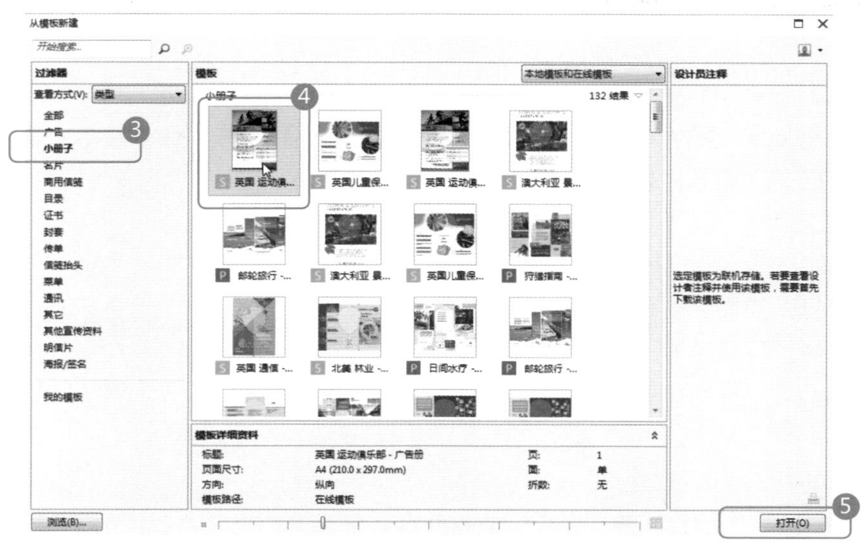

图1-9 选择模板

STEP 3 再单击“打开”按钮，用该模板新建一个文档，如图1-10所示。

图1-10 新建的模板文件

实例2 打开文件

实例 目的

以“房产广告.cdr”文件为例，讲解执行菜单中的“文件/打开”命令或单击标准工具栏上的（打开）按钮打开“房产广告.cdr”文件。

实例 重点

- 打开“打开绘图”对话框
- 打开“房产广告.cdr”文件

实例 步骤

STEP 1 启动CorelDRAW X7软件。

STEP 2 执行菜单中的“文件/打开”命令，或将鼠标指针移至标准工具栏中的（打开）按钮上，单击鼠标左键，在打开的“打开绘图”对话框中，选择“房产广告.cdr”文件，如图1-11所示。

图1-11　“打开绘图”对话框

技 巧

按Ctrl+O键，可直接打开“打开绘图”对话框，以便快速打开文件，或在文件名称上双击即可将该文件打开。

STEP 3 单击“打开”按钮，打开“房产广告.cdr”文件，如图1-12所示。

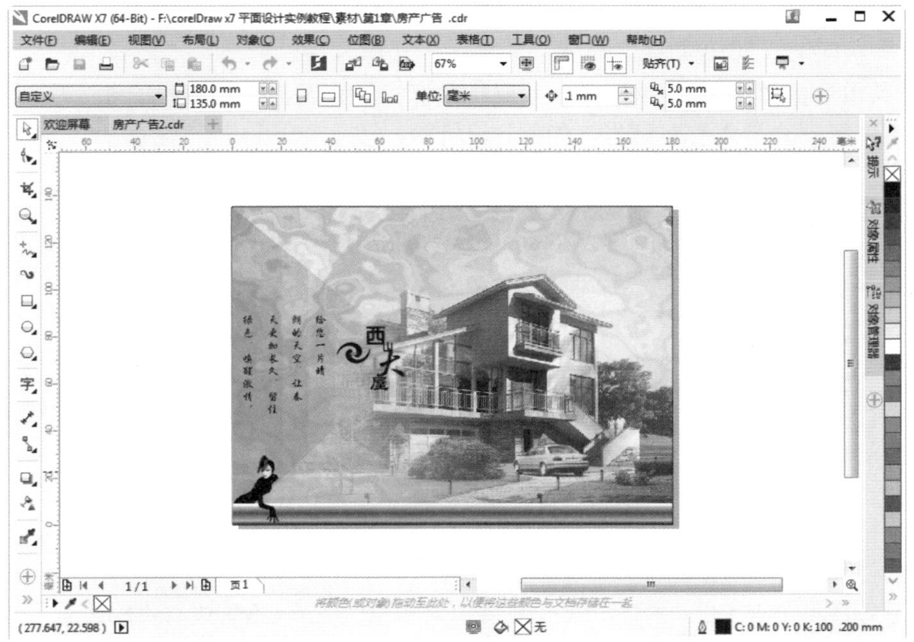

图1-12 打开“房产广告.cdr”文件

技 巧

高版本的CorelDRAW可以打开低版本的.cdr文件，但低版本的CorelDRAW不能打开高版本的.cdr文件。解决的方法是在保存文件时选择相应的版本即可。

提 示

安装CorelDRAW软件后，系统自动识别.cdr格式的文件，在.cdr格式的文件名上双击鼠标左键，无论CorelDRAW软件是否启动，都可打开该文件。

实例3 导入素材

实例 目的

在使用CorelDRAW绘图时，有时需要从外部导入非CorelDRAW制作的图片文件。下面将通过实例讲解导入非CorelDRAW制作的外部图片的方法。

实例 重点

- ★ 打开“导入”对话框
- ★ 单击“导入”按钮
- ★ 直接拖动图像导入

实例 步骤

STEP 1 执行菜单中的“文件/新建”命令，新建一个空白文档。

STEP 2 执行菜单中的“文件/导入”命令，或将鼠标指针移至标准工具栏的（导入）按钮上，单击鼠标左键，打开“导入”对话框，如图1-13所示。

图1-13 打开“导入”对话框

STEP 3 在“导入”对话框的文件列表中，选择附赠资源中的“素材/第1章/幸福的一家人.jpg”文件，将鼠标指针移动至“幸福的一家人.jpg”文件上，如图1-14所示。

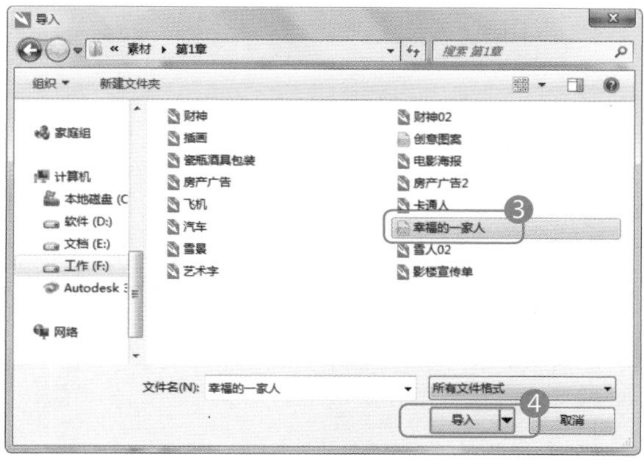

图1-14 选择要导入的图片

提 示

稍后会在鼠标指针的下方显示该文件的尺寸、类型和大小的信息。

STEP 4 单击“导入”按钮，鼠标指针变为如图1-15所示的状态。

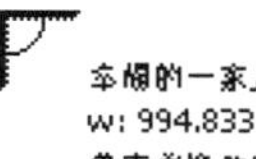

图1-15 鼠标指针的状态

技 巧

在CorelDRAW中导入图片的方法有3种，即通过单击、拖动或按键盘上的Enter键导入图片。导入的位图只需按住Alt键再拖动鼠标即可改变其比例。

下面以拖动的方法为例来导入图片。

STEP 1 移动鼠标指针至合适的位置，按住鼠标左键拖曳，显示一个红色矩形框，在鼠标指针的右下方显示导入图片的宽度和高度，如图1-16所示。

STEP 2 将鼠标指针拖曳至合适位置后松开鼠标左键，即可导入该图片，如图1-17所示。

图1-16 拖动导入图片

图1-17 导入的图片

实例4 查看方式

实例 目的

在绘制图形时，为了方便调整图形的整体和局部效果，可以按需要缩放和调整视图的显示模式。

实例 重点

- 使用标准工具栏中的“缩放级别”放大视图
- 在标准工具栏中的“缩放级别”中输入数值，缩小视图
- 使用标准工具栏中的“缩放级别/到页面”显示
- 使用标准工具栏中的“缩放级别/到页宽”显示
- 使用标准工具栏中的“缩放级别/到页高”显示
- 运用“缩放工具”单击放大图片
- 运用“缩放工具”局部放大图片
- 缩放到全部对象
- 缩放到页面大小

实例 步骤

STEP 1 新建空白文档。

STEP 2 执行菜单中的“文件/打开”命令，在打开的“打开绘图”对话框中，选择打开附赠资源中的“素材/第1章/飞机.cdr”文件，如图1-18所示。

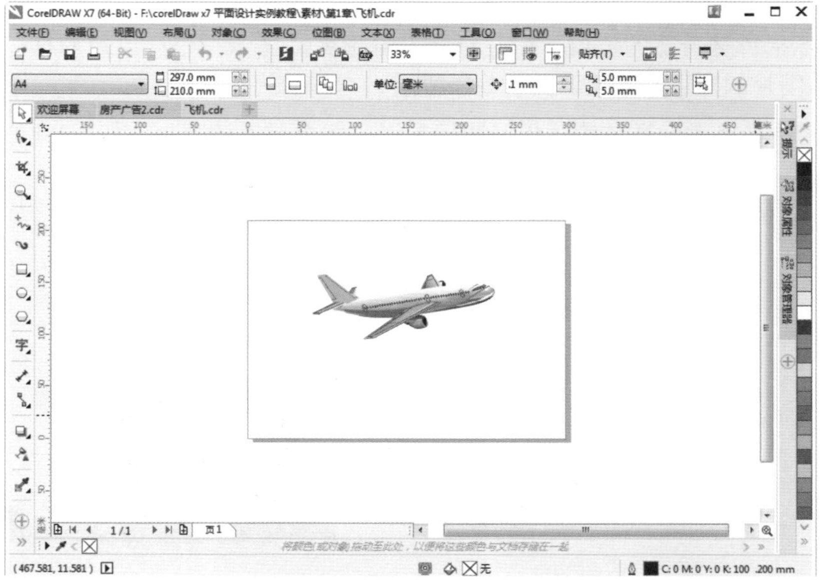

图1-18 打开“飞机.cdr”文件

STEP 3 在标准工具栏中，单击“缩放级别”右侧的▾按钮，在弹出的下拉列表中选择100%选项。

STEP 4 按键盘上的Enter键，图形在页面中将以100%显示，如图1-19所示。

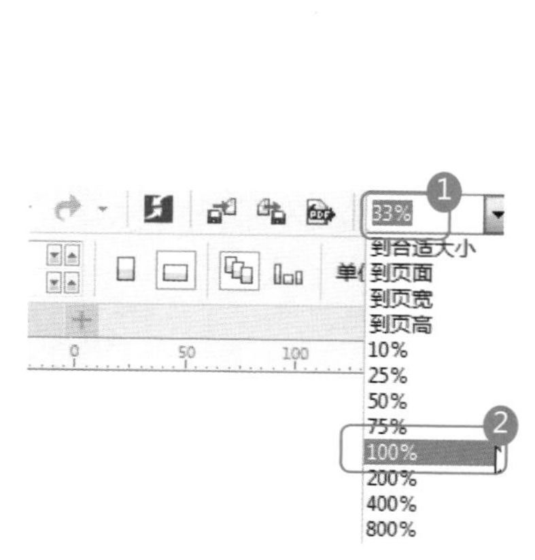

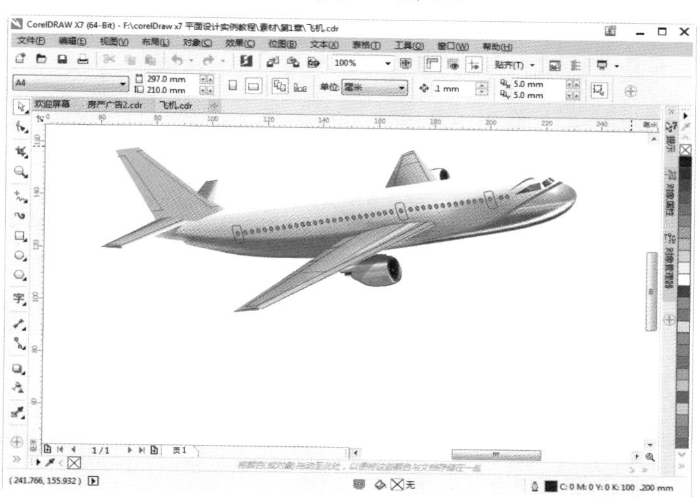

图1-19 以100%显示图形

STEP 5 在属性栏中的“缩放级别”列表中分别选择“到页面”“到页宽”和“到页高”选项，分别会以最适合页面、页宽、页高进行显示，如图1-20所示。

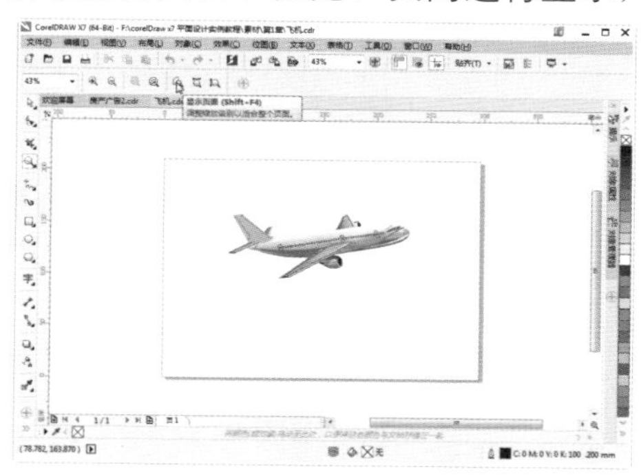

显示页面状态

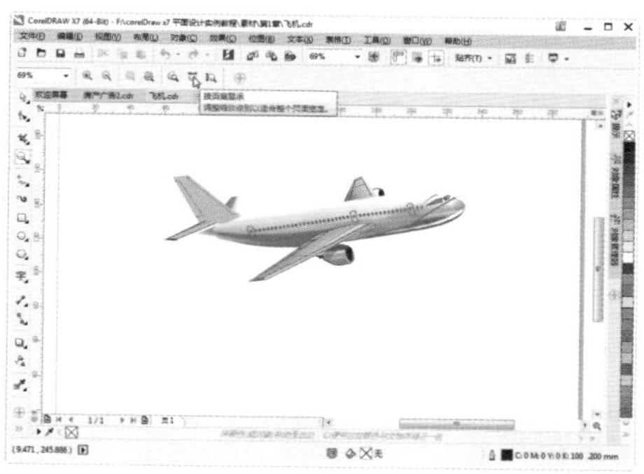

按页宽显示状态

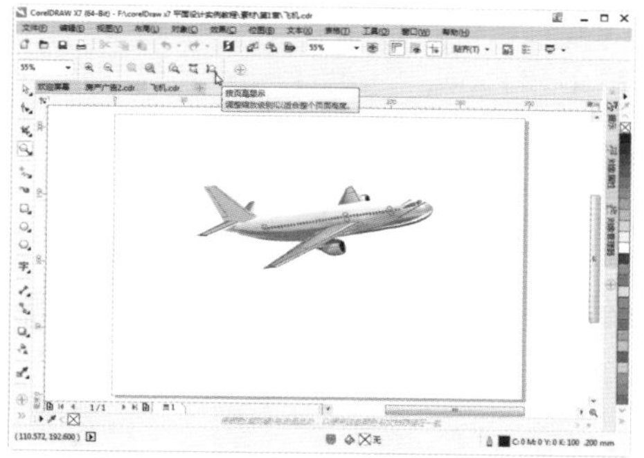

按页高显示状态

图1-20 不同选项的显示状态

技 巧

在属性栏的“缩放级别”列表中选择“到页面”选项，还可以通过按Shift+F4键，快速执行此操作。

STEP 6 若要缩小至30%显示，可在“缩放级别”下拉列表框中直接输入30，再按键盘上的Enter键即可，如图1-21所示。

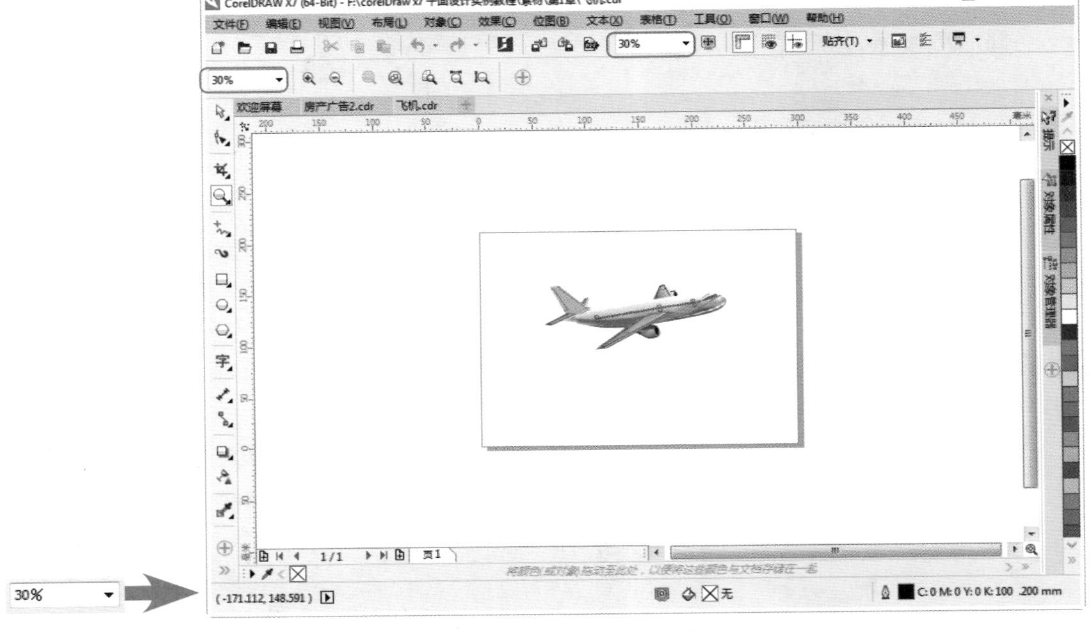

图1-21 缩小至30%的显示状态

使用缩放工具

STEP 1 移动鼠标指针至工具箱中的（缩放工具）按钮上，单击鼠标左键，使“缩放工具”处于选中状态，此时鼠标指针变为形状，移动鼠标指针至需放大的图形上，单击鼠标左键，该图形将以鼠标单击的位置为中心放大至120%，如图1-22所示。

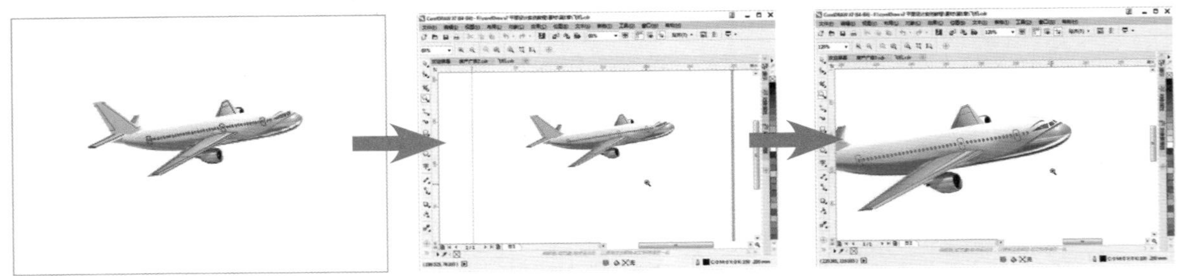

图1-22 放大操作的显示状态

STEP 2 移动鼠标指针至图形中飞机的合适位置后，按住鼠标左键拖曳出一个矩形框，松开鼠标左键，被框选的区域将会放大显示，可以看到飞机放大部分的纹理，效果如图1-23所示。

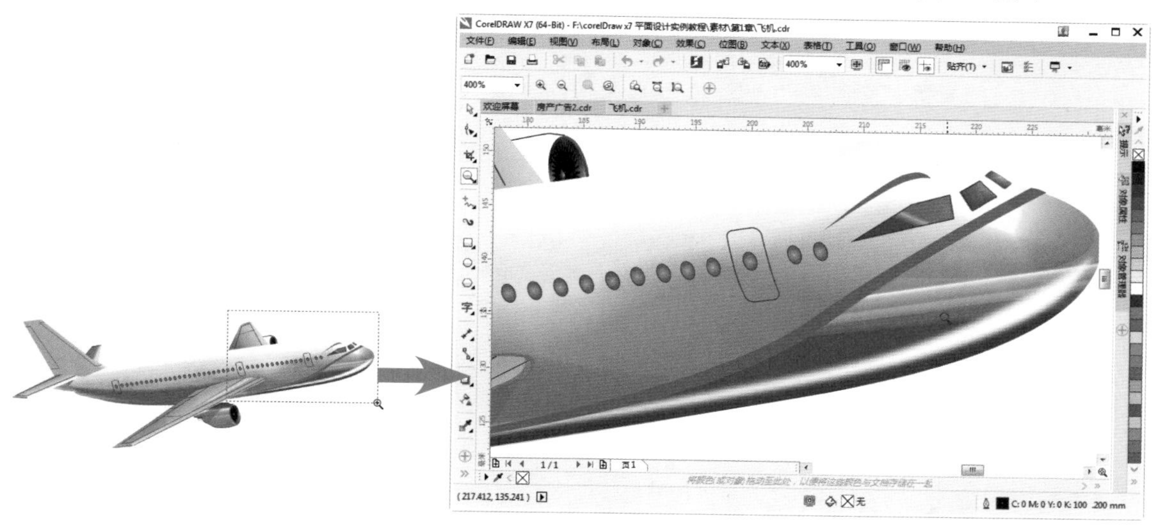

图1-23 局部放大

技巧

如果想恢复至上一步的显示状态，只需单击鼠标右键即可。
按Alt+Backspace键后，在使用工具箱中的任何工具时，会暂时切换为手形工具，调整图形在窗口中的显示位置后，可再次显示当前使用的工具。

STEP 3 在属性栏中单击（缩放到全部对象）按钮，显示状态如图1-24所示。

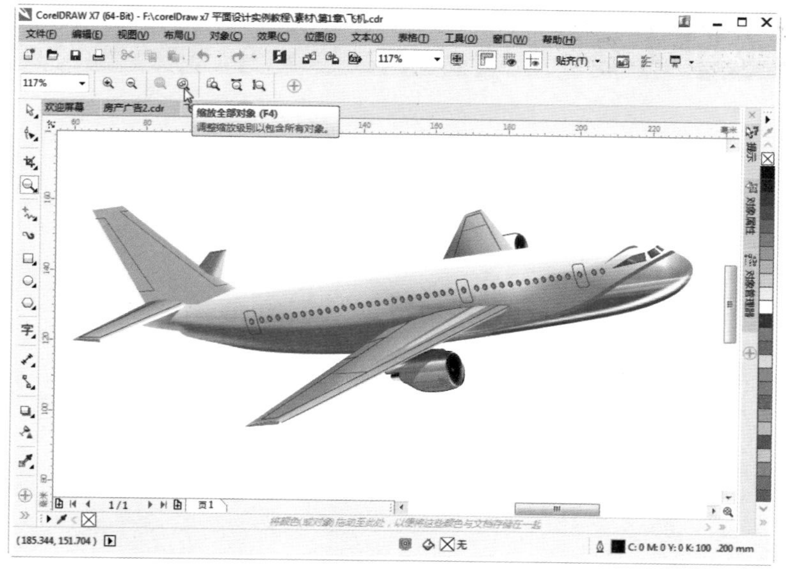

图1-24 显示状态

STEP 4 单击属性栏中的（显示页面）按钮，将以整个图形页面的缩放级别显示，如图1-25所示。

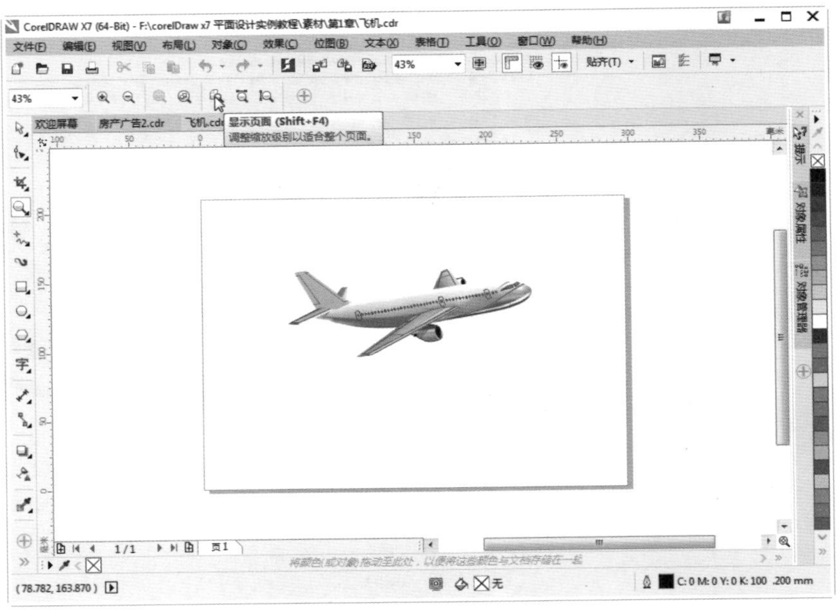

图1-25 显示状态

技 巧

在工作区或绘图区按住Shift键，鼠标指针由状态变为形态，单击鼠标左键后，可以整体缩小视图的显示比例。

| 实例5 页面设置

实例 目的

在绘图之前，需要先设置好页面的大小和纸张的方向，本例主要讲解CorelDRAW页面的基本设置。

实例 重点

- 设置横向页面
- 设置A5大小的纸张页面
- 自定义页面
- 设置页面的背景色

实例 步骤

STEP 1 新建空白文档。

STEP 2 在属性栏中显示当前页面的信息，如图1-26所示。

图1-26 属性栏

设置横向页面

STEP 3 单击属性栏中的□（横向）按钮，此时“纸张宽度和高度”数值框中的值会对调，将页面设置为横向，如图1-27所示。

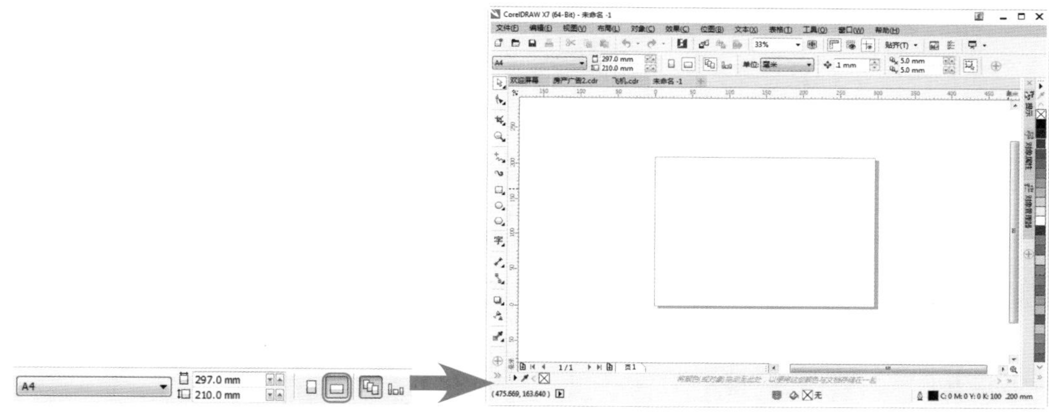

图1-27 横向页面

设置A5大小的纸张页面

STEP 4 在属性栏中的“纸张类型/大小”下拉列表中，选择A5选项后，页面将自动改为纵向的A5纸，如图1-28所示。

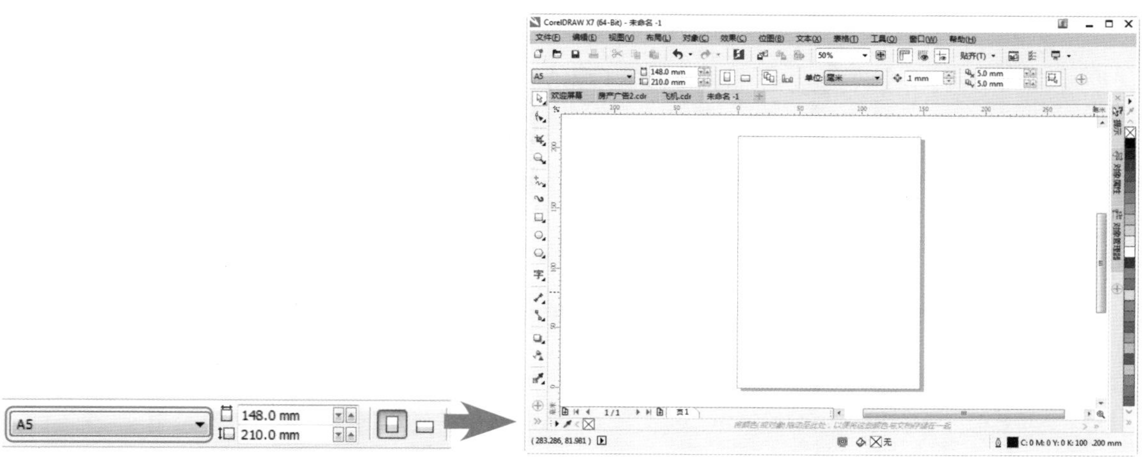

图1-28 A5页面

自定义页面

STEP 5 执行菜单中的“布局/页面设置”命令，打开“选项”对话框，在“宽度”后面的单位下拉列表中选择“毫米”选项。

STEP 6 在“宽度”右侧的数值框中输入180，在“高度”右侧的数值框中输入80，按键盘上的Tab键，可通过预览框预览设置后的页面大小和方向，如图1-29所示。

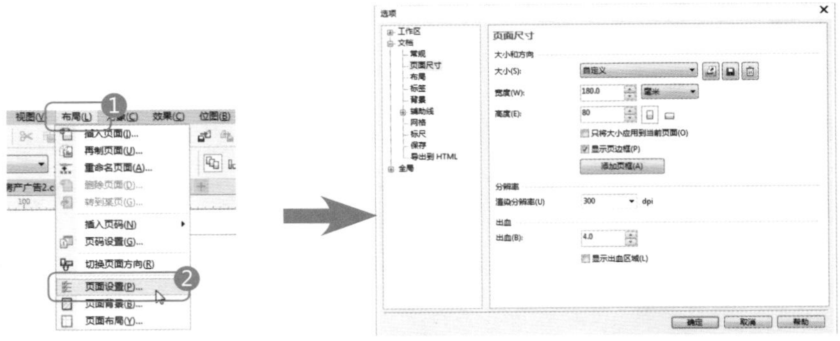

图1-29 自定义页面

> **技 巧**
>
> 在“选项”对话框中，按键盘上的Tab键，可以在对话框中的选项和数值框中进行快速选择与设置。

STEP 7 单击“确定”按钮，完成页面的设置。

设置页面的背景色

STEP 8 执行菜单中的“布局/页面背景”命令，打开“选项”对话框，选择◯纯色(S)单选项，再在其后的颜色下拉列表框中选择黄色色块，如图1-30所示。

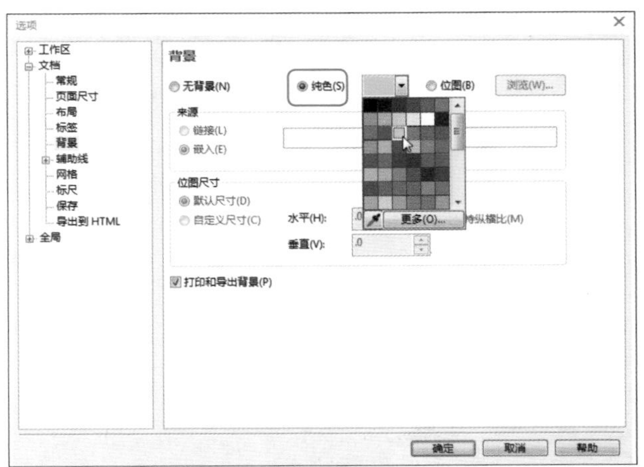

图1-30 设置页面的背景色

STEP 9 单击“确定”按钮，完成页面背景色的设置，此时页面背景色为黄色，效果如图1-31所示。

图1-31 黄色背景页面

实例6 不同模式的显示方式

实例 目的

CorelDRAW支持多种显示模式，如简单线框、线框、草稿、正常、增强和像素模式。学习合理运用CorelDRAW支持的显示模式，可释放计算机的资源，以提高CorelDRAW的运行速度。

实例 重点

- ★ 熟悉简单线框的显示状态
- ★ 熟悉线框显示状态
- ★ 熟悉草稿显示状态
- ★ 熟悉正常及增强模式的显示状态

实例 步骤

STEP 1 打开附赠资源中的“素材/第1章/插画.cdr”文件，如图1-32所示。

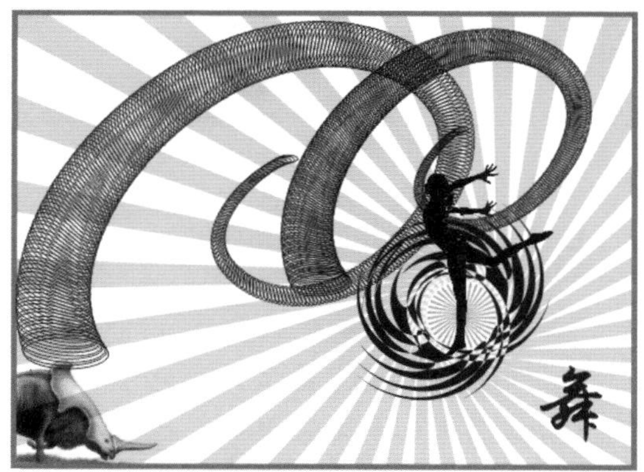

图1-32 插画图形

STEP 2 执行菜单中的“视图/简单线框”命令，只显示对象的轮廓，其渐变、立体、均匀填充和渐变填充等效果都会被隐藏，可更方便及快捷地选择和编辑图形对象，效果如图1-33所示。

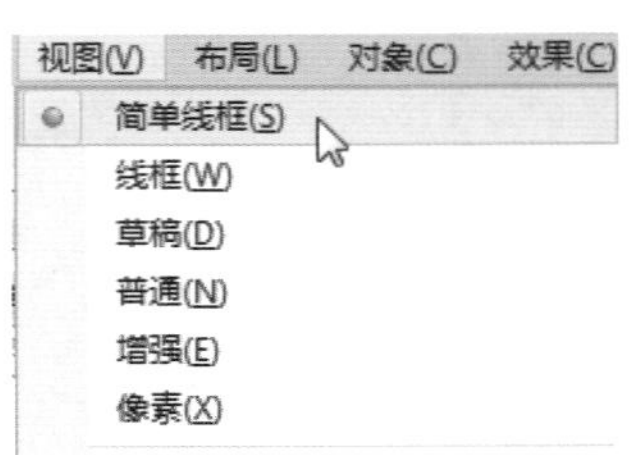

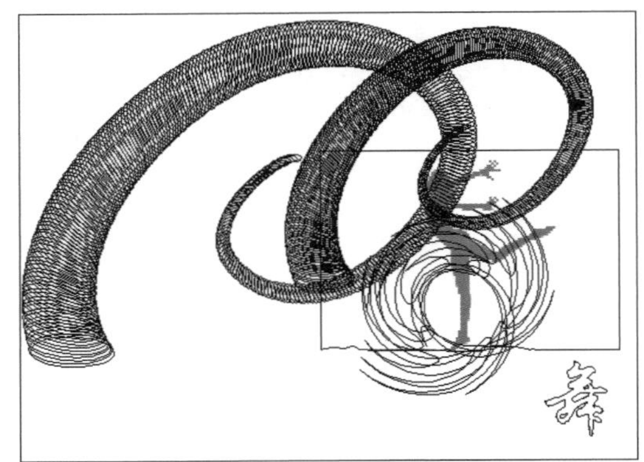

图1-33 简单线框显示效果

技 巧

按Alt+X键，可直接切换为“简单线框”显示状态，只显示绘图的基本线框，即只显示调和、立体化和轮廓图的控件对象。

STEP 3 执行菜单中的“视图/线框”命令，显示效果与简单线框类似，但可显示使用交互式调和工具绘制的轮廓，效果如图1-34所示。

STEP 4 同样的，执行菜单中的“视图/草稿”命令，可显示标准填充，效果如图1-35所示。

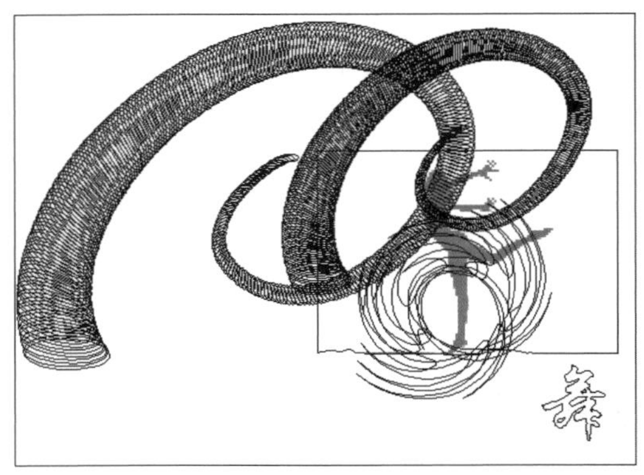

图1-34 线框显示效果

图1-35 草稿显示效果

提 示

草稿模式可显示标准填充，将位图的分辨率降低后显示，对于CorelDRAW中绘制的图形对象来说，该显示模式可将透视和渐变填充显示为纯色，渐变填充则用起始颜色和终止颜色的调和来显示，若用户需要快速刷新复杂图像，又需要控制画面的基本色调时可使用此模式。草稿模式显示状态下，对象显示有颗粒感，边缘不光滑。

STEP 5 执行菜单中的“视图/正常”命令，以常规显示模式显示对象，效果如图1-36所示。

STEP 6 再执行菜单中的“视图/增强”命令，系统将采用两倍超精度取样的方法来达到最佳的显示效果，即系统默认的显示状态，效果如图1-37所示。

图1-36 正常显示效果

图1-37 增强显示效果

STEP 7 最后，执行菜单中的“视图/像素”命令，系统会将矢量图以输出后的位图形式进行预览，如图1-38所示。

图1-38 像素显示效果

注 意

执行“填充”命令打开“PostScript填充”对话框所填充的图形，在“像素”模式下将不能显示其填充效果。在此显示状态下，对象的边缘不光滑。

实例7 存储与关闭

实例 目的

学习在CorelDRAW中保存文件和关闭文件的操作。

实例 重点

- 打开“保存绘图”对话框
- 选择存储路径和文件夹
- 输入文件名
- 保存文件
- 关闭文件

实例 步骤

保存文件

STEP 1 完成之前的操作。

STEP 2 执行菜单中的“文件/保存”命令，或单击标准工具栏中的（保存）按钮，打开“保存绘图”对话框，如图1-39所示。

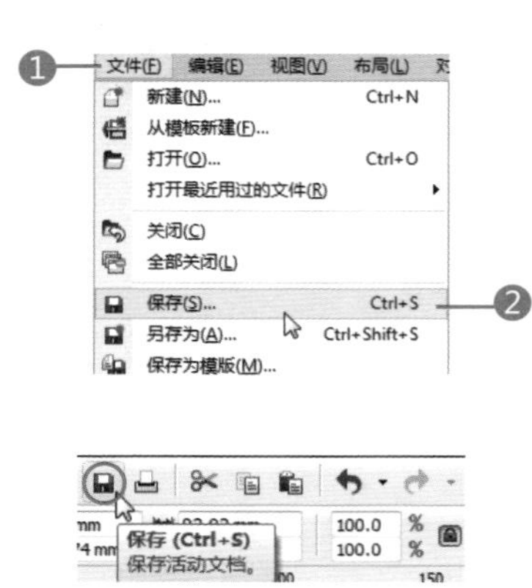

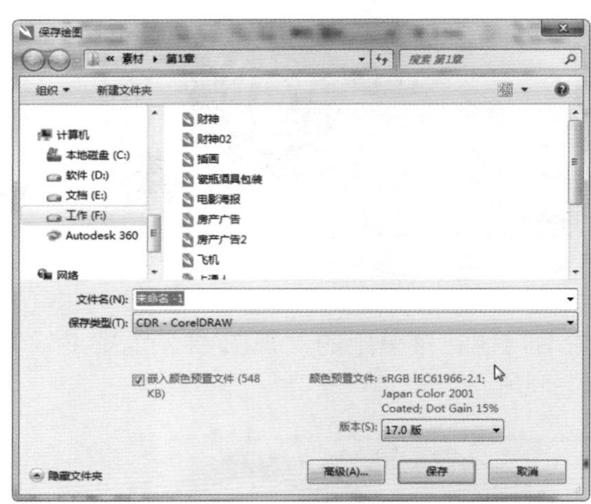

图1-39 打开“保存绘图”对话框

技 巧

按Ctrl+S键，也可以打开“保存绘图”对话框，快速保存文件。

STEP 3 在“保存绘图”对话框中的路径和文件夹右侧的下拉列表中选择要保存的文件位置，在“文件名”右侧的文本框中输入要保存的文件名，如图1-40所示。

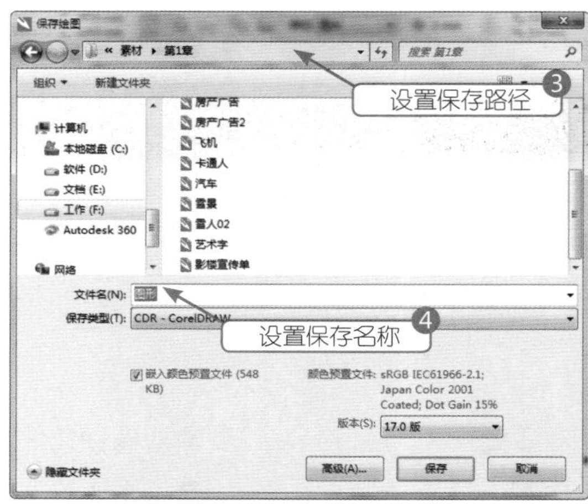

图1-40 “保存绘图”对话框

提 示

在“保存类型”右侧的下拉列表中选择CDR-CorelDRAW格式，其为CorelDRAW的标准格式，以便于在下次打开该图形时对其进行修改。

STEP 4 单击“保存”按钮，即可对文件进行保存。

提 示

已经保存的文件再进行修改后，可直接执行菜单中的“文件/保存”命令，或单击标准工具栏中的（保存）按钮进行保存。此时，不再弹出“保存绘图”对话框。也可将文件换名保存，即执行菜单中的“文件/另存为”命令，在打开的“保存绘图”对话框中，重复之前的操作，在“文件名”右侧的文本框中重新更换一个新的文件名，再进行保存即可。

技 巧

可直接按Ctrl+Shift+S键，在“保存绘图”对话框中的“文件名”文本框中用新文件名保存绘图。

关闭文件

STEP 1 执行菜单中的“文件/关闭”命令，或单击标题栏右侧的×按钮，如图1-41所示。

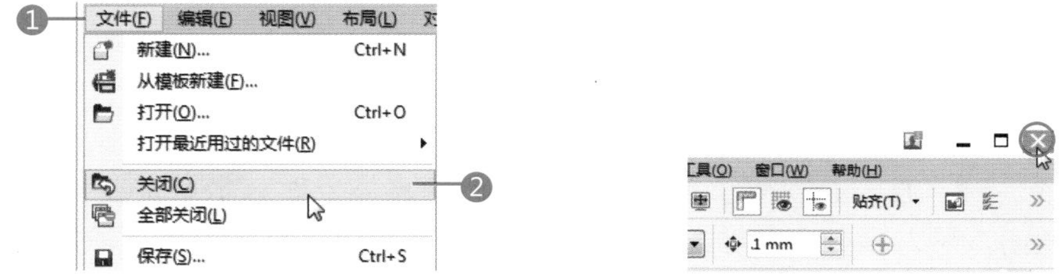

图1-41 关闭文件

STEP 2 此时，如果文件没有任何改动，可直接关闭文件。如果该文件进行了修改，将弹出如图1-42所示的提示对话框。

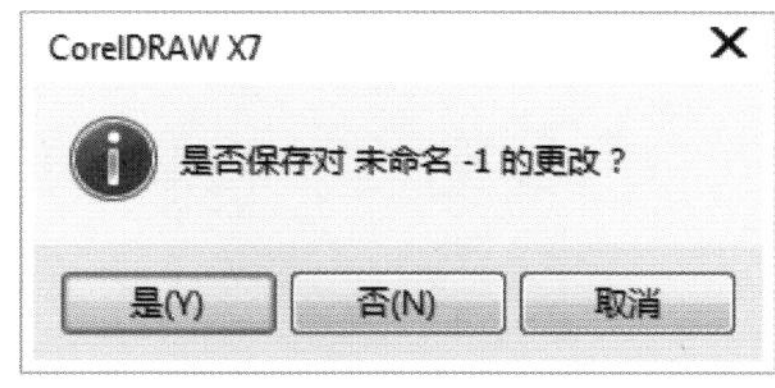

图1-42 CorelDRAW提示对话框

提 示

单击“是”按钮，保存文件的修改，并关闭文件；单击“否”按钮，将关闭文件，不保存文件的修改；单击“取消”按钮，取消文件的关闭操作。

本章练习与小结

练习

1. 新建空白文档。
2. 将页面变为横向。
3. 导入“素材/第1章/创意图案”文件。

习题

1. 在向CorelDRAW中导入位图时，放置在页面中的位图都保持其原有的比例，如果需要在导入时改变位图的原有比例，则应该在单击导入位置光标时按下面哪个键？（　　）

   A. Alt键　　B. Ctrl键　　C. Shift键　　D. Tab键

2. 运行速度比较快，且又能显示图形效果的预览方式是以下哪一种？（　　）

   A. 草稿　　B. 正常　　C. 线框　　D. 增强

3. 设置页面背景色时，只针对以下哪种效果？（　　）

   A. 纸张与所有显示区域　　B. 只针对纸张

   C. 矩形框内　　D. 纸张以外

小结

在运行软件时，我们必须要了解软件基本功能的具体操作。本章主要对文件的新建、打开、储存与关闭，导入素材、查看方式、页面设置、不同模式的显示方式等内容进行实例性质的详细讲解，作为本书的第1章，主要目的还是要引领大家了解该软件的基础知识，为以后介绍应用技巧做好铺垫。

第2章

CorelDRAW X7

| 图形的基本绘制

本章主要讲解使用CorelDRAW软件中的基本几何工具进行简单绘图的方法。在绘制过程中使读者对CorelDRAW基本工具有一个详细的了解，从而提升日后创作的基本功，跟随本章中的实例讲解可以更加容易掌握CorelDRAW软件的绘图功能。

| 本章重点

- 椭圆与矩形——可爱的囧形娃娃
- 多边形工具——三角家族成员形象
- 椭圆工具——青蛙头像
- 交互式填充——水晶苹果
- 交互式填充——立体图像
- 钢笔工具——卡通胡萝卜

实例8　椭圆与矩形——可爱的囧形娃娃

实例 目的

本实例的目的是让大家了解在CorelDRAW中基本矩形与椭圆工具的使用方法，并结合填充工具来制作组合图形，如图2-1所示为图形制作流程图。

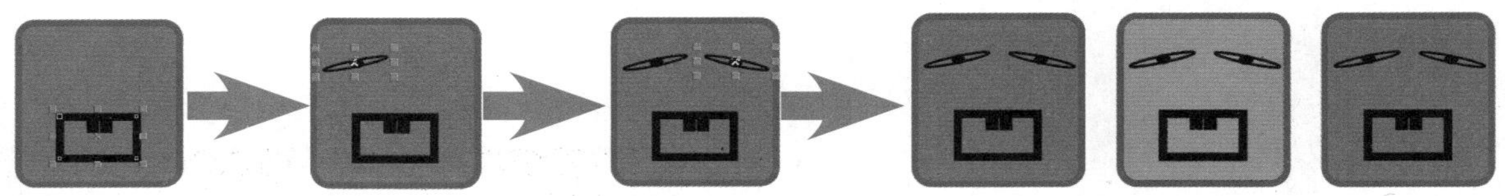

图2-1 制作流程图

实例 重点

- 矩形工具的使用方法
- 椭圆工具的使用方法
- 简单填充的方法

实例 步骤

STEP 1 执行菜单中的"文件/新建"命令，新建一个"宽度"为18mm、"高度"为10mm的空白文档，使用□（矩形工具）在文档中绘制矩形，设置属性栏中的"轮廓宽度"为0.25mm，如图2-2所示。

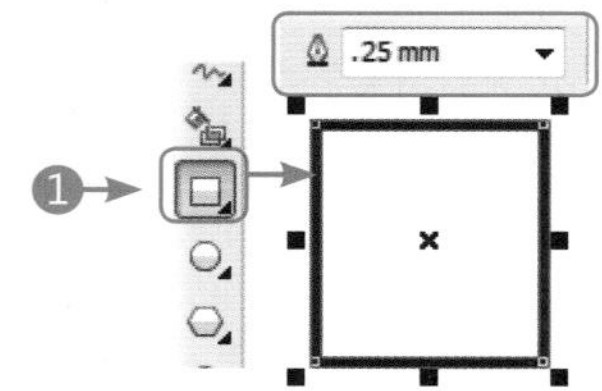

图2-2 绘制矩形

提 示

在CorelDRAW中绘制矩形的方法是，选择矩形工具后，在文档中选择起点，按住鼠标左键向对角方向拖动，松开鼠标即可绘制出矩形，如图2-3所示，其他绘图工具的使用与矩形工具类似。

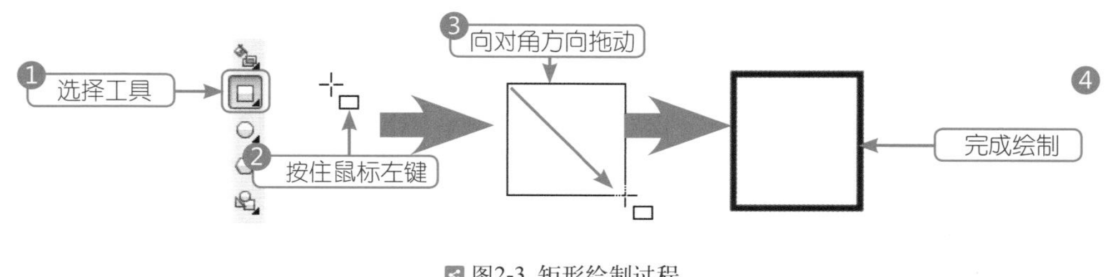

图2-3 矩形绘制过程

STEP 2 在属性栏中设置4个圆角都为0.4mm，如图2-4所示。

STEP 3 圆角矩形绘制完成后，将鼠标指针移到“颜色”泊坞窗中单击“青色”、右击“绿色”，为圆角矩形填充“青色”、将轮廓色填充为“绿色”，如图2-5所示。

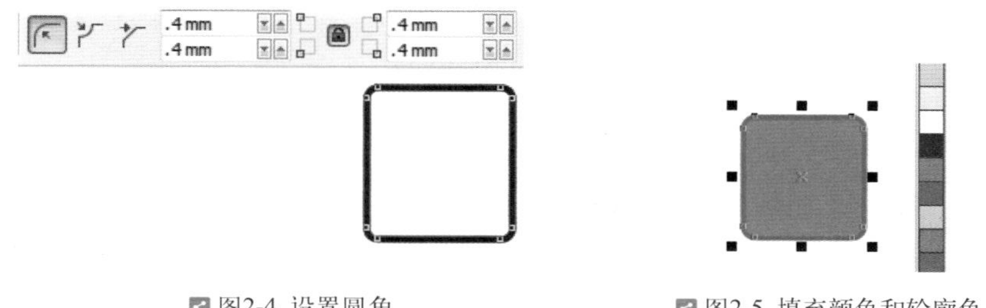

图2-4 设置圆角　　图2-5 填充颜色和轮廓色

提 示

在CorelDRAW中，可直接在“颜色”泊坞窗中单击颜色图标为图形快速填充颜色，单击鼠标右键可以快速填充轮廓色。系统默认绘制的轮廓色为黑色。

STEP 4 在圆角矩形中继续绘制3个矩形，作为囧形娃娃的嘴和门牙，如图2-6所示。

STEP 5 在工具箱中选择（椭圆工具），在文档中先绘制一个“轮廓宽度”为细线的椭圆，如图2-7所示。在椭圆上再绘制一个小正圆，填充为黑色，如图2-8所示。

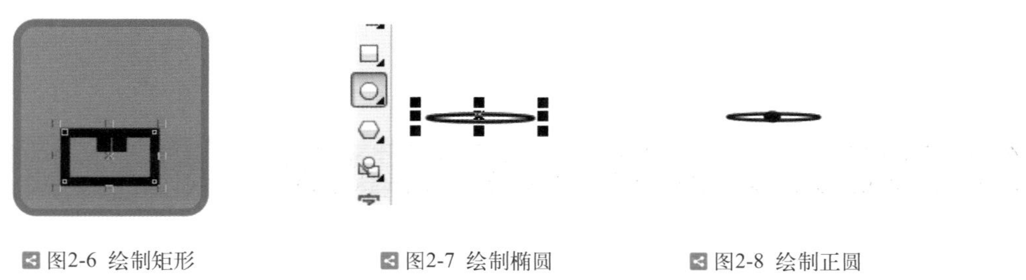

图2-6 绘制矩形　　图2-7 绘制椭圆　　图2-8 绘制正圆

技 巧

绘制正圆的方法是按住Ctrl键进行绘制。

STEP 6 使用（选择工具）框选椭圆和正圆，单击框选对象，调出变换框将图形进行旋转，如图2-9所示。

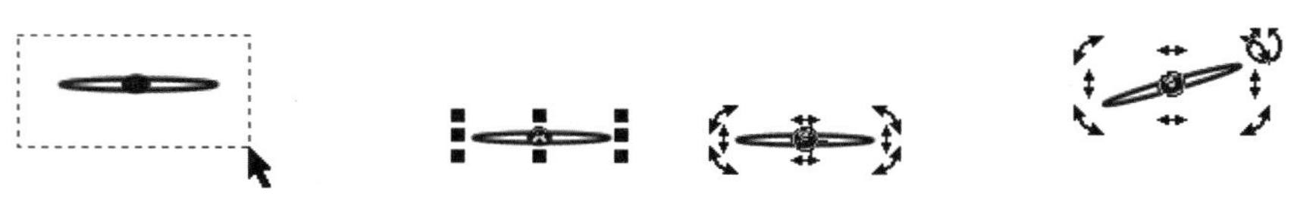

图2-9 旋转图形

STEP 7 使用（选择工具）将两个椭圆移到圆角矩形中，如图2-10所示。

STEP 8 使用（选择工具）选择两个椭圆，按住鼠标左键向右拖动的同时右击鼠标，复制一个对象副本，如图2-11所示。

STEP 9 在属性栏中单击“水平镜像”按钮，将副本镜像，如图2-12所示。

图2-10 移动

图2-11 复制

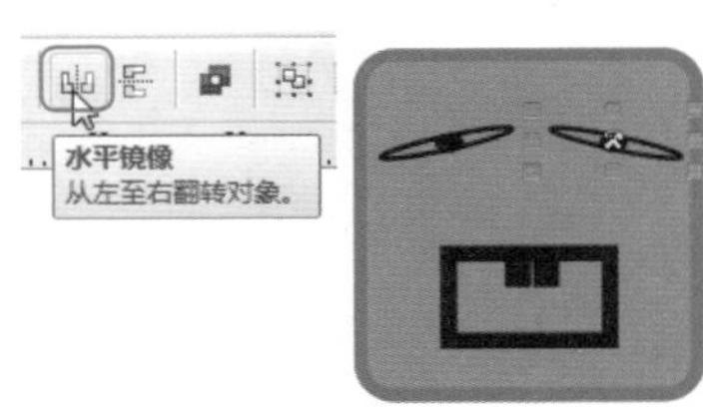

图2-12 水平镜像

STEP10 使用同样的方法绘制出另外的几个囧形娃娃，再将图形放大。至此本例制作完毕，效果如图2-13所示。

图2-13 最终效果

实例9 多边形工具——三角家族成员形象

实例目的

本实例的目的是让大家了解在CorelDRAW中使用多边工具、手绘工具以及形状工具相结合绘制卡通图形的方法，其制作流程图如图2-14所示。

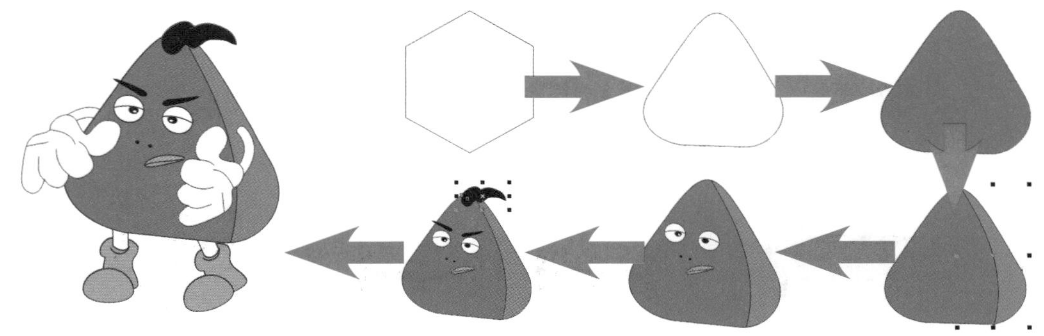

图2-14 制作流程图

实例 重点

- 多边形工具
- 形状工具
- 手绘工具

实例 步骤

STEP 1 执行菜单中的“文件/新建”命令，新建一个“宽度”为100mm、“高度”为120mm的空白文档，使用（多边形工具）在文档中绘制六边形，如图2-15所示。

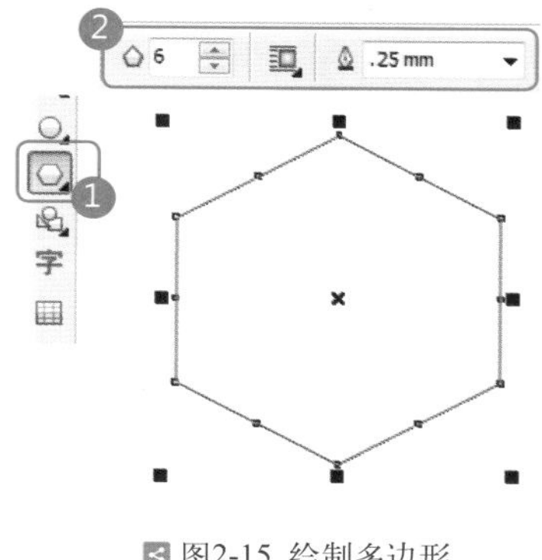

图2-15 绘制多边形

提 示

在CorelDRAW中绘制多边形的方法是，选择多边形工具，并在属性栏中设置边数后，直接按住鼠标左键拖动，即可按照属性栏中设置的边数绘制多边形。图2-16所示的图形分别为三边形、六边形和九边形。

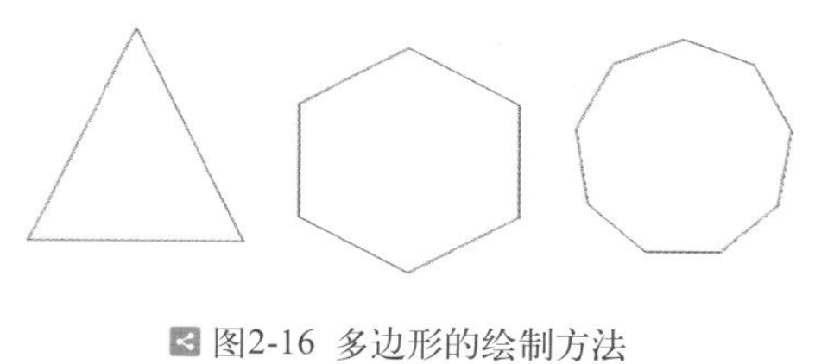

图2-16 多边形的绘制方法

技 巧

使用（选择工具）选择绘制的多边形后，在属性栏中改变边数，按Enter键即可更改多边形的边数。

STEP 2 六边形绘制好后，执行菜单中的“排列/转换为曲线”命令或按Ctrl+Q键，将六边形转换为曲线图形，使用（形状工具）在节点上双击，先将节点清除，再单击属性栏中的（转换直线为曲线）按钮，在直线上拖动将直线拉成有弧度的曲线，如图2-17所示。

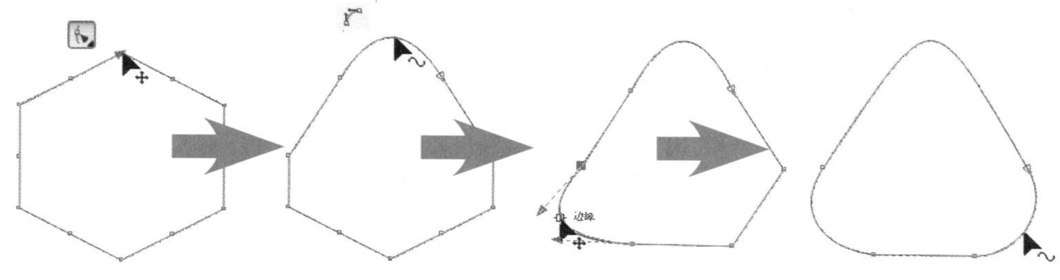

图2-17 转换为曲线图形

STEP 3 将鼠标指针移到“颜色”泊坞窗中，单击“绿色”，为图形填充绿色，效果如图2-18所示。

STEP 4 使用（手绘工具）在圆角三角形顶点单击，将鼠标指针移动到右下角单击，此时系统会自动绘制一条直线，使用（形状工具）将直线调整为曲线，如图2-19所示。

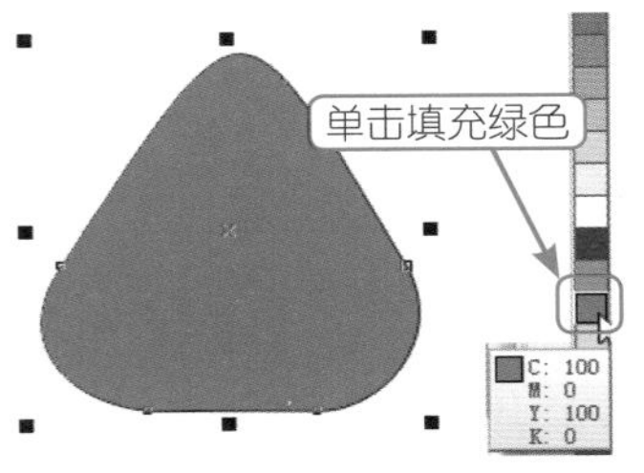

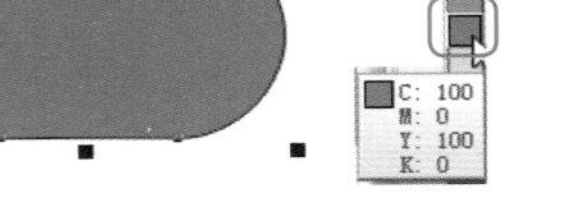

图2-18 填充颜色

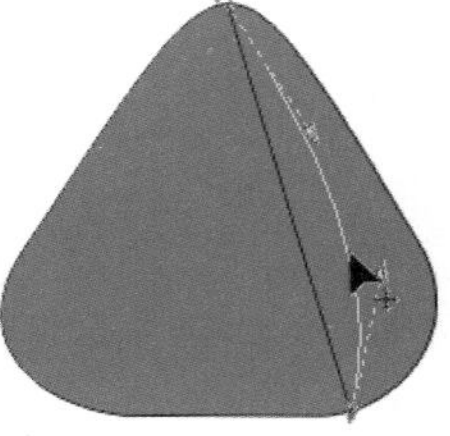
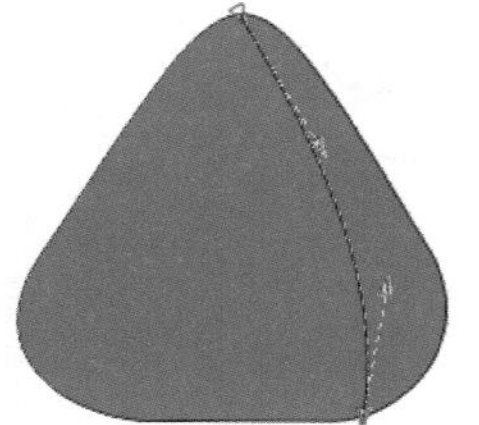

图2-19 绘制直线并调整为曲线

STEP 5 曲线调整完毕后，使用（智能填充工具）设置填充色为（C:60 M:0 Y:60 K:20），在该区域图形上单击为其填充颜色，效果如图2-20所示。

STEP 6 使用（椭圆工具）和（手绘工具）在三角形上绘制眼睛、鼻子和嘴巴，并为其填充相应的颜色，如图2-21所示。

STEP 7 使用（选择工具）将绘制的所有图形进行框选，单击后将选取框变为斜切框，拖动控制点将图形进行斜切处理，效果如图2-22所示。

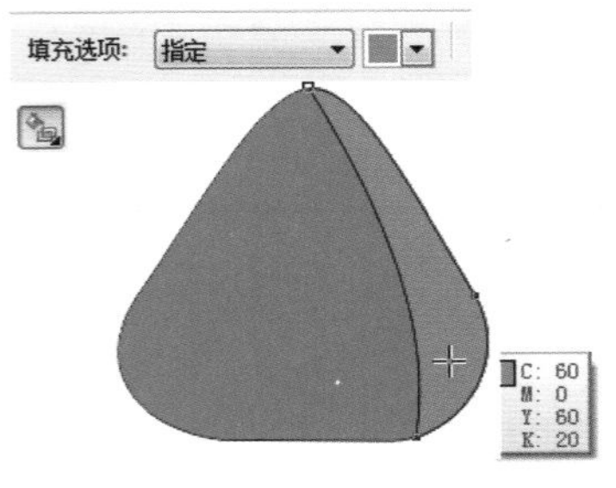

图2-20 填充颜色

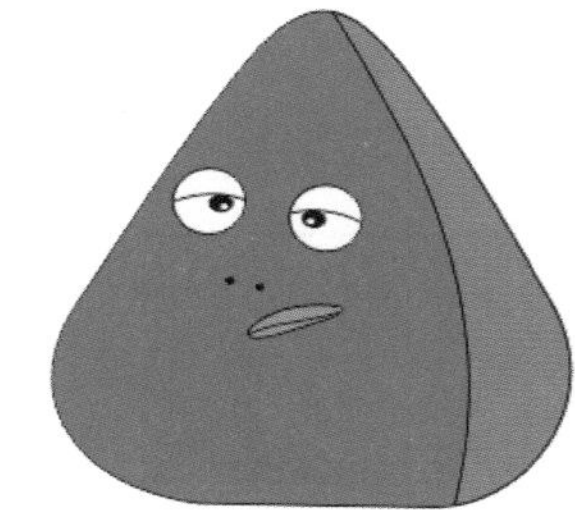

图2-21 绘制眼睛、鼻子和嘴巴

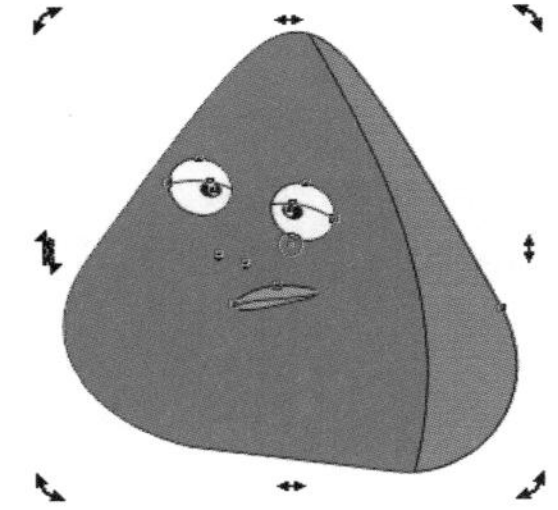

图2-22 斜切效果

STEP 8 使用（艺术笔工具）中的（预设）选项，将“宽度”设置为2.0mm，选择笔触在眼睛上拖动绘制出眉毛，如图2-23所示。

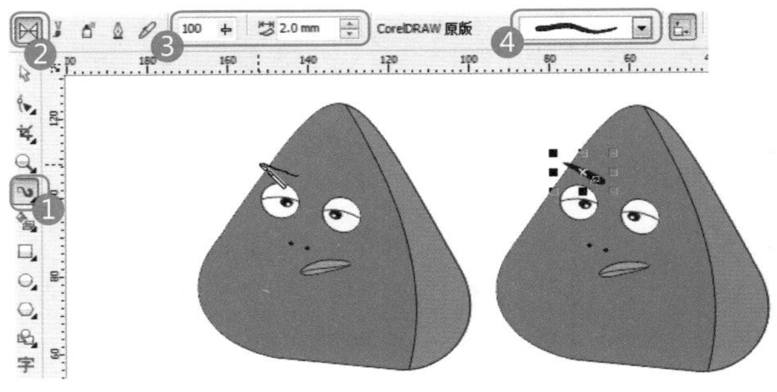

图2-23 绘制眉毛

STEP 9 使用同样的方法绘制右眼的眉毛，将“宽度”设置得尽量宽一些，在头顶处拖动绘制头发，效果如图2-24所示。

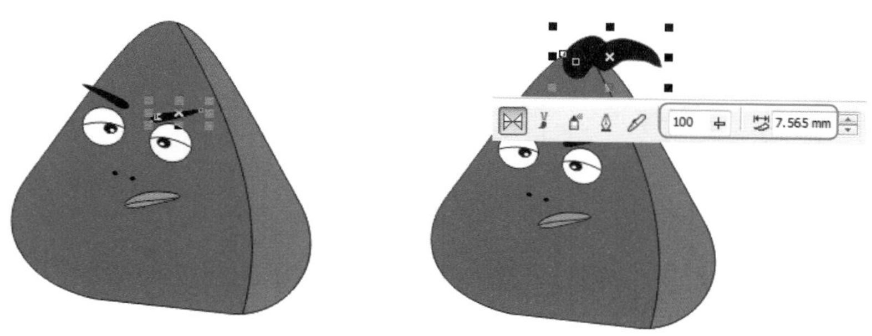

图2-24 绘制眉毛和头发

STEP10 三角家族的身体部分绘制完毕后，继续为其绘制手臂、手、腿和脚，使用的工具为（手绘工具）和（形状工具），绘制过程如图2-25所示。

图2-25 绘制手脚

STEP11 最终绘制完成三角家族成员的形象，如图2-26所示。

图2-26 最终效果

知识 拓展

CorelDRAW中编辑曲线的利器——形状工具

在使用CorelDRAW绘制图形时，不可能不加以修改就一次性地将图形绘制完成，在绘制

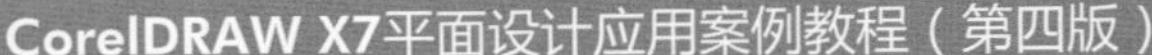

的过程中需要进行反复地编辑与修改，才能将图形绘制得完美漂亮，这就需要用到（形状工具），绘制一条曲线后，选择（形状工具），此时属性栏会变成该工具对应的属性效果，对于曲线的编辑命令全都会出现在如图2-27所示的属性栏中。

图2-27 形状工具属性栏

增加节点

在对对象进行编辑时，有时会遇到节点数量不够而得不到想要的形状的问题，这时就需要增加节点来改变对象的形状，方法是先使用（手绘工具）绘制一条曲线，再使用（形状工具）在曲线上双击，即可为其添加一个节点，如图2-28所示。

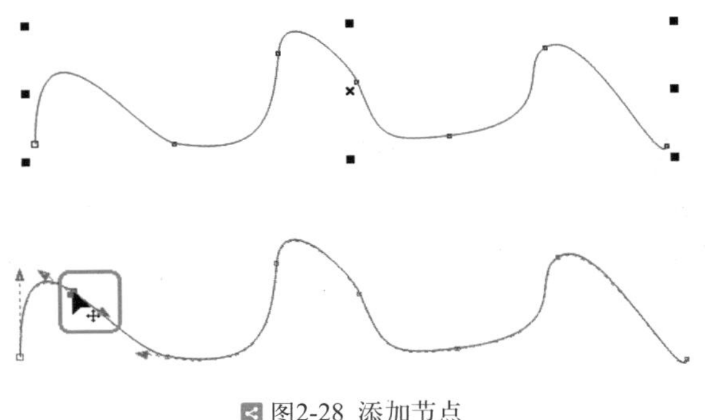

图2-28 添加节点

> **提 示**
>
> 添加节点的另外一个方法是，选中两个或两个以上的节点，然后单击属性栏中的（添加节点）按钮，也可以为线条增加节点。

选择节点

要对节点进行操作，首先要选取节点，才能进行以后的操作，在节点上单击可以将当前节点选中，在多个节点处进行框选可以同时选择多个节点；单击属性栏上的（选择全部节点）按钮，可选择曲线上的所有节点，如图2-29所示。

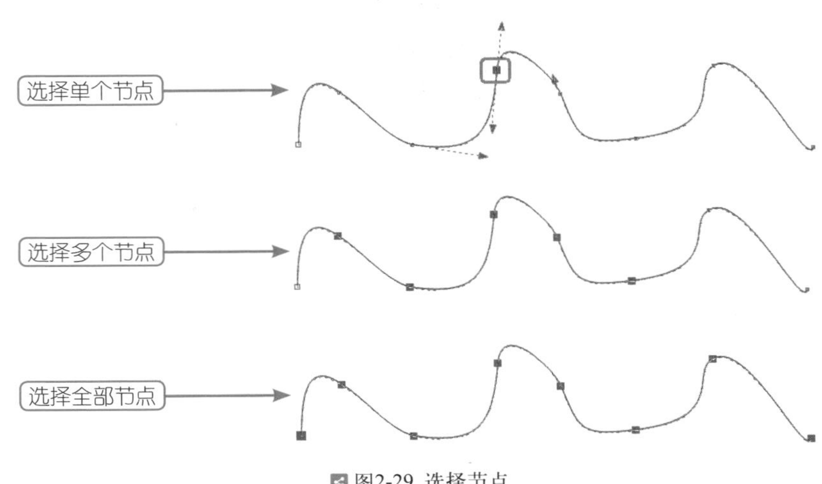

图2-29 选择节点

删除节点

在一条线段中，有时会因为节点太多而影响图形的平滑度，这时就需要删除一些多余的节点，在选中的单个节点上双击鼠标可以将其删除；选择一个或多个节点后单击属性栏中的（删除节点）按钮，即可将选中的节点全部删除。

技 巧

选择一个或多个节点后，按键盘上的Delete键可以将所选择的节点删除。

连接两个节点

连接两个节点可以使开放的线段变成一个封闭的图形，绘制一条未封闭的路径，通过框选的方法选中起始和结束的节点，然后单击属性栏中的（连接两个节点）按钮，此时能将一个开放的曲线变为封闭的曲线，如图2-30所示。

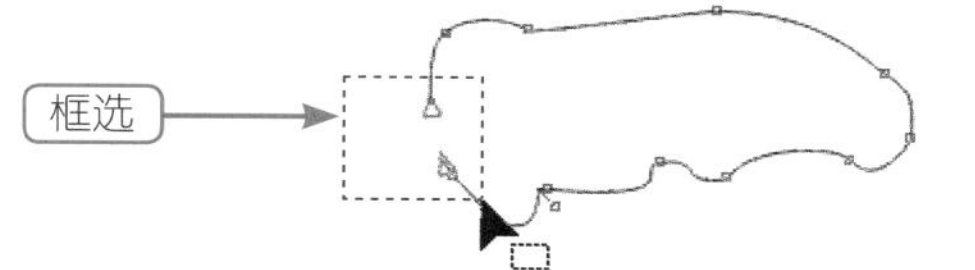

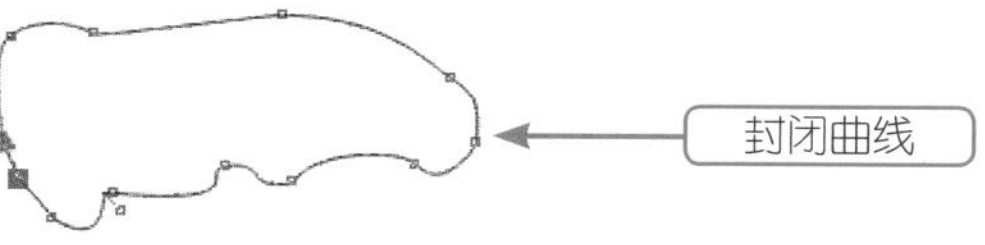

图2-30 连接节点

分割曲线

分割曲线可以将一条曲线分割为两条或两条以上的曲线。绘制一条曲线后，使用（形状工具）选中一个节点，然后单击属性栏中的（分割曲线）按钮，将曲线进行分割，分割后可用（形状工具）将两个节点分开，形成两条曲线，如图2-31所示。

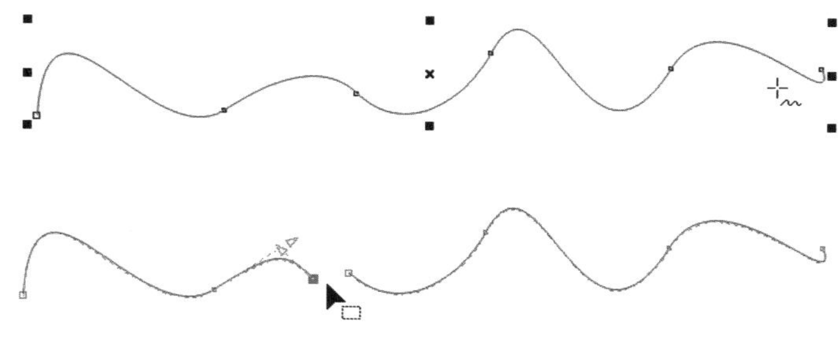

图2-31 分割曲线

转换曲线为直线

转换曲线为直线是将曲线线段转换为直线线段，在对图形的编辑中经常会用到此功能，但是该功能不能应用于起始节点。绘制曲线后单击属性栏中的（转换曲线为直线）按钮，可以将选中的节点处的曲线转换为直线，如图2-32所示。

图2-32 转换曲线为直线

转换直线为曲线

转换直线为曲线和转换曲线为直线是两个互补的功能。在绘制直线后，使用（形状工具）选中一个节点，单击属性栏中的（转换直线为曲线）按钮，此时节点靠近起始方向的线段具有曲线属性，调整两个节点间的直线就可以将其变为曲线，如图2-33所示。

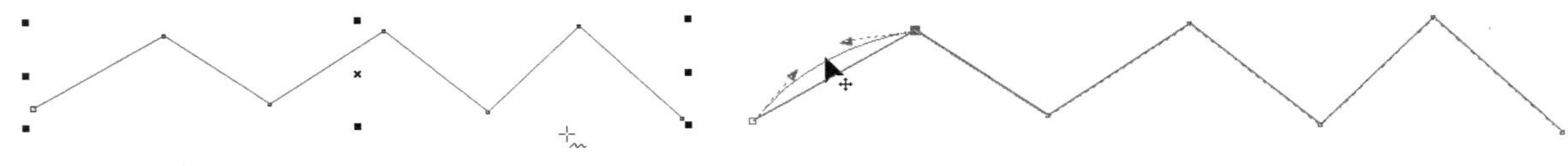

图2-33 转换直线为曲线

使节点成为尖突

在编辑线条时，有时在拖动节点上的一个控制柄时，另一条控制杆也会随着一起动，这时可以使用（使节点成为尖突）按钮来解决这一问题。绘制一条曲线，使用（形状工具）选中一个节点，单击属性栏中的（使节点成为尖突）按钮，此时节点两边的控制杆互不干扰，拉动其中一边的控制杆，另一边的控制杆不会受到影响。

平滑节点

“平滑节点”命令和“使节点成为尖突”命令是两个作用相反的命令，经常在一起结合使用。

生成对称节点

此项功能和“平滑节点”命令相似，唯一不同的是单击该命令后生成对称的节点，节点两侧的距离始终相等。

反转曲线方向

此项功能可以将绘制的曲线方向进行反转，即起点变终点、终点变起点，如图2-34所示。

图2-34 反转曲线方向

延长曲线使之闭合

该命令只对曲线的起始点和终点起作用。绘制一条曲线后，按住键盘上的Shift键，再使用（形状工具）选中曲线的起点和终点的节点，单击属性栏中的（延长曲线使之闭合）按钮，两个端点间便自动用一条直线进行连接，如图2-35所示。

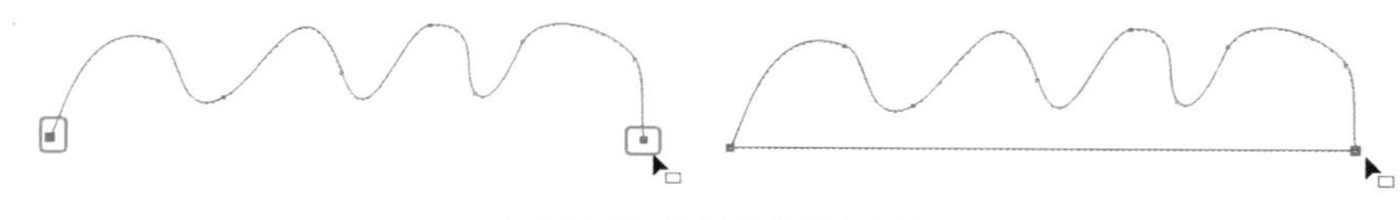

图2-35 延长曲线使之闭合

提取子路径

选择带有子路径对象上的一点，单击（提取子路径）按钮，即可将两个相结合的路径单独拆分，此时即可将其中的一个路径从图中移走，如图2-36所示。

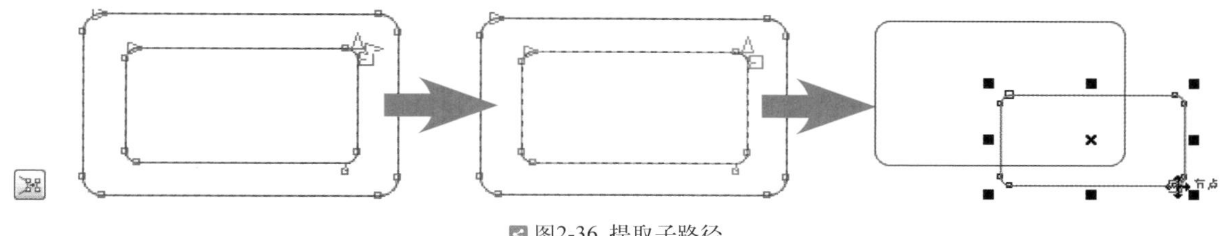

图2-36 提取子路径

自动闭合曲线

此功能可将断开的曲线用直线自动连接起来，和“延长曲线使之闭合”按钮的作用基本一致。

> **提 示**
>
> （自动闭合曲线）按钮和（延长曲线使之闭合）按钮略为不同的地方是“延长曲线使之闭合”命令选中的是两个节点，而“自动闭合曲线”命令只需选中一个节点即可。

缩放节点连线

此功能可以在绘制的曲线或形状上出现缩放变换框，拖动控制点即可对其进行缩放变换。

旋转或倾斜节点连线

此功能可以在绘制的曲线或形状上出现旋转变换框，拖动控制点即可对其进行旋转或斜切变换。

对齐节点

单击此按钮可以将选择的曲线节点进行水平或垂直对齐。

水平与垂直反射节点

选择此功能后拖动曲线控制点时，会出现对应该节点的水平或垂直反射。

弹性

选择该功能时进入弹性模式，移动节点时，其他被选节点将随着正在拖动的节点做不同比例的移动，使曲线随着鼠标的移动具有弹性、膨胀、收缩等特性。

实例10 椭圆工具——青蛙头像

实例 目的

本实例的目的是让大家了解在CorelDRAW中椭圆工具、手绘工具以及形状工具相结合绘制卡通头像的方法，图2-37所示为制作流程图。

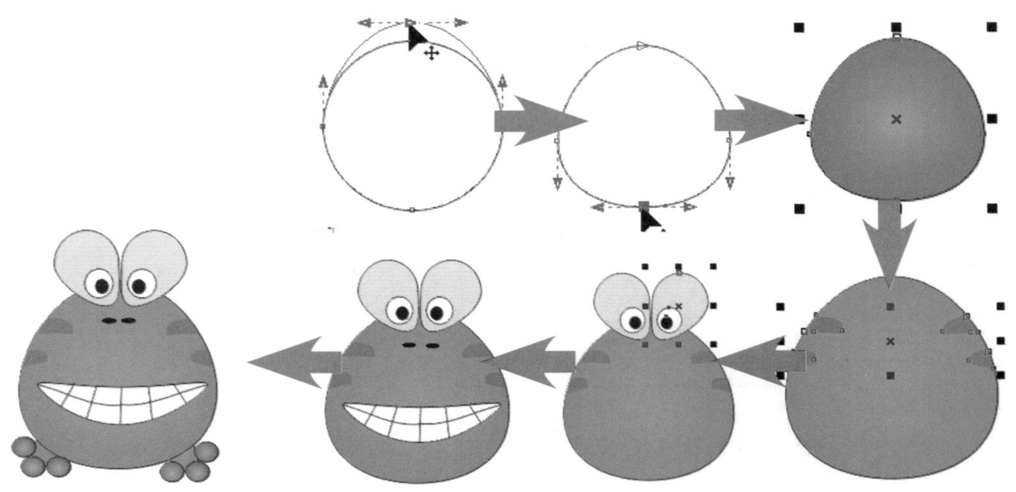

图2-37 制作流程图

实例 重点

- 椭圆工具的使用方法
- 形状工具的使用方法
- 简单填充的使用方法
- 将轮廓转换为曲线

实例 步骤

STEP 1 执行菜单中的“文件/新建”命令，新建一个“宽度”为100mm、“高度”为120mm的空白文档，使用（椭圆工具）在文档中绘制正圆形，如图2-38所示。

STEP 2 正圆轮廓绘制好后，执行菜单中的“排列/转换为曲线”命令或按Ctrl+Q键，将正圆形转为曲线，使用（形状工具）拖动节点改变正圆形状，如图2-39所示。

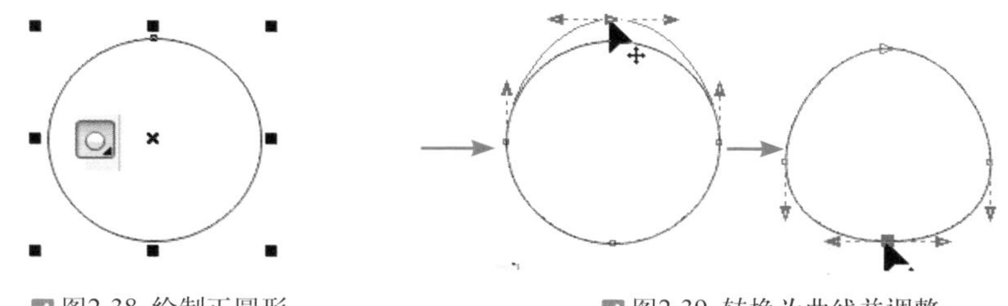

图2-38 绘制正圆形

图2-39 转换为曲线并调整

STEP 3 选择调整完毕的图形，在工具箱中选择（交互式填充工具），在属性栏中单击（编辑填充）按钮，打开“编辑填充”对话框，选择“渐变填充”，设置“渐变类型”为“辐射”，设置左侧的颜色为淡绿色，右侧的颜色为淡黄色，设置完毕单击“确定”按钮完成填充，效果如图2-40所示。

图2-40 设置填充色并填充

STEP 4 绘制椭圆形，按Ctrl+Q键将轮廓转换为曲线，使用（形状工具）拖动节点改变形状，绘制4个图形并将其接合为1个图形，再将图形一同选取，在属性栏中单击“相交”按钮，如图2-41所示。

STEP 5 移走多余的图形，为相交的区域填充淡绿色，在“颜色”泊坞窗上右击“无填充”，取消轮廓，效果如图2-42所示。

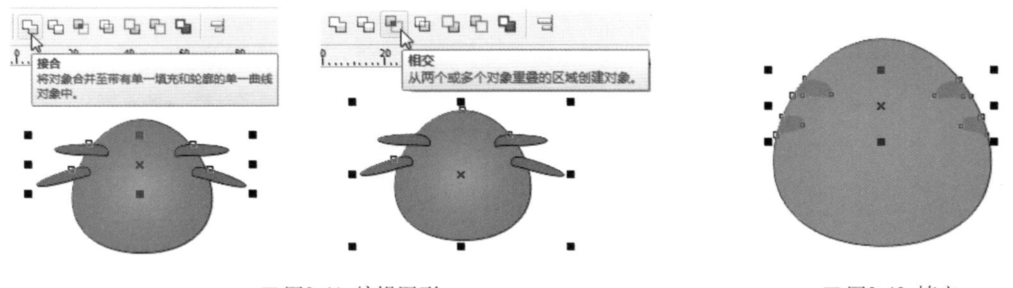

图2-41 编辑图形

图2-42 填充

技 巧

对两个以上的图形进行结合指的是把图形组合到一起，之后还可以拆分；而接合是将两个以上的图形变为一个个体，之后不能拆分。

STEP 6 使用（椭圆工具）在文档中绘制圆形，按Ctrl+Q键转换为曲线后，使用（形状工具）拖动节点改变形状并填充淡黄色，再绘制正圆眼球对其填充白色与黑色，效果如图2-43所示。

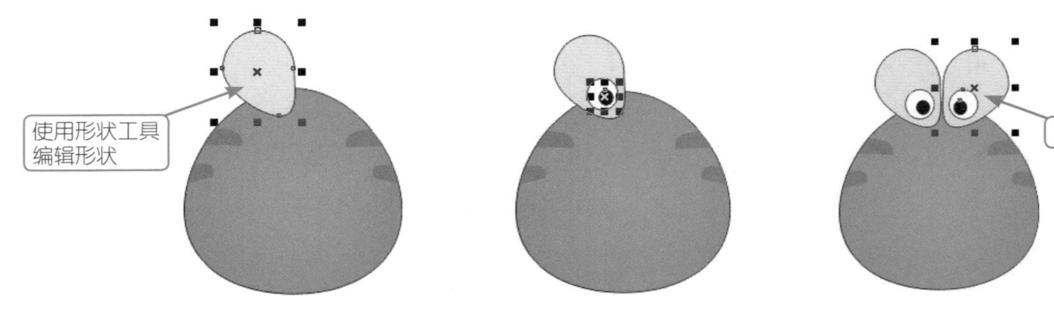

图2-43 眼睛

STEP 7 使用（椭圆工具）在文档中绘制圆形，按Ctrl+Q键转换为曲线后，使用（形状工具）拖动节点改变形状并填充白色，制作嘴巴效果，再以（手绘工具）绘制牙齿，效果如图2-44所示。

图2-44 嘴巴

STEP 8 使用（椭圆工具）在文档中绘制椭圆形，填充黑色，制作鼻孔，如图2-45所示。

STEP 9 使用（椭圆工具）在文档中绘制椭圆形，填充从淡绿色到淡黄色的辐射渐变，以此来制作青蛙的脚，如图2-46所示。

图2-45 鼻孔

图2-46 脚

STEP10 复制整个脚移到右边，单击属性栏中的（水平镜像）按钮，完成本例的制作，效果如图2-47所示。

图2-47 最终效果

实例11　交互式填充——水晶苹果

实例 目的

本实例的目的是让大家了解在CorelDRAW中使用椭圆工具、形状工具以及渐变填充相结合的方法绘制水晶苹果，图2-48所示为制作流程图。

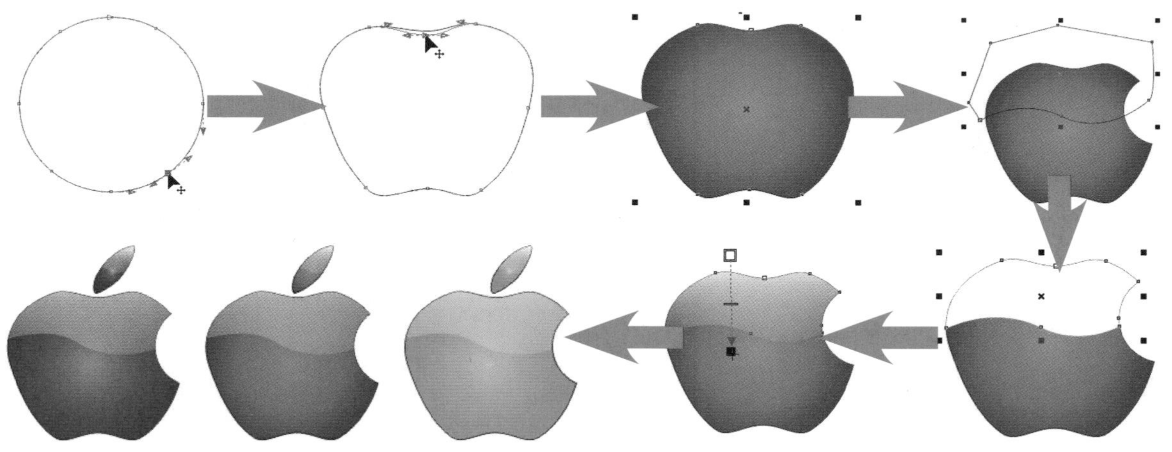

图2-48 制作流程图

实例 重点

- 椭圆工具的使用方法
- 将轮廓转换为曲线
- 形状工具的使用方法
- 交互式填充工具的使用方法
- 图形之间的造型

实例步骤

STEP 1 执行菜单中的“文件/新建”命令，新建一个“宽度”为150mm、“高度”为100mm的空白文档，使用（椭圆工具）在文档中绘制正圆形，如图2-49所示。

STEP 2 正圆形绘制好后，执行菜单中的“排列/转换为曲线”命令或按Ctrl+Q键，将正圆形转为曲线，使用（形状工具）在曲线上双击添加节点，拖动节点改变形状，如图2-50所示。

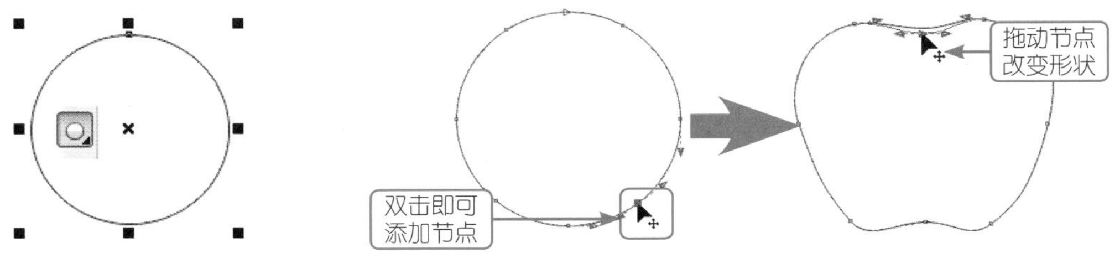

图2-49 绘制正圆形　　图2-50 转换曲线并调整图形

STEP 3 选择调整完毕的图形，在工具箱中选择（交互式填充工具），在属性栏中单击（编辑填充）按钮，打开“编辑填充”对话框，选择“渐变填充”，设置“渐变类型”为“辐射”，设置左侧的颜色为绿色，右侧的颜色为淡绿色，设置节点位置为51，其他参数不变，设置完毕单击“确定”按钮，如图2-51所示。

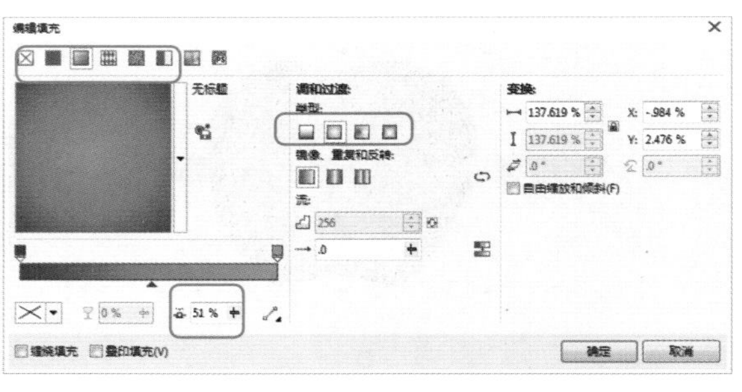

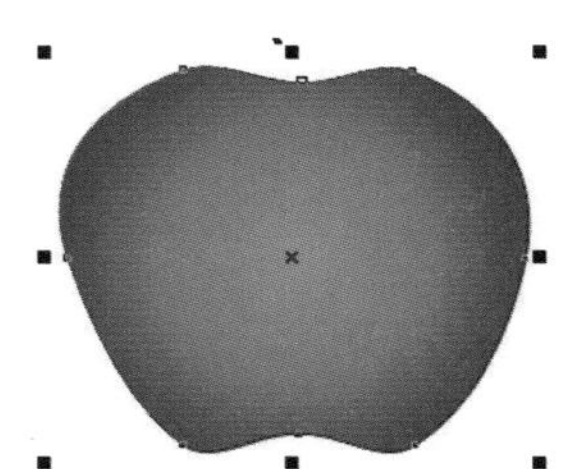

图2-51 设置填充色并填充

STEP 4 使用（椭圆工具）在苹果右边绘制一个圆形，使用（选择工具）将苹果与圆形一同框选，单击属性栏中的“简化”按钮，将苹果进行简化处理，删除圆形后，再使用（贝塞尔工具）在苹果上绘制如图2-52所示的封闭曲线。

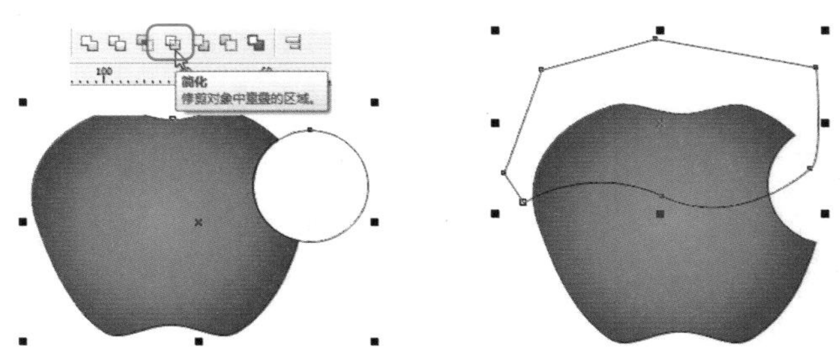

图2-52 绘制封闭曲线

STEP 5 使用（选择工具）框选苹果和曲线，单击属性栏中的“相交”按钮，再将曲线删除，将选择相交后的区域图形填充为白色，将轮廓设置为无，如图2-53所示。

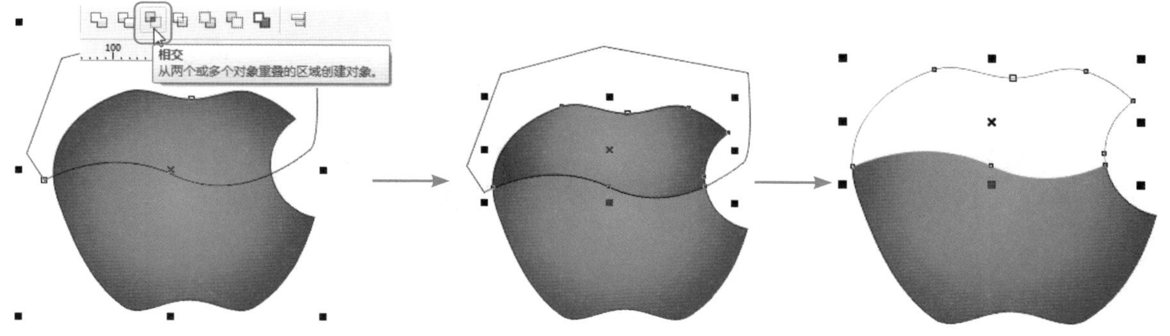

图2-53 编辑造型

STEP 6 在工具箱中选择（透明度工具），在相交的图形上从上向下拖动鼠标为图形添加渐变透明，如图2-54所示。

STEP 7 使用（椭圆工具）绘制一个椭圆，将图形进行相应的旋转并调整到相应的位置，如图2-55所示。

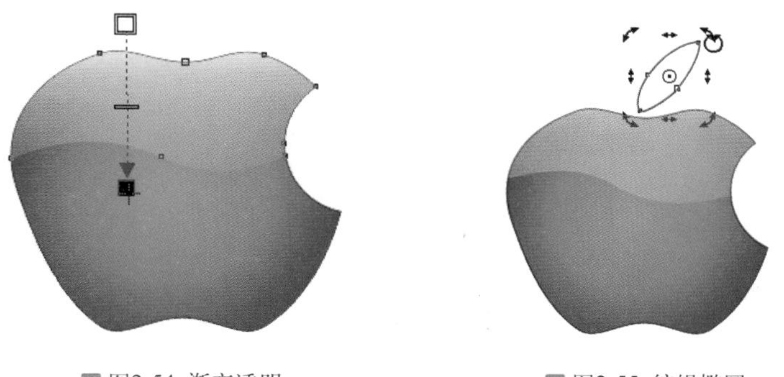

图2-54 渐变透明　　图2-55 编辑椭圆

STEP 8 在工具箱中选择（交互式填充工具），在属性栏中单击（编辑填充）按钮，打开“编辑填充”对话框，设置渐变“类型”为“辐射”，其他参数设置如图2-56所示，设置完毕单击“确定”按钮完成渐变填充。

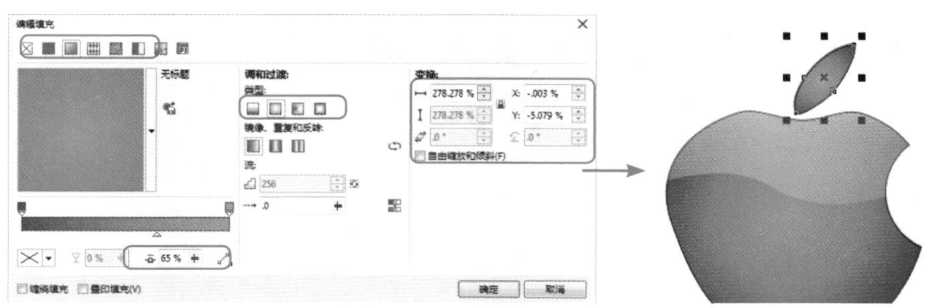

图2-56 渐变填充

STEP 9 使用与苹果主体一样的方法制作高光，如图2-57所示。

STEP10 使用同样的方法绘制另外两种颜色的水晶苹果，最终效果如图2-58所示。

图2-57 制作高光　　图2-58 最终效果

实例12 交互式填充——立体图像

实例目的

本实例的目的是让大家了解在CorelDRAW中使用椭圆工具、形状工具以及交互式填充相结合的方法绘制立体图像，图2-59所示为制作流程图。

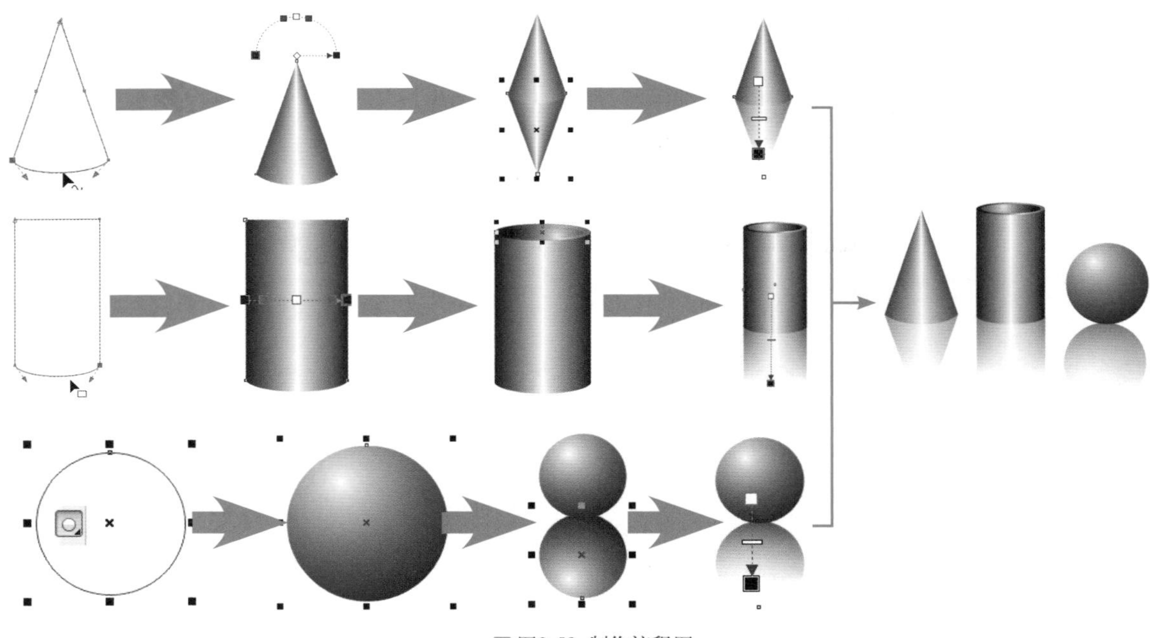

图2-59 制作流程图

实例重点

- 多边形工具、矩形工具和椭圆工具的使用方法

- 将轮廓转换为曲线
- 使用形状工具编辑形状
- 交互式填充工具的使用方法
- 透明度工具的使用方法

实例　步骤

绘制圆锥体

STEP 1 执行菜单中的“文件/新建”命令，新建一个横向的A4大小的空白文档，使用（多边形工具）在文档中绘制三角形，效果如图2-60所示。

STEP 2 三角形轮廓绘制好后，执行菜单中的“排列/转换为曲线”命令或按Ctrl+Q键，将三角形转为曲线，使用（形状工具）将底边的直线调整为曲线，效果如图2-61所示。

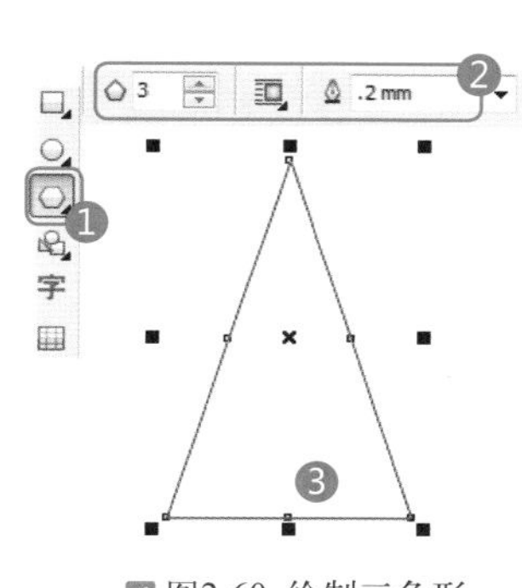

图2-60 绘制三角形

图2-61 转换为曲线并调整

STEP 3 选择调整完毕的图形，在工具箱中选择（交互式填充工具），在属性栏中单击（编辑填充）按钮，打开“编辑填充”对话框，设置“类型”为“圆锥”，其中的参数设置如图2-62所示。设置完毕单击“确定”按钮，使用鼠标在三角形的顶端向右拖动进行圆锥的渐变填充，在“颜色”泊坞窗中右击⊠（无填充）隐藏轮廓，效果如图2-63所示。

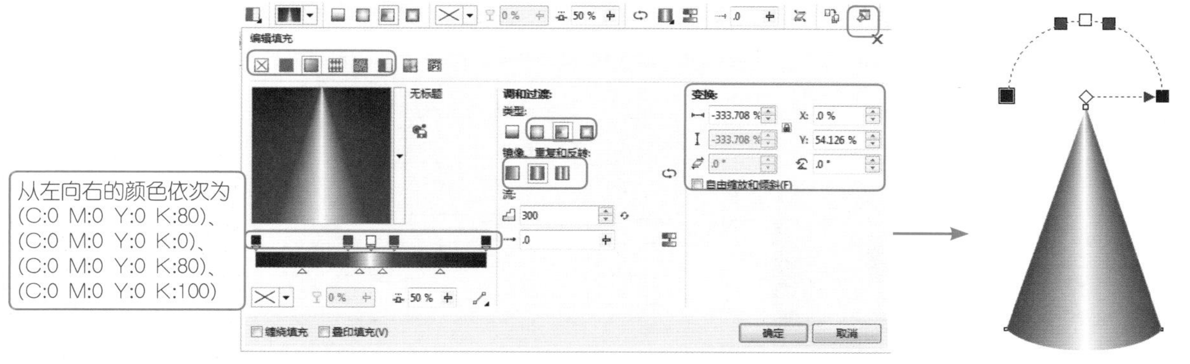

图2-62 设置填充参数

图2-63 交互式填充效果

STEP 4 使用（选择工具）向下拖动圆锥体，单击鼠标右键系统会复制一个图形副本，单击（垂直镜像）按钮，将图形进行镜像后，再将其移动到相应位置，按Ctrl+End键调整图形顺序，如图2-64所示。

STEP 5 在工具箱中选择（透明度工具），在相交的图像上从上向下拖动鼠标为图形添加渐变透明制作倒影效果，如图2-65所示。

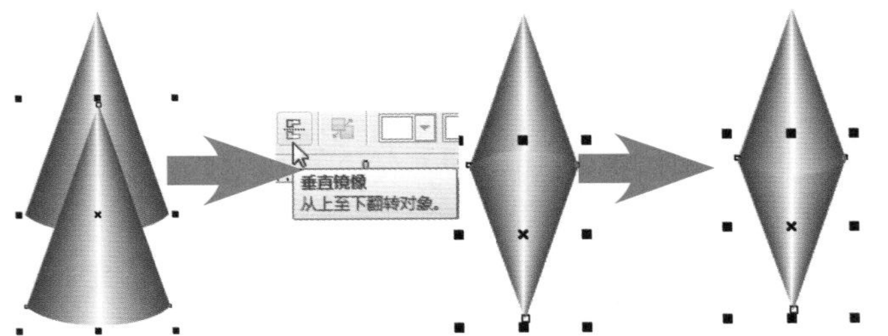

图2-64 复制、镜像并改变顺序

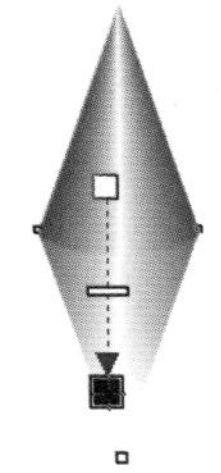

图2-65 添加渐变透明制作倒影效果

绘制圆柱体

STEP 6 使用（矩形工具）在文档中绘制矩形，按Ctrl+Q键将矩形转换为曲线，使用（形状工具）将底边的直线调整为曲线，如图2-66所示。

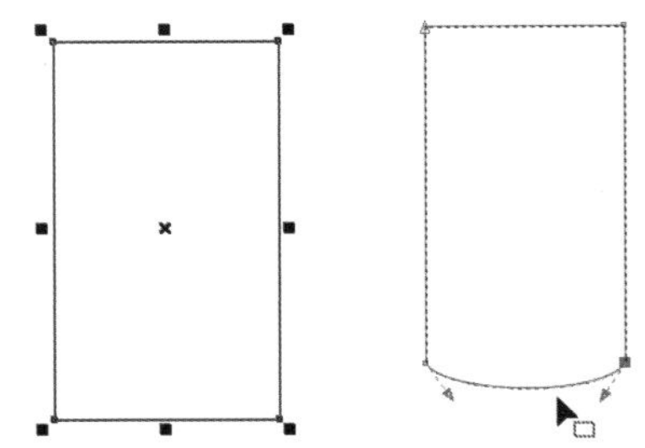

图2-66 绘制矩形转换底边为曲线后调整

STEP 7 选择调整完毕的图形，在工具箱中选择（交互式填充工具），在属性栏中单击（编辑填充）按钮，打开“编辑填充”对话框，其中的参数设置如图2-67所示，设置完毕单击“确定”按钮。使用鼠标在矩形上从左向右拖动进行交互式填充，在“颜色”泊坞窗中右击☒（无填充）隐藏轮廓，效果如图2-68所示。

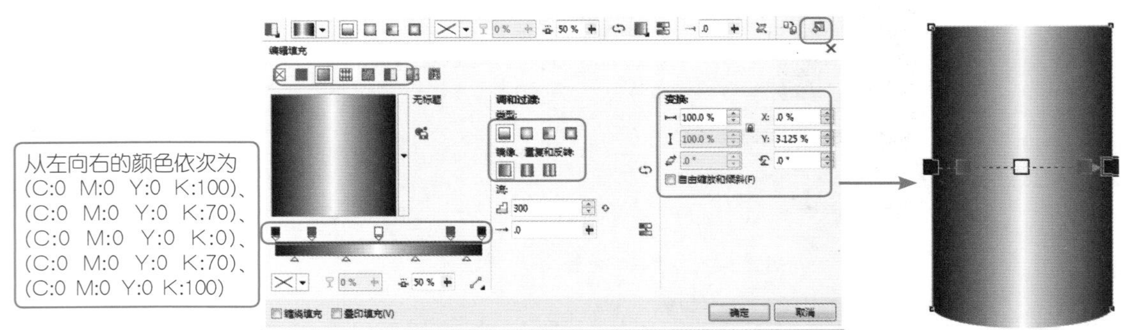

图2-67 设置填充色

图2-68 交互式填充效果

STEP 8 使用◯（椭圆工具）在圆柱上方绘制一个椭圆，如图2-69所示。

STEP 9 选择调整完毕的图形，在工具箱中选择◇（交互式填充工具），在属性栏中单击▣（编辑填充）按钮，打开“编辑填充”对话框，其中的参数设置如图2-70所示，设置完毕单击“确定”按钮，完成填充。

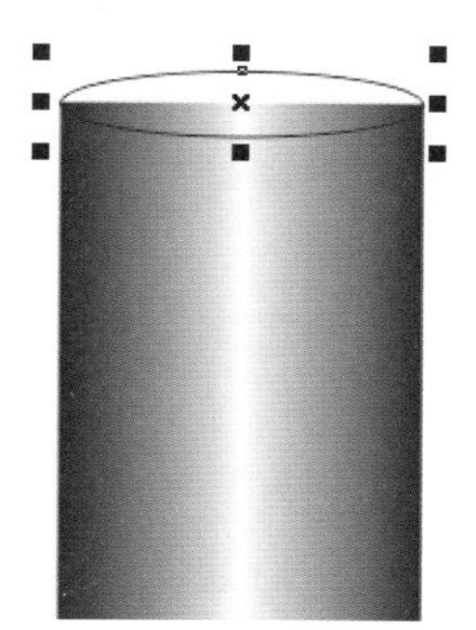

图2-69 绘制椭圆

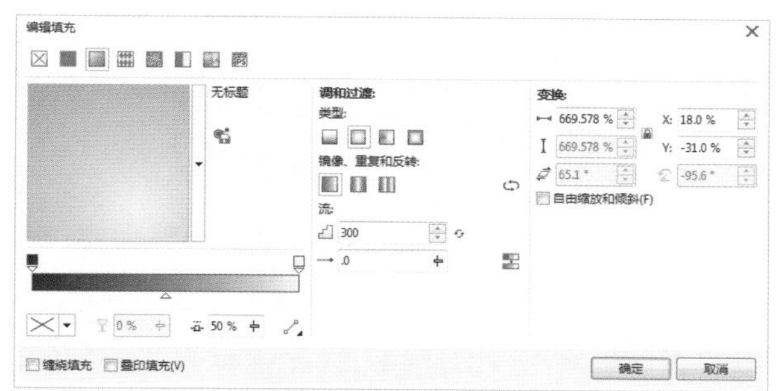

图2-70 填充渐变色

STEP 10 在“颜色”泊坞窗中右击☒（无填充）隐藏轮廓，按Ctrl+C键复制，再按Ctrl+V键粘贴，得到一个副本，拖动控制点将副本缩小，如图2-71所示。

STEP 11 在属性栏中单击▣（水平镜像）按钮，将图像水平镜像，如图2-72所示。

STEP 12 框选圆柱对象，按Ctrl+G键群组对象，复制群组后的对象向下拖动，按Ctrl+End键调整顺序，如图2-73所示。

STEP 13 在工具箱中选择▣（透明度工具），在副本的图像上从上向下拖动鼠标为图形添加线性透明效果，如图2-74所示。

图2-71 复制并调整

图2-72 水平镜像

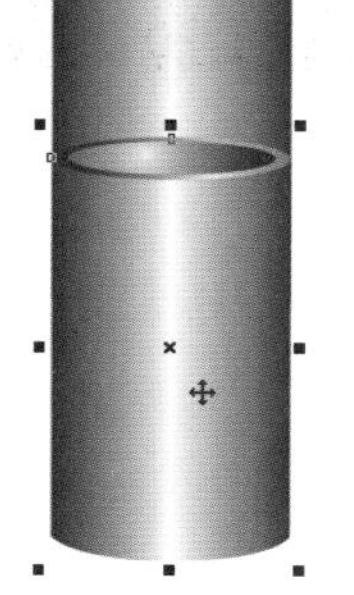

图2-73 复制移动群组对象

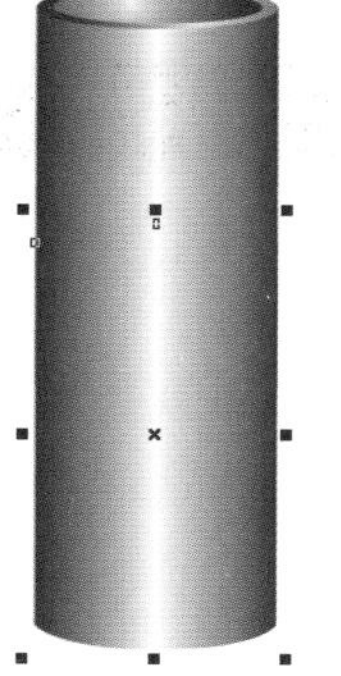

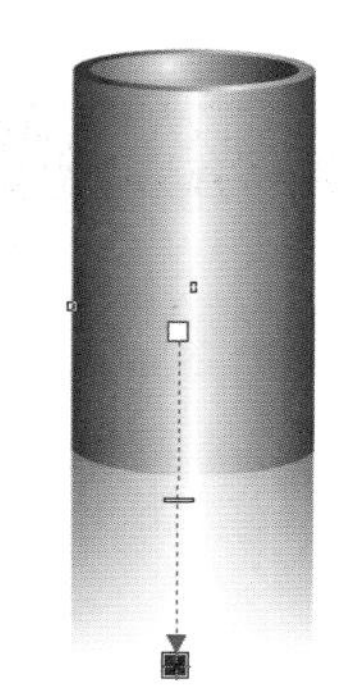

图2-74 添加渐变透明制作倒影效果

绘制球体

STEP 14 使用◯（椭圆工具）绘制一个正圆，如图2-75所示。

STEP 15 在工具箱中选择◇（交互式填充工具），打开“编辑填充”对话框，其中的参数设置如图2-76所示，在“颜色”泊坞窗中右击☒（无填充）隐藏轮廓。

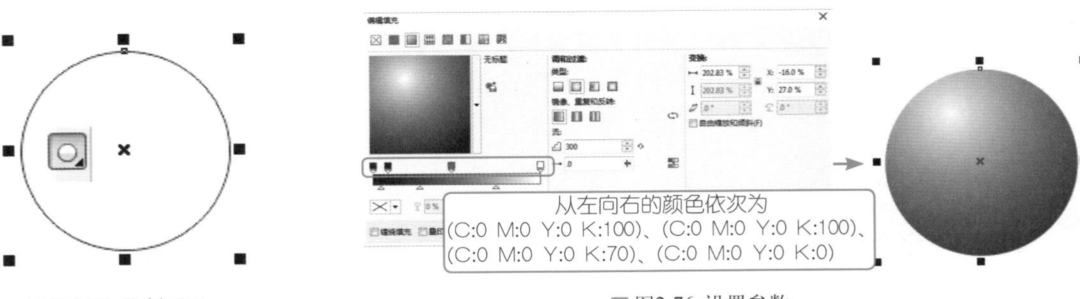

图2-75 绘制正圆

图2-76 设置参数

STEP16 复制球体向下拖动并进行垂直镜像，按Ctrl+End键调整顺序，如图2-77所示。

STEP17 在工具箱中选择（透明度工具），在副本的图像上从上向下拖动鼠标，为图形添加渐变透明制作倒影效果，如图2-78所示。

STEP18 至此本例的立体图形全部制作完毕，效果如图2-79所示。

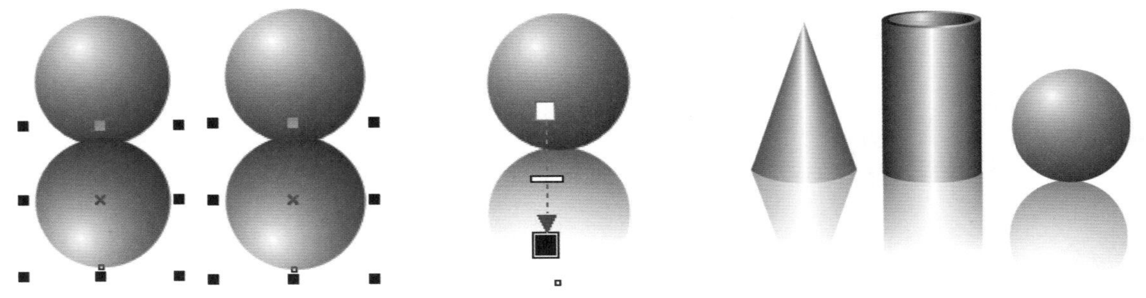

图2-77 复制移动

图2-78 添加渐变透明制作倒影效果

图2-79 最终效果

实例13 钢笔工具——卡通胡萝卜

实例 目的

本实例的目的是让大家了解在CorelDRAW中利用钢笔工具、手绘工具以及椭圆工具相结合来绘制卡通胡萝卜的方法，图2-80所示为制作流程图。

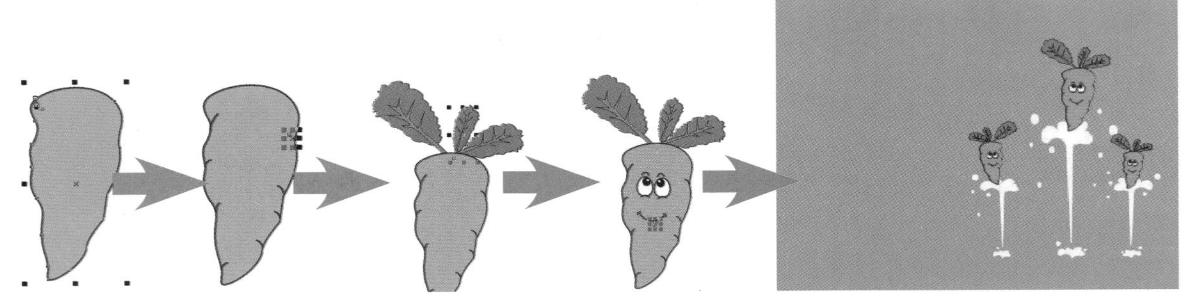

图2-80 制作流程图

实例 重点

- 椭圆工具的使用方法
- 钢笔工具的使用方法
- 手绘工具的使用方法

实例 步骤

STEP 1 执行菜单中的“文件/新建”命令，新建一个空白文档，使用（钢笔工具）绘制胡萝卜的轮廓后填充为橘色，再在边缘上使用（钢笔工具）绘制小曲线，如图2-81所示。

STEP 2 使用（钢笔工具）绘制胡萝卜的叶子并填充为绿色和浅绿色，如图2-82所示。

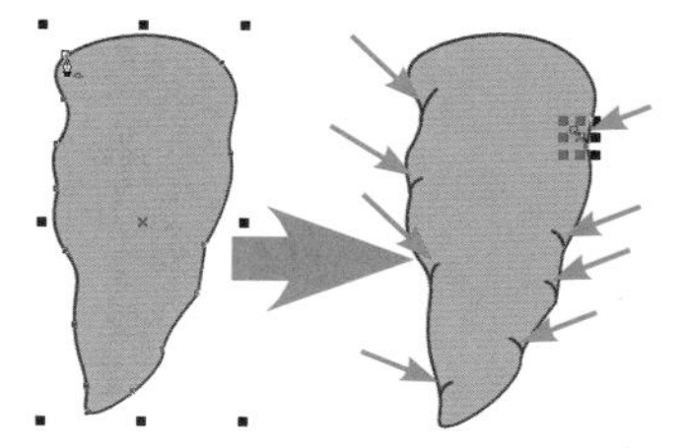

图2-81 绘制曲线

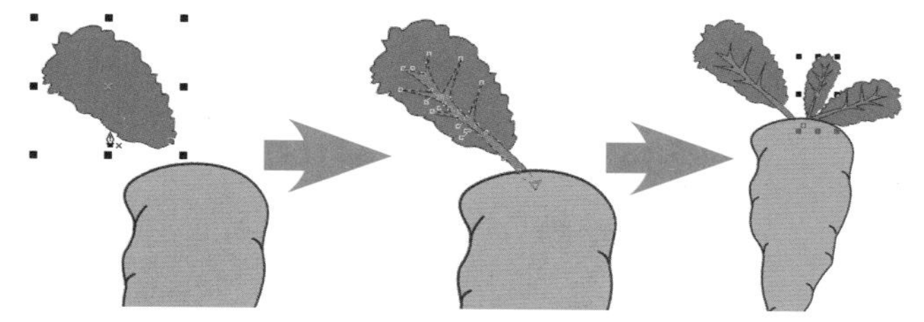

图2-82 绘制胡萝卜的叶子

STEP 3 使用（椭圆工具）在胡萝卜上面绘制眼睛，如图2-83所示。

STEP 4 眼睛绘制完毕后，使用（钢笔工具）绘制嘴巴和眼眉，如图2-84所示。

图2-83 绘制眼睛

图2-84 绘制嘴巴和眼眉

STEP 5 执行菜单中的“文件/导入”命令，导入附赠资源中的“素材/第2章/水花”素材，如图2-85所示。

STEP 6 使用（选择工具）将绘制的胡萝卜移到素材中，完成本例的制作，最终效果如图2-86所示。

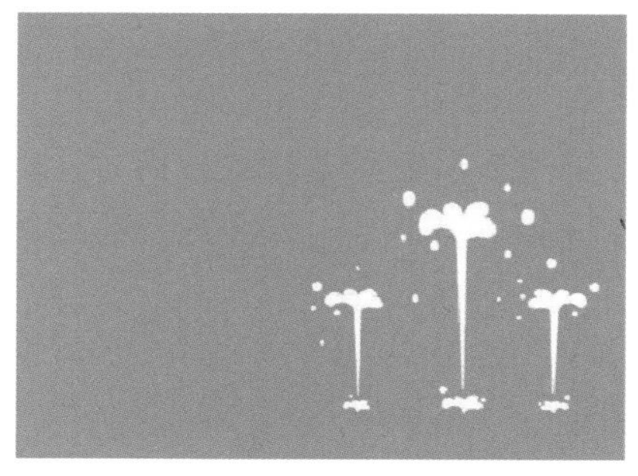

图2-85 水花素材

图2-86 最终效果

本章练习与小结

练习

1. 对几何绘制工具逐个进行练习。
2. 通过形状工具对绘制的图形进行精确的编辑。
3. 掌握填充工具和交互式填充工具的使用方法。

习题

1. 如果要在绘图工具为当前状态时取消选定的所有对象，可以按哪个键？（　　）

   A. Enter键　　B. Esc键　　C. 空格键　　D. Ctrl键

2. 使用手绘工具进行绘图时，如要绘出如下图所示的连续折线，绘制时要在每个节点处如何操作？（　　）

   A. 单击鼠标左键，然后移动鼠标到下一点再单击，直到结束绘制
   B. 双击鼠标左键，然后移动鼠标到下一点再单击，直到结束绘制
   C. 单击鼠标左键并拖动鼠标到下一点，直到结束绘制
   D. 单击鼠标右键，然后移动鼠标到下一点再单击，直到结束绘制

3. 使用（椭圆工具）绘制正圆时，需同时按住键盘上的哪个键？（　　）

   A. Enter键　　B. Esc键　　C. Shift键　　D. Ctrl键

4. 使用（选择工具）在文档中选择多个图形时，除了框选外还可以同时按住键盘上的哪个键再单击可以进行多选？（　　）

   A. Enter键　　B. Esc键　　C. Shift键　　D. Ctrl键

5. 按下面哪个键，可以在当前使用的工具与（选择工具）之间进行切换？（　　）

   A. Enter键　　B. 空格键　　C. Shift键　　D. Ctrl键

小结

学习完本章后，读者应当掌握CorelDRAW中常用的基本绘图工具的使用方法。对于基本绘图工具的掌握可以对今后的创作起到引导的作用，在CorelDRAW中只要涉及绘图就离不开基本绘图工具的使用。

第3章

CorelDRAW X7

| 图形对象的编辑与艺术处理

通过对前面内容的学习，大家已经对使用CorelDRAW软件中的基本几何工具进行简单绘图有了一定的了解。本章主要在之前内容的基础上对已经绘制的图形进行相应的编辑和处理，使其达到更加完美的效果。

| 本章重点

- 旋转复制——太阳花
- 快速描摹——大嘴猴
- 插入字符——夜
- 喷灌工具——创意画
- 图形顺序——愤怒的小鸟
- 图框精确剪裁——相架

实例14　旋转复制——太阳花

实例 目的

本实例的目的是让大家了解在CorelDRAW中通过“变换”面板中的“旋转”对已绘制对象进行旋转复制的方法，图3-1所示为太阳花的制作流程图。

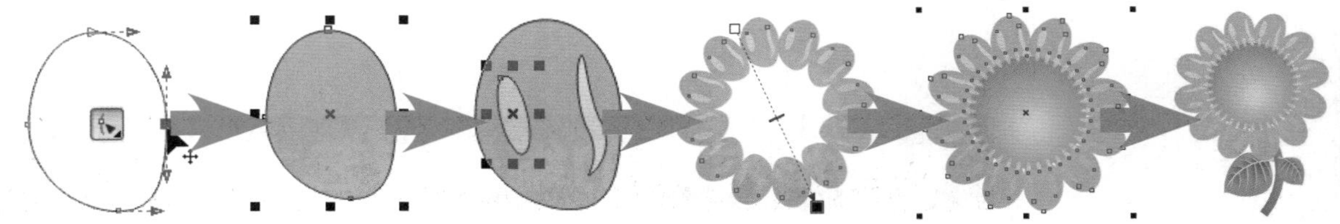

图3-1 制作流程图

实例 重点

- 椭圆工具的使用方法
- 转换为曲线
- 使用形状工具对曲线进行变形处理
- “旋转”变换的使用方法

实例 步骤

STEP 1 执行菜单中的“文件/新建”命令，新建一个空白文档，使用（椭圆工具）在文档中绘制椭圆，按Ctrl+Q键将椭圆边线转换为曲线，使用（形状工具）拖动节点改变椭圆的形状，如图3-2所示。

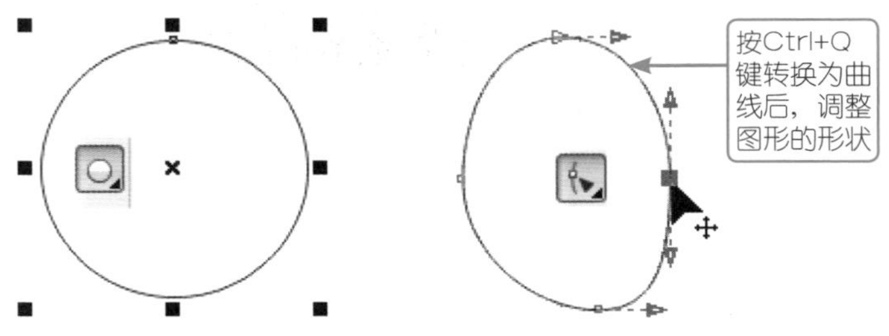

图3-2 绘制椭圆并改变其形状

提 示

在CorelDRAW中绘制的矩形、椭圆形、多边形以及基本形状不能直接使用（形状工具）对其进行编辑，必须要将其边线转换为曲线后才能对其进行编辑。

STEP 2 在工具箱中选择（交互式填充工具），在属性栏中单击（编辑填充）按钮，打开“编辑填充”对话框，其中的参数设置如图3-3所示，设置完毕单击“确定”按钮，完成填充。

STEP 3 使用（椭圆工具）在花瓣上绘制椭圆高光，按Ctrl+Q键转换为曲线后，使用（形状工具）调整形状，在“颜色”泊坞窗中单击浅粉色，为高光填充浅粉色，效果如图3-4所示。

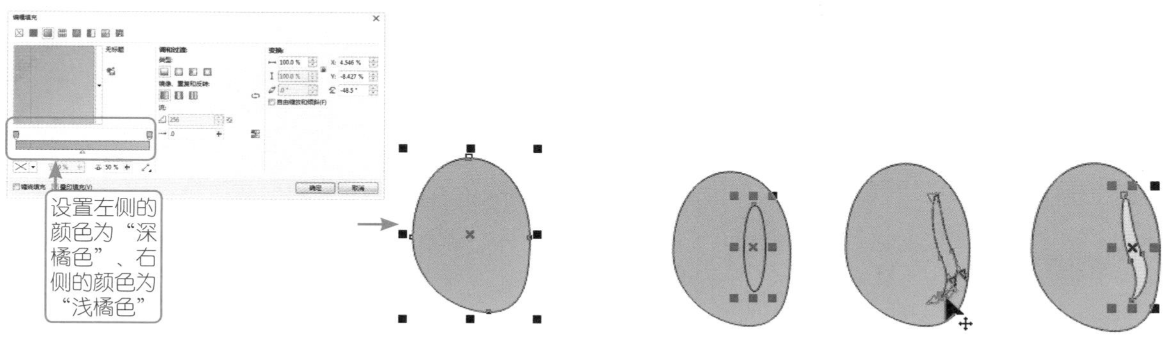

图3-3 设置参数　　图3-4 调整形状并填充颜色

STEP 4 使用同样的方法制作另一个高光，框选3个对象，在“颜色”泊坞窗中右击⊠（无填充），隐藏轮廓，如图3-5所示。

STEP 5 按Ctrl+G键群组，再执行菜单中的“排列/变换/旋转”命令，打开“旋转”转换泊坞窗，选择“转换”选项卡，调整旋转中心点，设置“旋转”面板中的参数，再重复单击“应用”按钮，直到图形旋转一周为止，如图3-6所示。

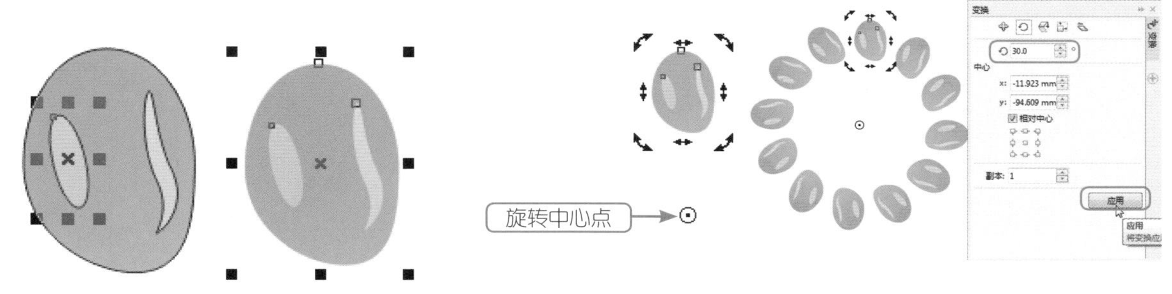

图3-5 绘制高光　　图3-6 转换

技 巧

在使用多个对象进行旋转复制时，必须要将对象进行群组，否则将不能按照中心点进行复制，如图3-7所示的效果为未被群组的对象进行旋转复制后的效果。

图3-7 转换效果

STEP 6 框选所有的花瓣，按Ctrl+U键取消群组，使用（选择工具）同时按住Shift键将花瓣上的高光区域全部选取，使用（透明度工具），在选取的对象上从左上角向右下角拖动鼠标为图形添加线性透明效果，如图3-8所示。

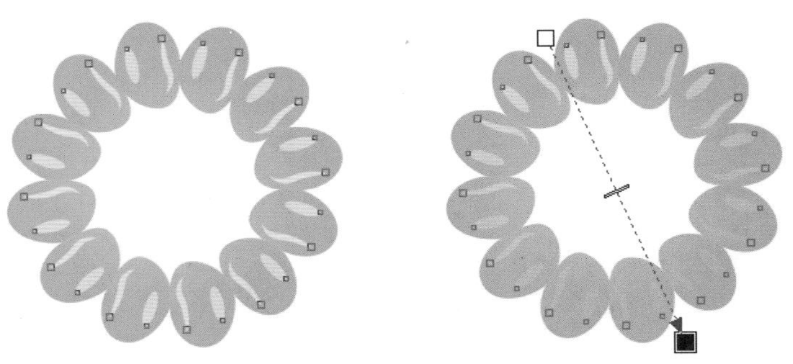

图3-8 添加透明效果

STEP 7 使用（椭圆工具）在花瓣中心绘制一个正圆，在工具箱中选择（交互式填充工具），打开“编辑填充”对话框，其中的参数设置如图3-9所示，设置完毕单击“确定”按钮，完成填充。

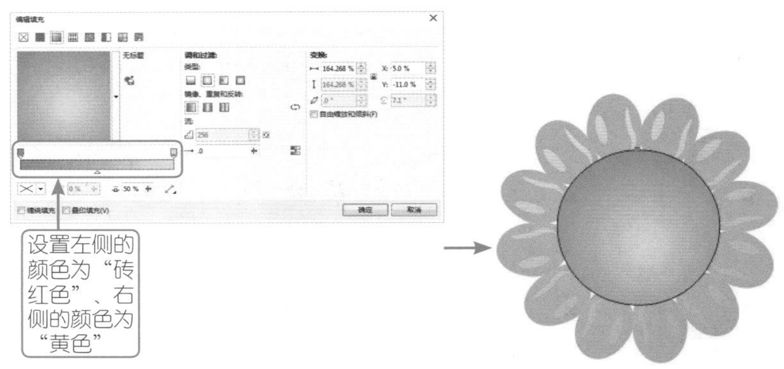

图3-9 绘制正圆并填充渐变色

STEP 8 在正圆上面绘制一个椭圆，在工具箱中选择（交互式填充工具），打开“编辑填充”对话框，其中的参数设置如图3-10所示，设置完毕单击“确定”按钮，完成填充。

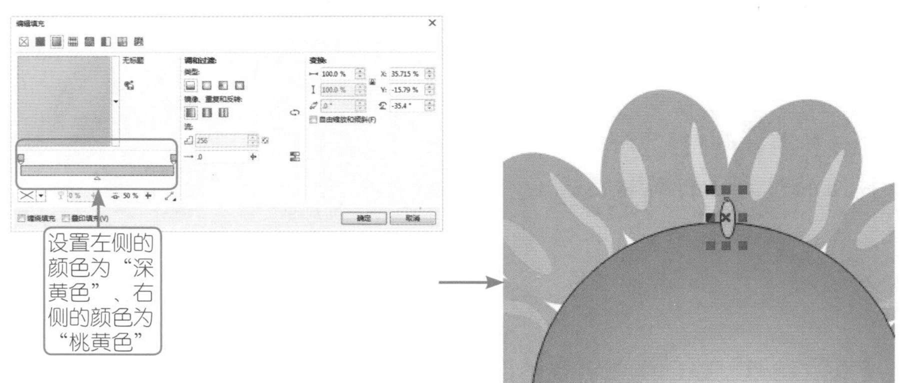

图3-10 绘制椭圆并填充渐变色

STEP 9 单击选择对象，将旋转框变为变换框，调整旋转中心点，设置旋转参数，单击“应用”按钮数次直到旋转一周为止，如图3-11所示。

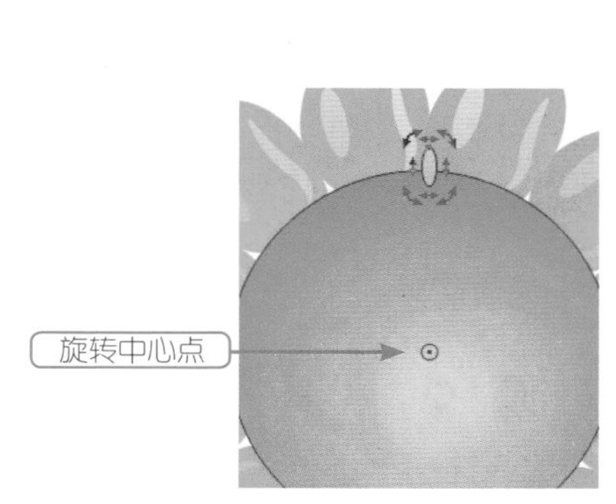

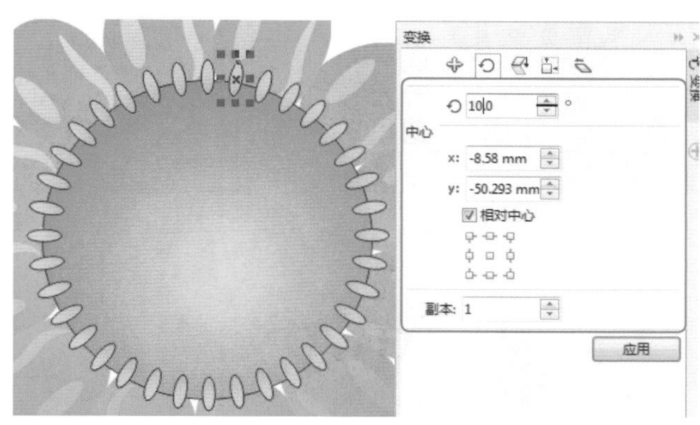

图3-11 转换

STEP10 框选所有对象，在“颜色”泊坞窗中右击☒（无填充），隐藏轮廓，如图3-12所示。

STEP11 执行菜单中的“文件/导入”命令，导入附赠资源中的“素材/第2章/叶子”素材，如图3-13所示。

STEP12 使用（选择工具）选择叶子将其移到相应的位置，按Ctrl+End键调整叶子的顺序，至此本例制作完毕，效果如图3-14所示。

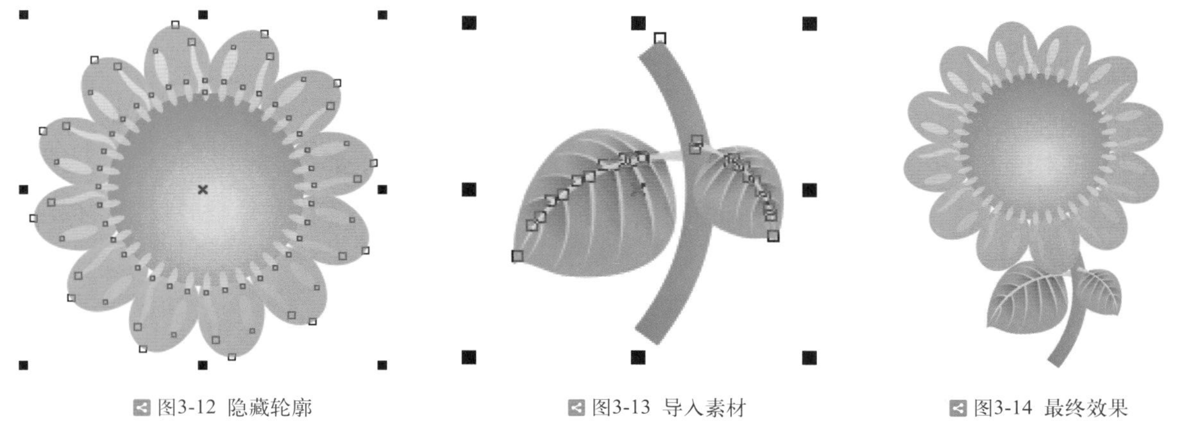

图3-12 隐藏轮廓　　图3-13 导入素材　　图3-14 最终效果

实例15 快速描摹——大嘴猴

实例目的

本实例的目的是让大家了解在CorelDRAW中不但可以通过绘图工具进行绘图，还可以将位图通过“快速描摹”命令转换为矢量图进行编辑，图3-15所示效果为制作流程图。

图3-15 制作流程图

实例 重点

- 导入素材
- 图案填充
- 创建图案填充
- 透明度工具

实例 步骤

STEP 1 执行菜单中的“文件/新建”命令，新建一个空白文档，再执行菜单中的“文件/导入”命令，将附赠资源中的“素材/第3章/猴”素材导入空白文档中，如图3-16所示。

STEP 2 执行菜单中的“工具/创建/图案填充”命令，打开“创建图案”对话框并设置参数，如图3-17所示。

图3-16 导入素材

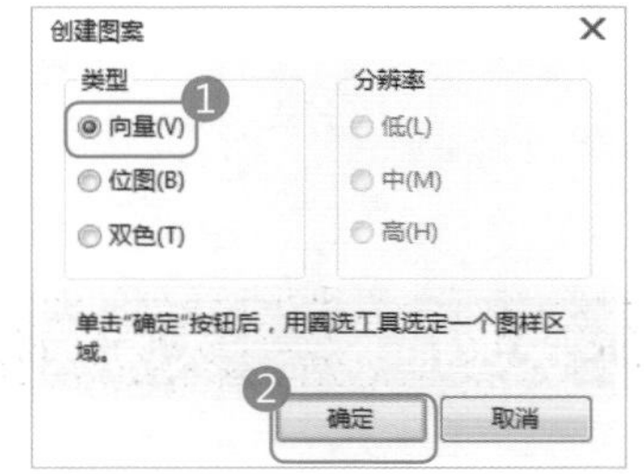

图3-17 “创建图案”对话框

STEP 3 单击“确定”按钮后文档中会出现一个裁剪符号，在导入的素材上创建矩形选区，在打开的对话框中直接单击“确定”按钮，此时系统会打开“保存图样”对话框，设置名称后单击“确定”按钮，如图3-18所示。

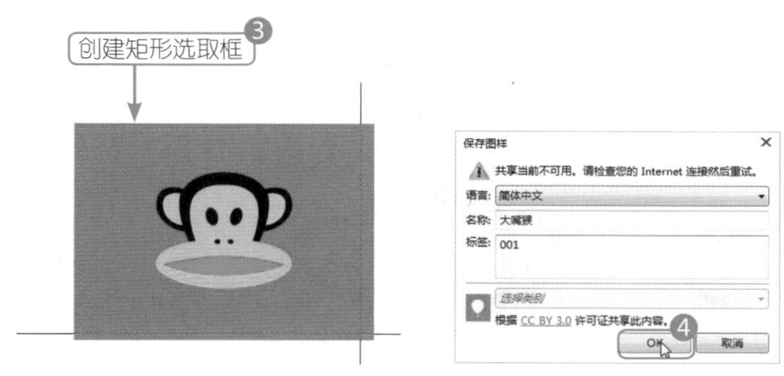

图3-18 创建图样

STEP 4 使用（矩形工具）在页面中绘制一个矩形框，再在工具箱中选择（交互式填充工具），打开“编辑填充”对话框，其中的参数设置如图3-19所示。

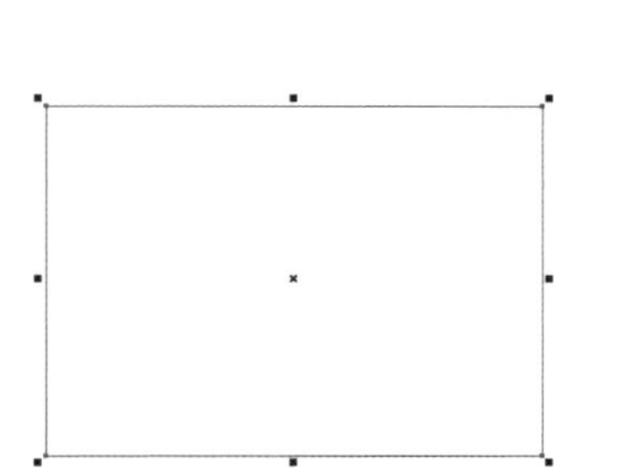

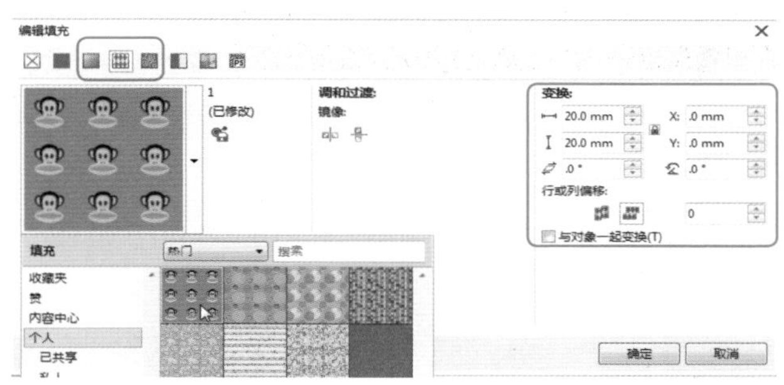

图3-19 “编辑填充”对话框

STEP 5 设置完毕单击“确定”按钮，效果如图3-20所示。

STEP 6 图样填充完毕后，按Ctrl+C键复制，再按Ctrl+V键粘贴，得到一个图形副本，将副本填充为“青色”，然后再选择（透明度工具），在属性栏中设置“透明度类型”为“均匀透明度”、“透明度”为18，如图3-21所示。

STEP 7 使用（选择工具）选择导入“猴”素材，执行菜单中的“位图/快速描摹”命令，将位图转换为矢量图，效果如图3-22所示。

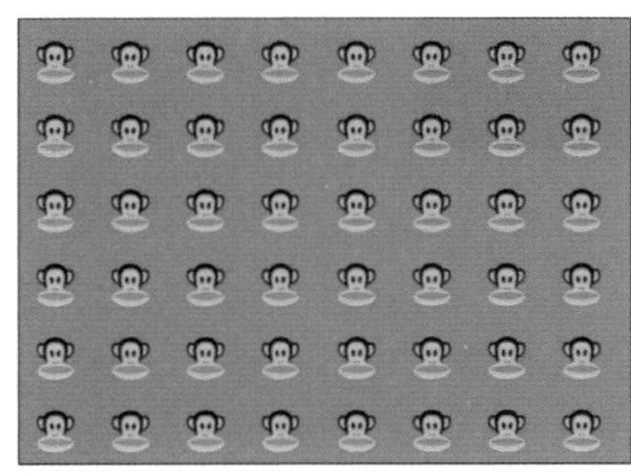

图3-20 填充

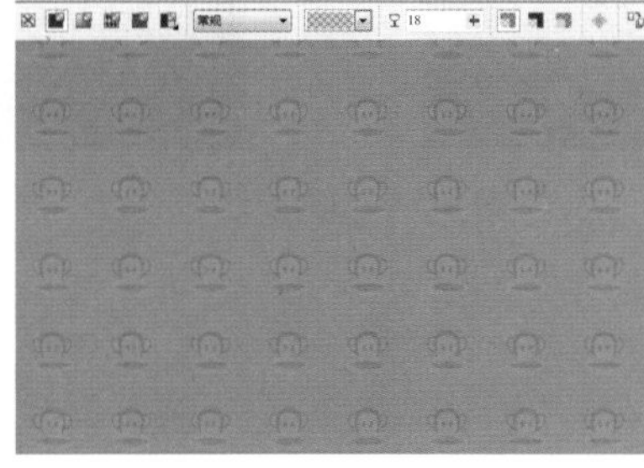

图3-21 设置类型和透明度

图3-22 快速描摹

STEP 8 按Ctrl+U键取消群组，使用（选择工具）选择青色背景，按Delete键清除背景，如图3-23所示。

STEP 9 去掉背景之后，使用（椭圆工具）绘制大嘴猴的鼻孔，如图3-24所示。

STEP10 将大嘴猴移到之前制作的背景上，再使用（文字工具）键入Big Monkey，至此本例制作完毕，最终效果如图3-25所示。

图3-23 清除背景

图3-24 绘制鼻孔

图3-25 最终效果

实例16 插入字符——夜

实例 目的

本实例的目的是让大家了解在CorelDRAW中通过“插入字符”命令在文档中插入矢量图形，图3-26所示为制作流程图。

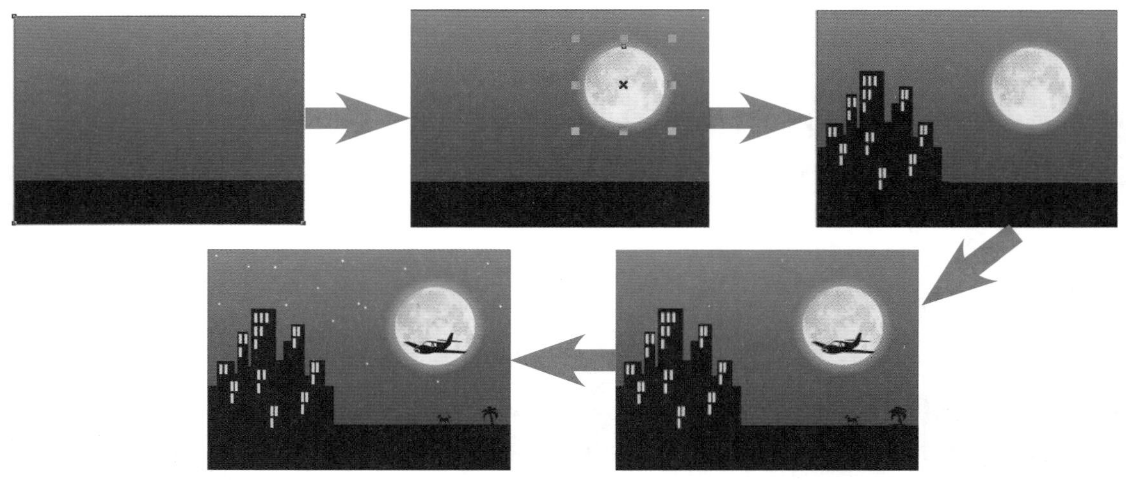
图3-26 制作流程图

实例 重点

- 矩形工具的使用方法
- 导入素材
- 交互式填充的使用方法
- 插入字符

实例 步骤

STEP 1 执行菜单中的“文件/新建”命令，新建一个空白文档后，使用（矩形工具）在文档中绘制矩形，如图3-27所示。

STEP 2 选择绘制的矩形，在工具箱中选择（交互式填充工具），打开“编辑填充”对话框，其中的参数设置如图3-28所示，设置完毕单击“确定”按钮，完成填充。

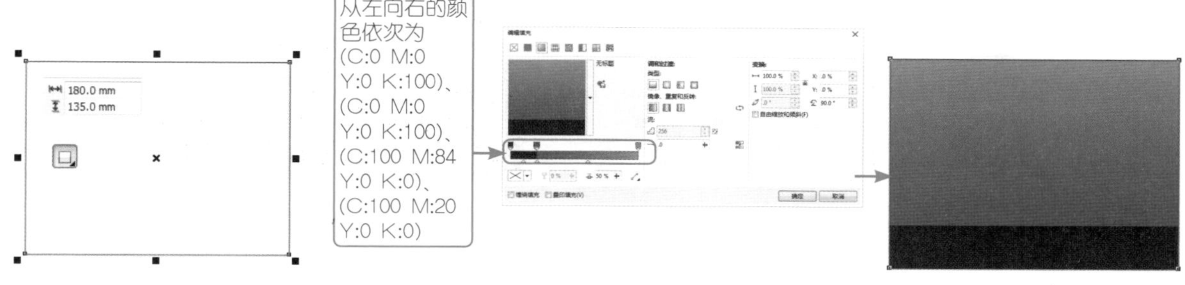

图3-27 绘制矩形　　图3-28 渐变填充效果

STEP 3 使用（椭圆工具）在文档中绘制正圆形，在工具箱中选择（透明度工具），在属性栏中单击（编辑透明度）按钮，打开“编辑透明度”对话框，其中的参数设置如图3-29所示。

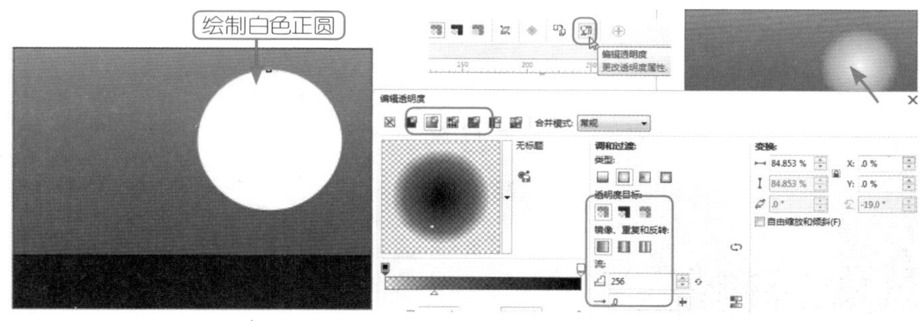

图3-29 设置透明度

STEP 4 绘制白色椭圆形，导入附赠资源中的“素材/第3章/月亮”素材，使用（选择工具）将月亮素材调整到相应的大小并移至相应的位置，如图3-30所示。

STEP 5 执行菜单中的“文本/插入符号字符”命令，打开“插入字符”泊坞窗，其中的参数设置如图3-31所示。

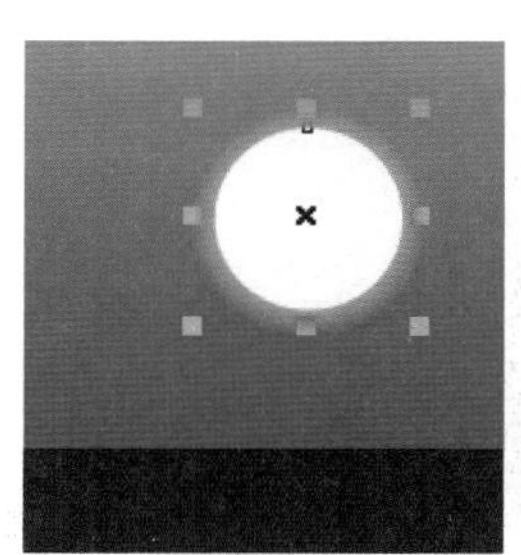
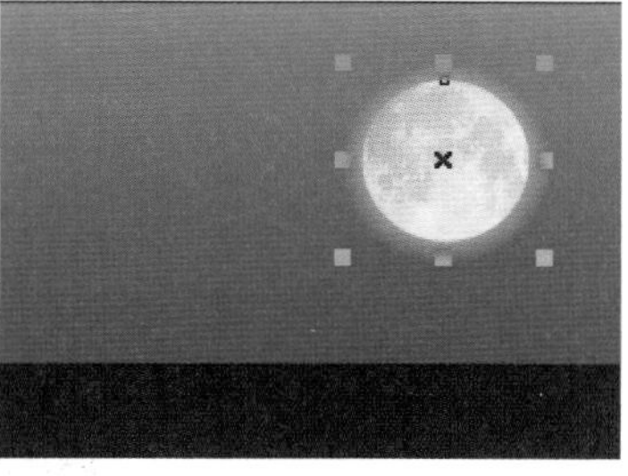

图3-30 编辑素材

图3-31 “插入字符”泊坞窗

STEP 6 单击“插入”按钮，填充黑色，如图3-32所示。再按Ctrl+K键打散曲线，将窗户填充为黄色，调整顺序后移到相应的位置，如图3-33所示。

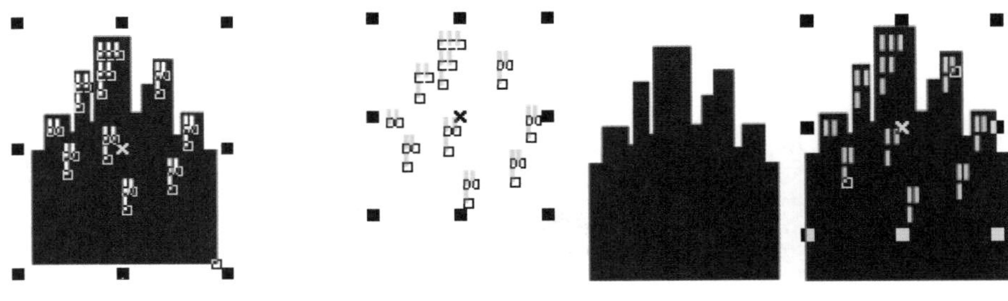

图3-32 填充黑色

图3-33 打散曲线后填充颜色

STEP 7 将楼房移到背景图中，如图3-34所示。

STEP 8 打开“插入字符”泊坞窗，依次选择飞机、小狗和树图形，如图3-35所示。

图3-34 将楼房移至背景图中

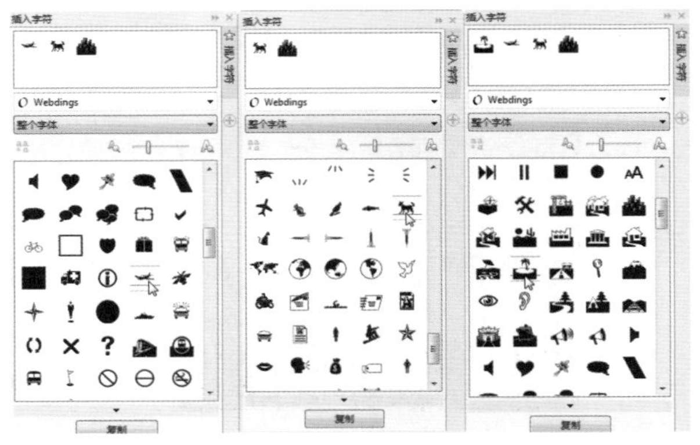

图3-35 “插入字符”泊坞窗

STEP 9 插入符号后，填充黑色，效果如图3-36所示。

STEP10 在“插入字符”泊坞窗中选择另一种字体，再选择不同的星星符号，如图3-37所示。

STEP11 插入字符后填充为白色，复制多个后完成本例的制作，效果如图3-38所示。

图3-36 填充为黑色

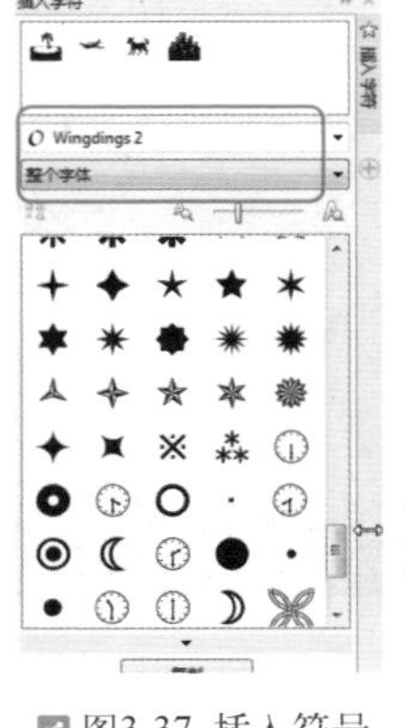

图3-37 插入符号

图3-38 最终效果

实例17 喷涂工具——创意画 

实例 目的

本实例的目的是让大家了解CorelDRAW艺术笔中喷涂工具的使用，以及通过图样填充、底纹填充来制作图像背景，图3-39所示为制作流程图。

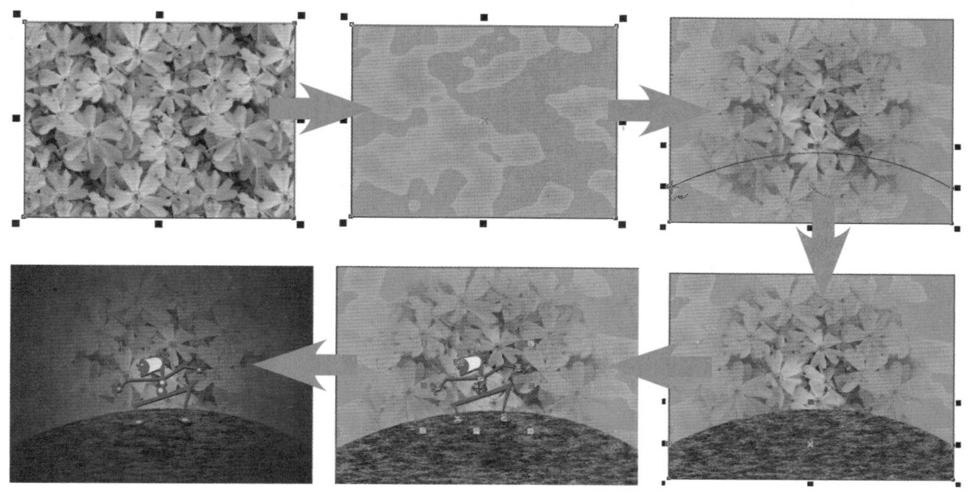

图3-39 制作流程图

实例 重点

- 底纹填充工具的使用方法
- 图样填充工具的使用方法
- 透明度工具的使用方法
- 阴影工具的使用方法
- 艺术笔工具中的喷涂画笔

实例 步骤

STEP 1 执行菜单中的“文件/新建”命令，新建一个空白文档，使用▢（矩形工具）在文档中绘制矩形，选择绘制的矩形并在工具箱中选择▩（图样填充工具），打开“图样填充”对话框，其中的参数设置如图3-40所示，设置完毕单击“确定”按钮，完成填充。

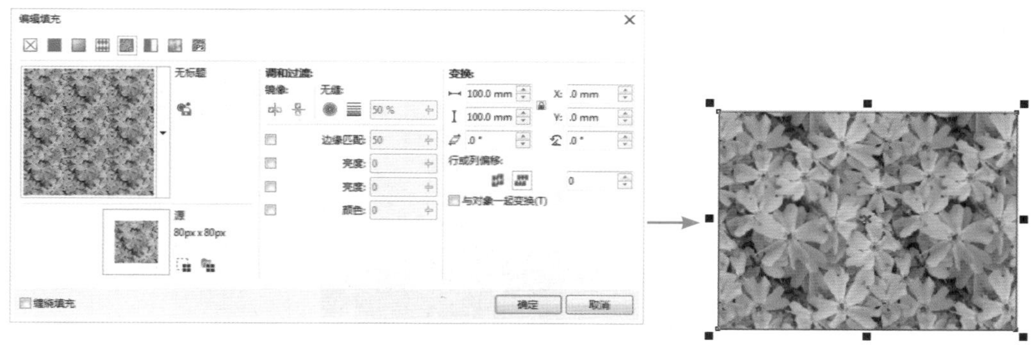

图3-40 填充图样

STEP 2 按Ctrl+C键复制，再按Ctrl+V键粘贴，得到一个当前图形的副本，选择副本矩形，并在工具箱中选择（交互式填充工具），打开“编辑填充”对话框，其中的参数设置如图3-41所示，设置完毕单击“确定”按钮，完成填充。

STEP 3 底纹填充完毕后，在工具箱中选择（透明度工具），再在属性栏中选择“渐变透明度”，设置“透明度类型”为“椭圆形渐变透明度”、“合并模式”为“常规”，拖动控制点改变透明范围，效果如图3-42所示。

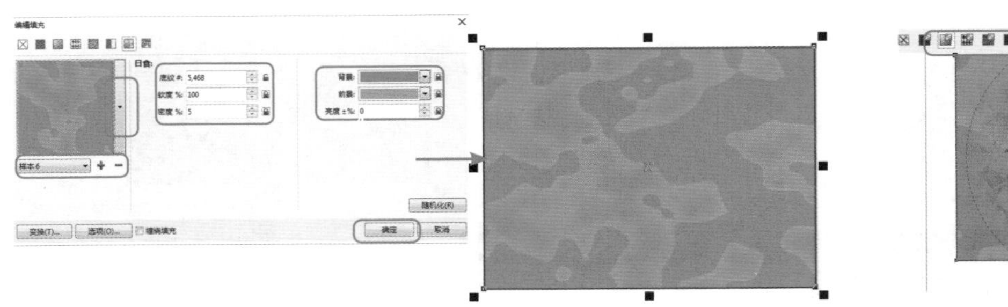

图3-41 填充底纹

图3-42 设置透明度选项

STEP 4 使用（贝塞尔工具）在图形的底部绘制一个封闭的曲线，如图3-43所示。

STEP 5 在工具箱中选择（交互式填充工具），打开“编辑填充”对话框，其中的参数设置如图3-44所示，设置完毕单击“确定”按钮，完成填充，右击⊠（无填充）按钮隐藏轮廓。

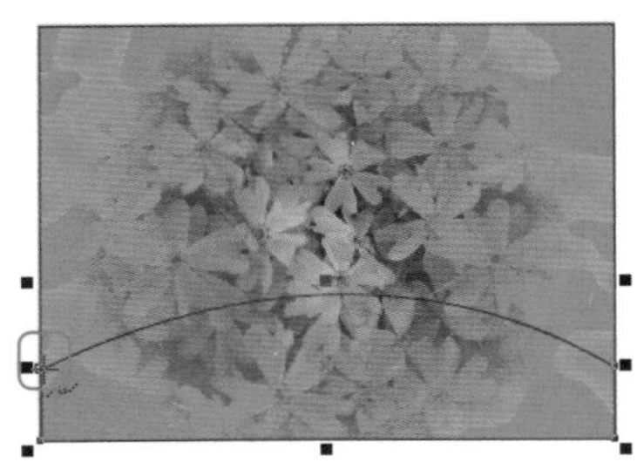

图3-43 绘制曲线

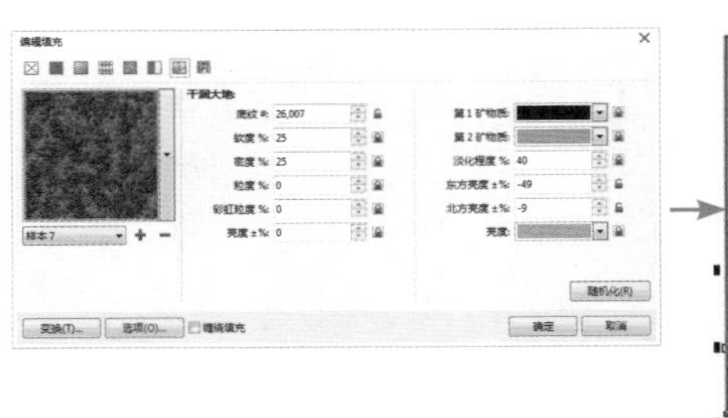

图3-44 填充底纹

STEP 6 在工具箱中选择（阴影工具），在图形下方向上拖动鼠标，为其添加阴影，在属性栏中设置相应的参数，效果如图3-45所示。

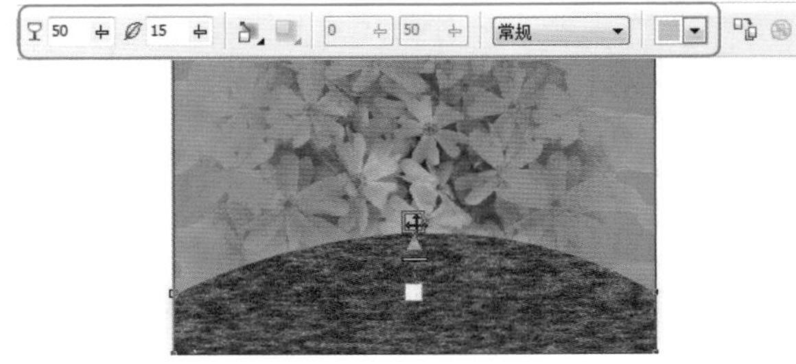

图3-45 为图形添加阴影

STEP 7 选择工具箱中的（艺术笔工具），在属性栏中单击（喷涂）按钮，设置“类别”为“其它”、喷涂图样为“小人”，如图3-46所示。

图3-46 选择喷涂图样

STEP 8 在属性栏中单击（新喷涂列表）按钮，打开“创建播放列表”对话框，先单击“清除”按钮清除“播放列表”中的人物，选择需要的小人图样，再单击“添加”按钮，添加到“播放列表”中，单击“确定”按钮完成创建，如图3-47所示。

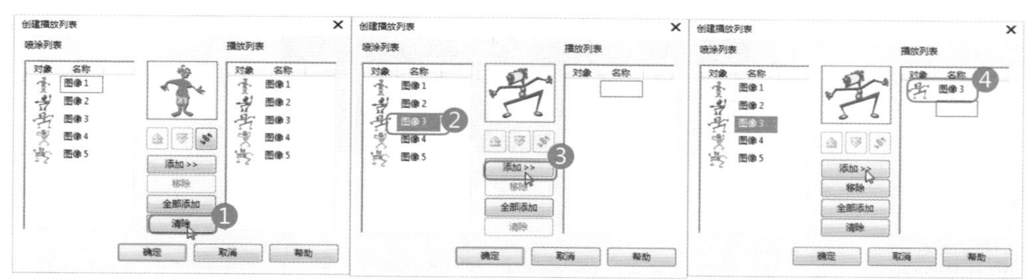

图3-47 创建播放列表

STEP 9 使用（喷涂）在页面中绘制一个小人，执行菜单中的“排列/打散艺术笔群组”命令或按Ctrl+K键，选择曲线将其删除，如图3-48所示。

STEP10 在工具箱中选择（阴影工具），在小人头部向下拖动鼠标，为其添加阴影，在属性栏中设置相应的参数，如图3-49所示。

图3-48 绘制小人将其打散后删除曲线

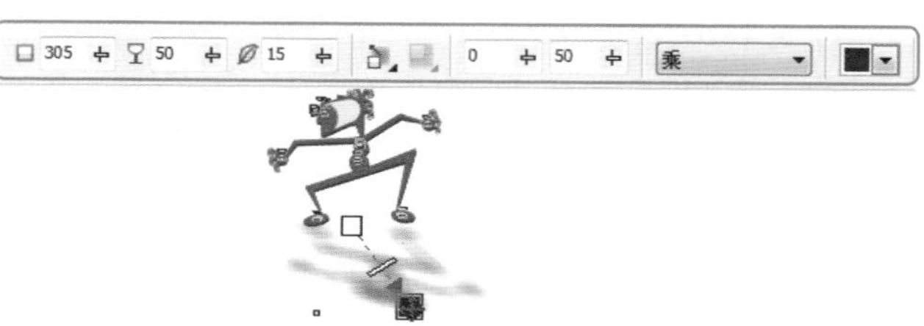

图3-49 添加阴影

STEP11 使用（选择工具）将小人及其倒影移到背景中，如图3-50所示。

STEP12 选择“日食”所在底纹填充的图形，按Ctrl+C键复制，再按Ctrl+V键粘贴得到副本，单击“颜色”泊坞窗中的“黑色”，效果如图3-51所示。

图3-50 移动倒影

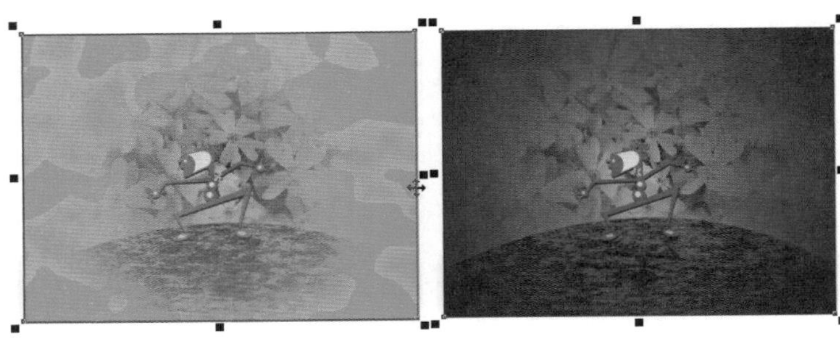
图3-51 复制并填充

STEP13 至此本例制作完毕，最终效果如图3-52所示。

图3-52 最终效果

实例18 图形顺序——愤怒的小鸟

实例目的

本实例的目的是让大家了解在CorelDRAW中使用（B样条工具）、形状工具以及调整顺序绘制小鸟的方法，图3-53所示为制作流程图。

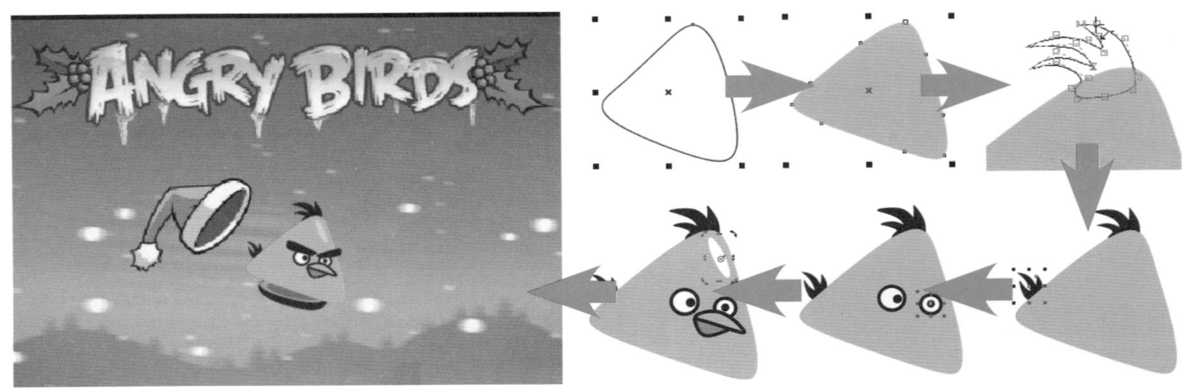

图3-53 制作流程图

实例 重点

- B样条工具
- 使用形状工具编辑形状
- 透明度工具
- 改变顺序

实例 步骤

STEP 1 执行菜单中的“文件/新建”命令，新建一个空白文档，使用（B样条工具）在文档中绘制圆角三角形，绘制过程如图3-54所示。

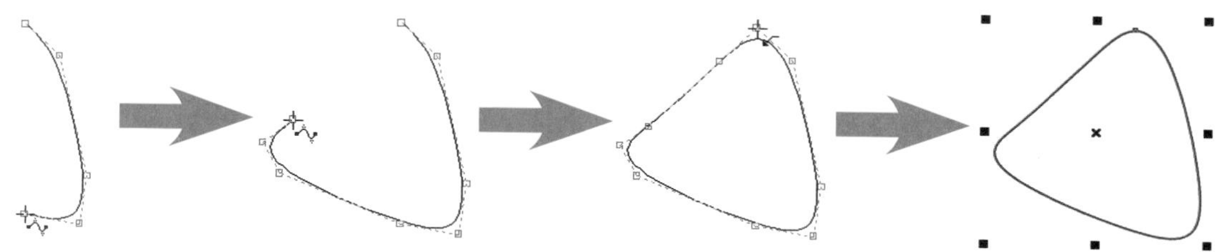

图3-54 绘制圆角三角形

技 巧

使用（B样条工具）可以在不分割线段的情况下对曲线进行编辑，使用该工具绘制的圆角非常平滑。

STEP 2 圆角三角形轮廓绘制好后，使用（形状工具）在控制点上拖动可调整圆角三角形的形状，如图3-55所示。

STEP 3 形状调整完毕后，填充深黄色并隐藏轮廓，效果如图3-56所示。

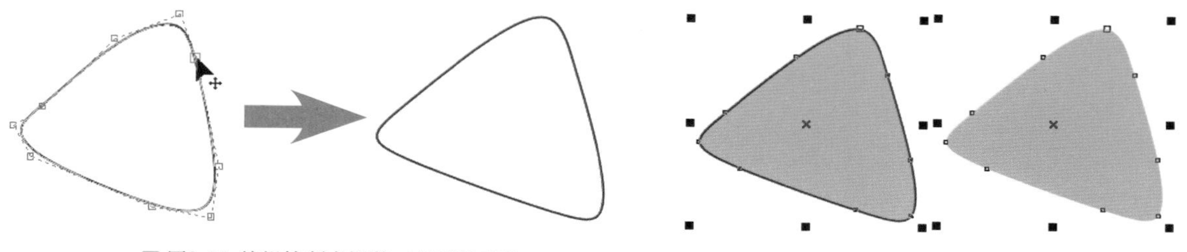

图3-55 编辑控制点调整三角形的形状

图3-56 填充颜色并隐藏轮廓

STEP 4 使用（B样条工具）在鸟身上绘制头顶的羽毛，绘制过程如图3-57所示。

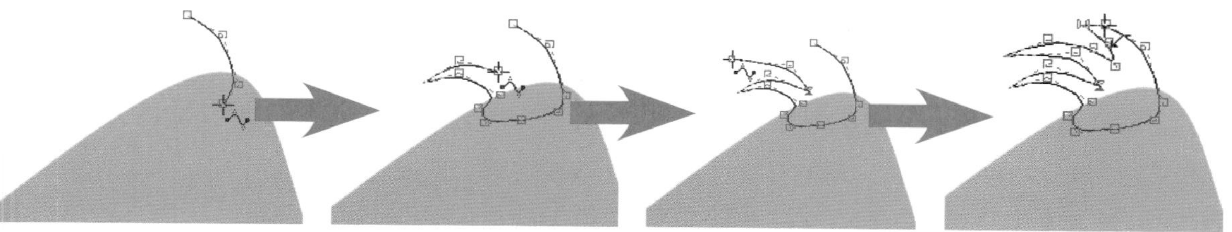

图3-57 绘制羽毛

STEP 5 填充黑色并隐藏轮廓，如图3-58所示。

STEP 6 执行菜单中的“排列/顺序/置于此对象后”命令，或在选择的羽毛上右击并在弹出的菜单中选择“顺序/置于此对象后”命令，如图3-59所示，此时在文档中会出现一个黑色箭头，如图3-60所示。

图3-58 填充黑色

图3-59 选择顺序

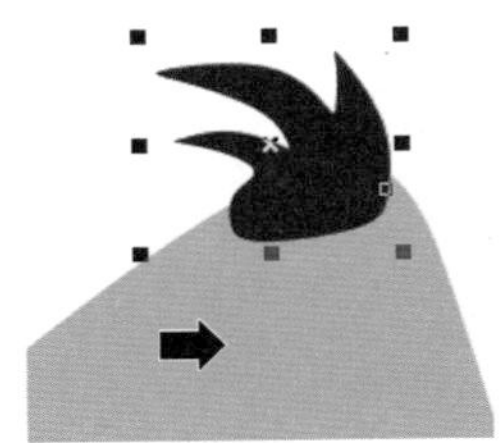

图3-60 出现的箭头

STEP 7 在鸟身上单击，此时会发现羽毛已经放置到鸟身的后面，如图3-61所示。

STEP 8 使用同样的方法制作鸟尾部的羽毛，效果如图3-62所示。

STEP 9 使用（椭圆工具）在鸟身上绘制正圆作为鸟眼睛、黑色眼珠及白色眼白，如图3-63所示。

图3-61 改变顺序

图3-62 绘制鸟尾部的羽毛

图3-63 绘制鸟眼睛

STEP10 使用（B样条工具）在眼睛下面绘制鸟嘴，分别填充深黄色和橘色，如图3-64所示。

STEP11 使用（椭圆工具）在鸟身上绘制白色高光，单击对椭圆进行旋转，效果如图3-65所示。

STEP12 在工具箱中选择（透明度工具），在属性栏中设置“透明度类型”为“均匀透明度”，效果如图3-66所示。

图3-64 绘制鸟嘴

图3-65 白色高光

图3-66 设置透明类型

STEP13 使用（B样条工具）绘制鸟窝，效果如图3-67所示。

STEP14 框选整个鸟窝，执行菜单中的“排列/群组”命令或按Ctrl+G键群组，再执行菜单中的“排列/顺序/置于此对象后”命令，效果如图3-68所示。

图3-67 绘制鸟窝　　图3-68 群组后调整图形顺序

STEP15 单击后顺序调整完成，全选整个小鸟后按Ctrl+G键群组，再导入附赠资源中的“素材/第3章/小鸟背景”素材，将绘制的小鸟移到背景上以完成本例的制作，如图3-69所示。

图3-69 最终效果

实例19 图框精确剪裁——相架

实例目的

本实例的目的是让大家了解在CorelDRAW中使用“图框精确剪裁”命令，并将图像镶嵌在图形中的方法，图3-70所示为制作流程图。

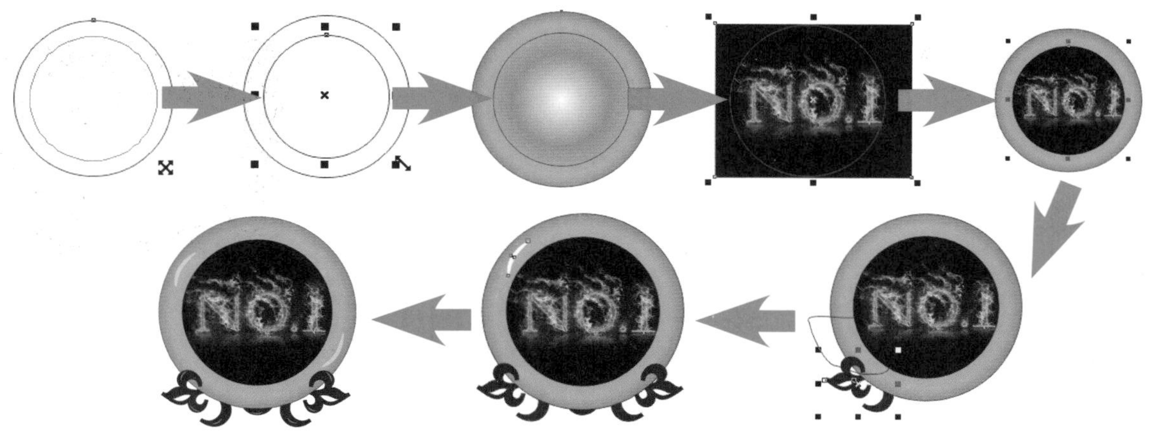

图3-70 制作流程图

实例 重点

- 椭圆工具的使用方法
- 交互式填充工具的使用方法
- 图框精确剪裁命令的使用方法
- 透明度工具的使用方法

实例 步骤

STEP 1 执行菜单中的“文件/新建”命令，新建一个空白文档，使用（椭圆工具）在文档中绘制一个正圆形，如图3-71所示。

STEP 2 正圆绘制完毕后，在按住Shift键的同时缩小轮廓达到要求后，右击鼠标，系统会自动复制一个正圆副本，如图3-72所示。

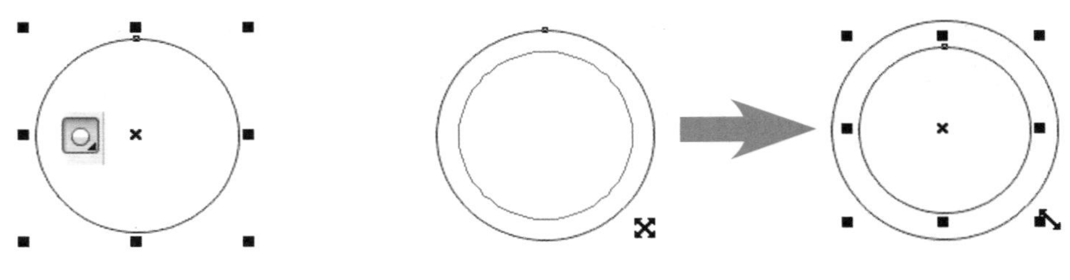

图3-71 绘制正圆形　　图3-72 缩小并复制

> **技 巧**
>
> 使用（椭圆工具）绘制椭圆形时，按住Ctrl键可以在页面中绘制正圆形。

STEP 3 选择大圆形后，再选择工具箱中的（交互式填充工具），打开“编辑填充”对话框，其中的参数设置如图3-73所示，设置完毕单击“确定”按钮，完成填充。

STEP 4 导入附赠资源中的“素材/第3章/No.1”素材，如图3-74所示。

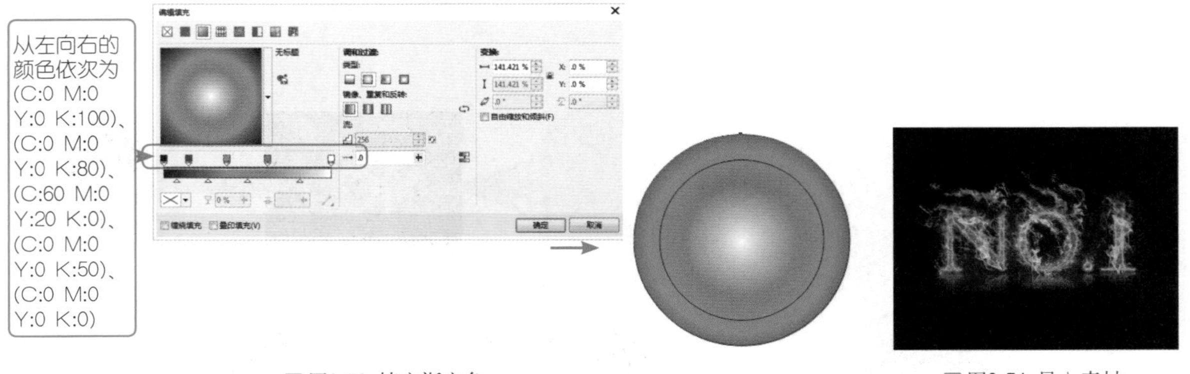

图3-73 填充渐变色　　图3-74 导入素材

STEP 5 执行菜单中的“对象/图框精确剪裁/置于图文框内部”命令，此时系统会出现一个箭头，如图3-75所示。

STEP 6 单击小圆，此时系统会将No.1素材放置到小圆形的轮廓中，如图3-76所示。

STEP 7 执行菜单中的“对象/图框精确剪裁/编辑PowerClip”命令，此时可在容器内进行编辑，将图像移到圆形轮廓的中心，并调整大小，如图3-77所示。

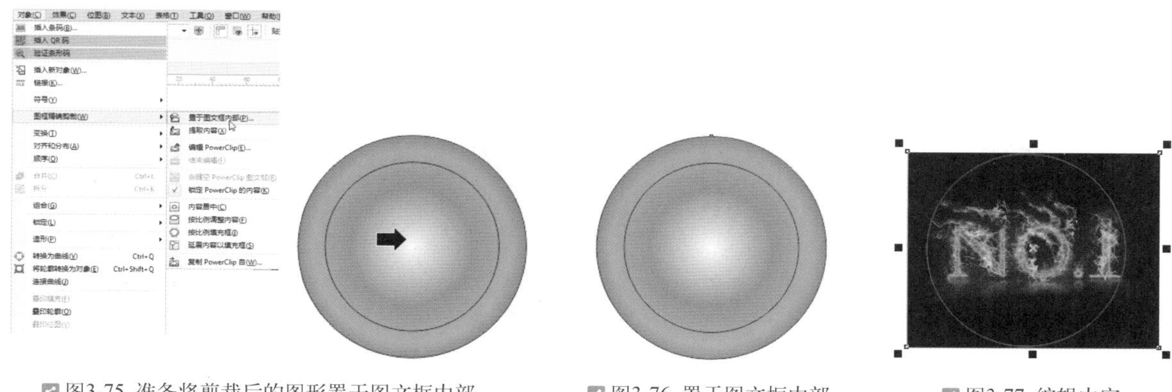

图3-75 准备将剪裁后的图形置于图文框内部

图3-76 置于图文框内部

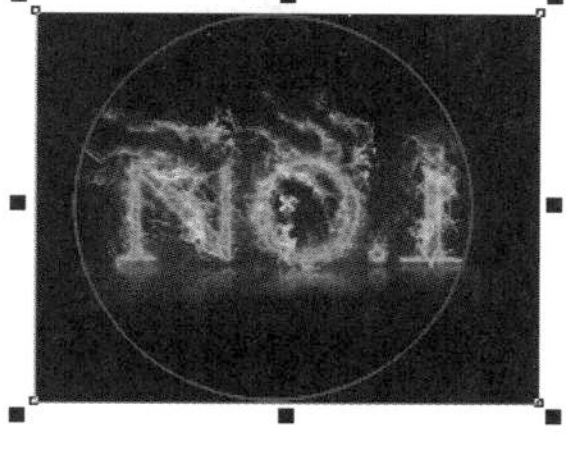

图3-77 编辑内容

STEP 8 内容编辑完毕后，执行菜单中的“对象/图框精确剪裁/结束编辑”命令，此时完成图像精确剪裁，效果如图3-78所示。

图3-78 剪裁效果

技 巧

用鼠标右键拖动图像到轮廓内，当出现瞄准符号后，松开鼠标，系统会弹出一个提示菜单，在菜单中选择“图框精确剪裁内部”命令，即可将图像置于图文框内部；按住Ctrl键单击容器轮廓，会自动进入编辑状态；放置完毕后按住Ctrl键在容器以外的区域单击鼠标即可完成编辑。

STEP 9 执行菜单中的“文字/插入字符”命令，打开“插入字符”面板，其中的参数设置如图3-79所示，单击“复制”按钮，即可将选择的字符插入文档中并将其填充为黑色。

STEP10 使用（手绘工具）在图形中绘制曲线，使用（选择工具）将曲线和插入的字符一同选取，如图3-80所示。

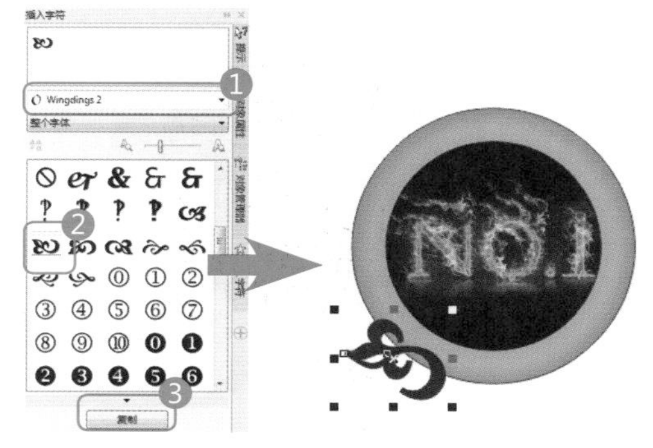

图3-79 插入字符

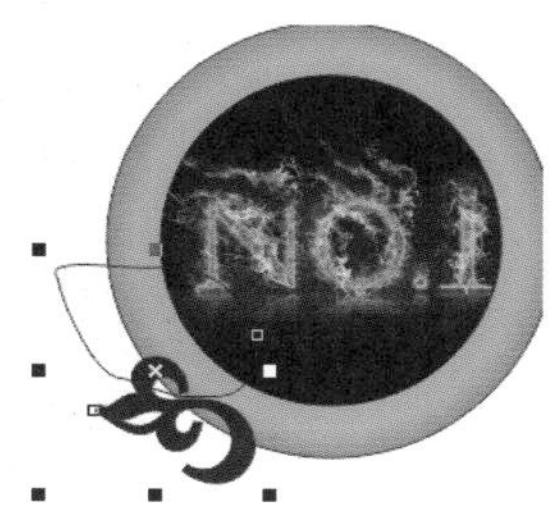

图3-80 选取曲线及字符

STEP11 单击属性栏中的（相交）按钮，如图3-81所示。

STEP12 选择插入的字符，按Ctrl+End键将其放到页面后，效果如图3-82所示。

STEP13 选择（手绘工具）绘制曲线，再按Delete键将其删除，使用同样的方法制作另一面的图形，效果如图3-83所示。

图3-81 相交操作

图3-82 调整图形顺序

图3-83 制作效果

STEP14 相架制作完毕后，我们为其制作高光，使用（贝塞尔工具）绘制一个高光轮廓并填充白色，再将其轮廓隐藏，如图3-84所示。

图3-84 制作高光

STEP15 使用工具箱中的（透明度工具），在属性栏中设置“透明度类型”为“均匀透明度”、“合并模式”为“常规”，效果如图3-85所示。

STEP16 使用同样的方法制作另一处的高光。至此本例制作完毕，最终效果如图3-86所示。

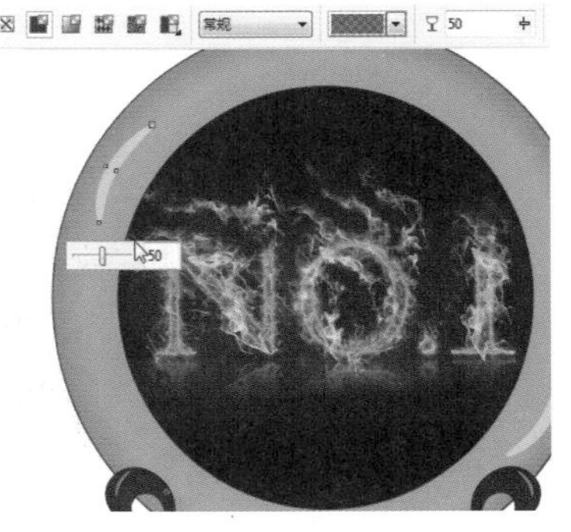

图3-85 设置透明效果

图3-86 最终效果

本章练习与小结 

练习

1. 练习“排列/变换”命令的用法。
2. 对位图进行描摹练习，使位图快速转换为矢量图。
3. 练习“插入字符”命令的使用。

习题

1. 将两个图形进行焊接后，最终图形颜色和哪个图形颜色相同？（　　）
   A. 上边图形　　B. 下边图形　　C. 先选择的图形　　D. 后选择的图形
2. 在下图中，矩形内填充了渐变色，其最终输出效果如下图所示，下列哪种方法可以将这个填充显示并打印出我们所看到的效果?（　　）

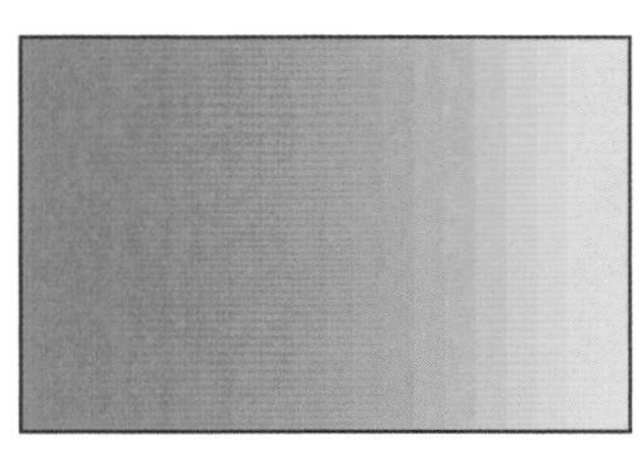

   A. 在正常视图模式下，进入工作区下的显示选项，将渐变步长值设置为20，就可以显示并打印出这样的效果
   B. 在编辑渐变填充时，将填充颜色调和的颜色个数设置为20
   C. 将图形位图化后，使用马赛克滤镜
   D. 在填充图形渐变时，将步长值设置为20
3. 双击工具箱上的“矩形工具”以后，会得到什么结果?（　　）
   A. 打开一个对话框，用于设置与矩形相关的选项
   B. 在页面上自动创建一个默认大小的矩形
   C. 页面中的全部对象被选中
   D. 创建页面框架
4. 将选取对象向后移动一层的快捷键是？（　　）
   A. Shift+Ctrl　　B. Ctrl+PgDn　　C. Ctrl+PgUp　　D. Shift+PgDn
5. 默认情况下，一个绘图页面中所有对象的堆叠顺序是由什么因素决定的？（　　）
   A. 由对象的大小决定
   B. 由对象的填充决定
   C. 由对象被添加到绘图中的次序决定
   D. 没有什么规律

6. 下图中左边的图形是两个单独的曲线，如果要通过连接的方式将它变成右边的图形，该如何使用“节点一”和“节点二”将其接合起来?（　　）

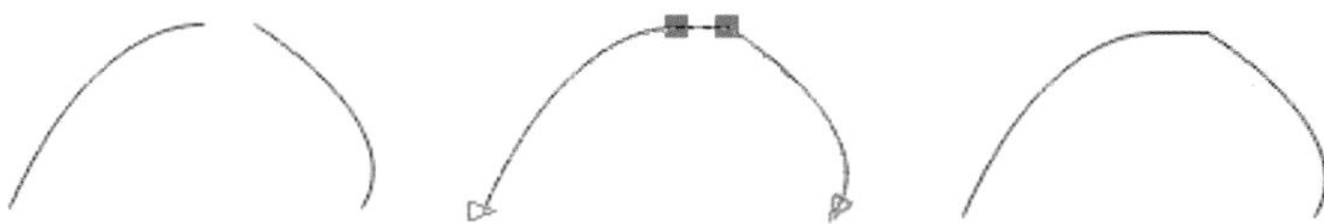

A. 使用选择工具将左边的两条曲线选中，然后使用属性栏中的“延长曲线”命令使之闭合

B. 使用形状工具将两条曲线的“节点一”和“节点二”选中，然后使用属性栏中的“延长曲线”命令使之闭合

C. 首先将两条曲线选中后进行合并，再使用形状工具选中“节点一”和“节点二”，并使用属性栏中的“延长曲线”命令使之闭合

D. 将两条曲线选中后，执行菜单中的“排列/闭合路径”命令，使曲线形成一个闭合图形

小结

学习完本章的内容后，读者应该了解 CorelDRAW图形的简单编辑和处理方法，从而提高对CorelDRAW图形的编辑能力。

第4章

CorelDRAW X7

| 文字的编辑与应用

通过对前3章内容的学习，大家已经对CorelDRAW软件绘制与编辑图形的强大功能有了初步的了解。本章主要讲解CorelDRAW文字部分的编辑与应用方法，使大家能够了解平面设计中文字的魅力。

| 本章重点

- 文字编辑——名片
- 艺术笔——草坪字
- 转换为对象——创意字
- 转换为位图——金属字
- 彩色玻璃——石头字
- 湿笔画——降雪字

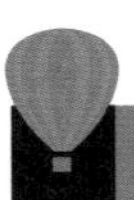

实例20　文字编辑——名片

实例　目的

本实例的目的是让大家了解在CorelDRAW中通过文本工具结合几何绘图工具设计名片的方法，图4-1所示为名片的制作流程图。

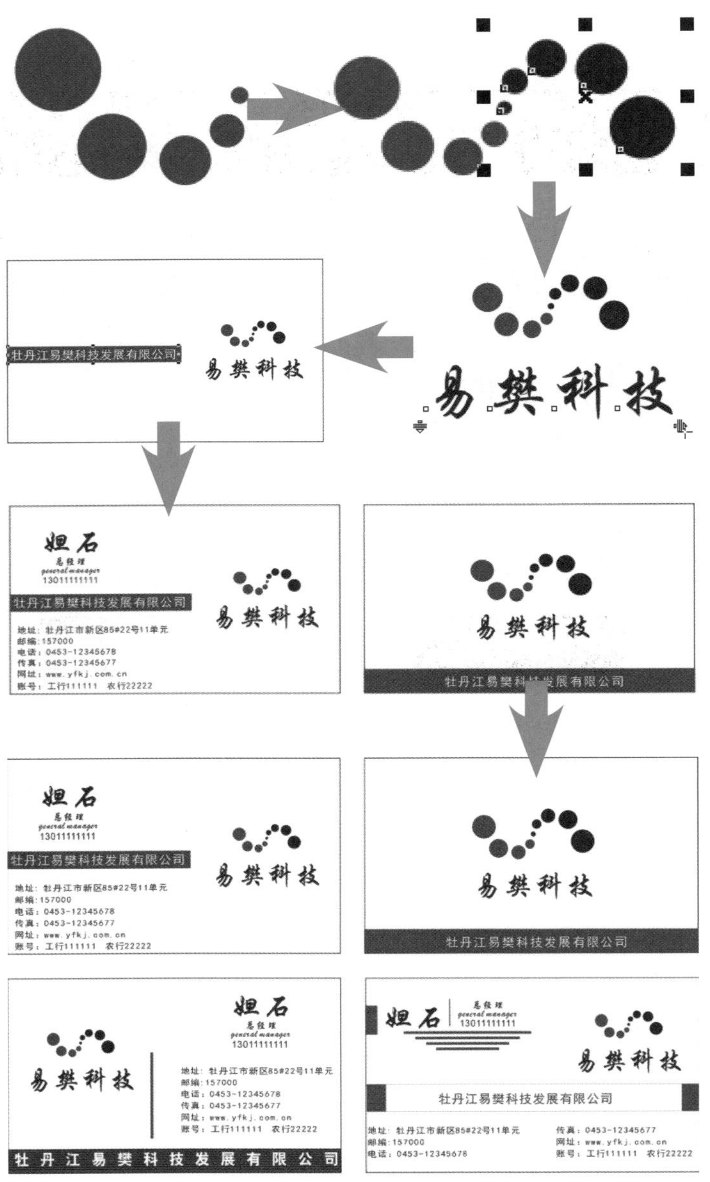

图4-1 制作流程图

实例　重点

- 文字工具的使用方法
- 使用形状工具调整文字
- 使用矩形选框工具绘制矩形

实例　步骤

STEP 1 执行菜单中的“文件/新建”命令，新建一个空白文档，使用（矩形工具）在文档中绘制一个长度为90mm、宽度为54mm的白色矩形，再使用（椭圆工具）在矩形边绘制铁红色的正圆，如图4-2所示。

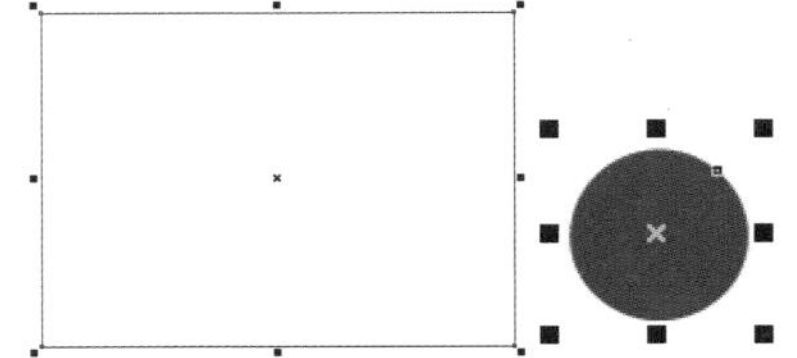

图4-2 绘制矩形与正圆

STEP 2 选择正圆，按Ctrl+C键复制再按Ctrl+V键粘贴，复制副本正圆，按照顺序将正圆依次缩小并调整位置，效果如图4-3所示。

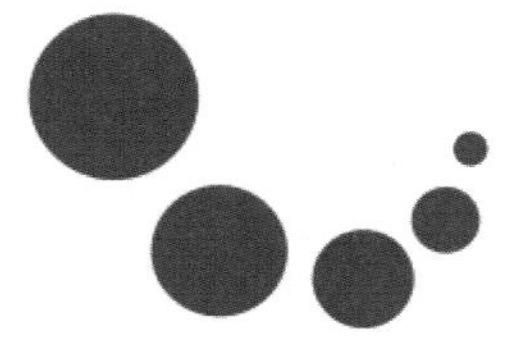

图4-3 复制正圆

STEP 3 框选所有的正圆，向右拖动右击鼠标后，系统会复制一个副本，将副本填充为黑色，如图4-4所示。

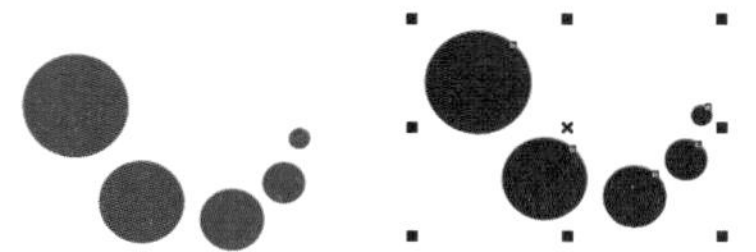

图4-4 复制图形

STEP 4 单击属性栏中的（水平镜像）按钮和（垂直镜像）按钮，将镜像后的图形向左移动并与小正圆对齐，此时Logo制作完成，效果如图4-5所示。

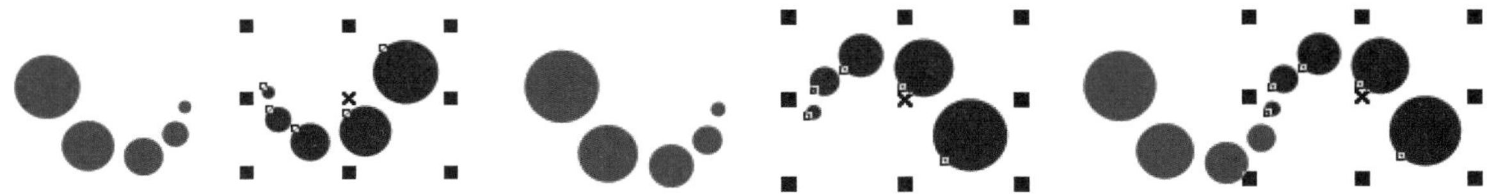

图4-5 制作Logo

STEP 5 使用（文本工具）在Logo下面键入黑色文字，如图4-6所示。

STEP 6 使用（形状工具）在文字上单击，此时在文字的边缘会出现拖动符号，向外拖动会将文字间距拉大，效果如图4-7所示。

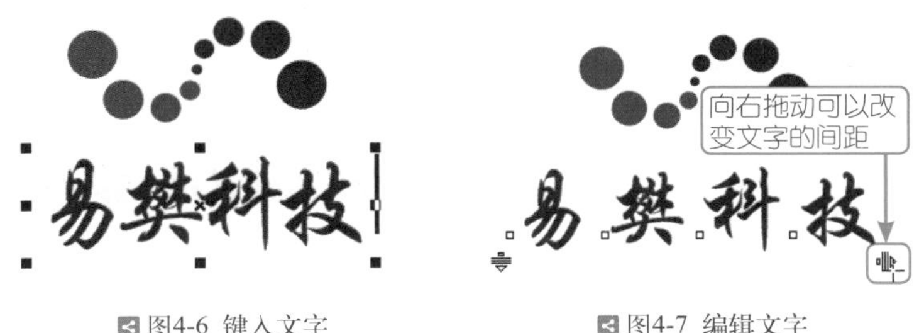

图4-6 键入文字　　图4-7 编辑文字

技巧

键入文字后，我们可以按照软件的预览效果找到合适的文字字体。

STEP 7 使用（矩形工具）在名片的左边缘向右绘制一个铁红色的矩形，如图4-8所示。

STEP 8 使用（文本工具）在铁红色的矩形上面录入白色文字，效果如图4-9所示。

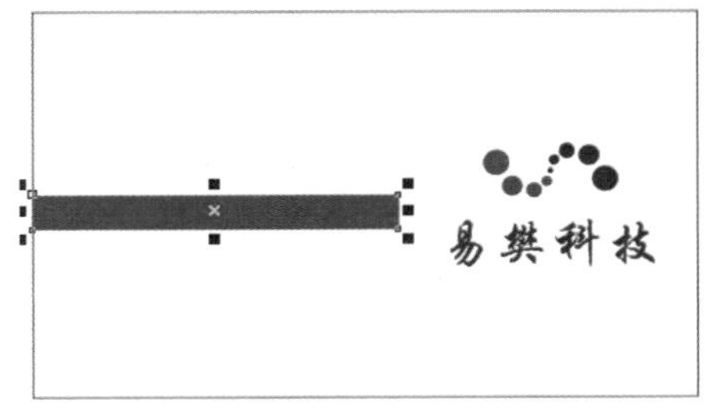

图4-8 绘制铁红色矩形

图4-9 键入白色文字

STEP 9 使用字（文本工具）分别在矩形的上下录入不同大小的黑色文字，并选择适合名片的文字字体，如图4-10所示。

STEP10 使用（形状工具）在文字上单击，在随后出现的拖动符号上，向下拖动控制点改变文字的行距，如图4-11所示。

图4-10 键入黑色文字

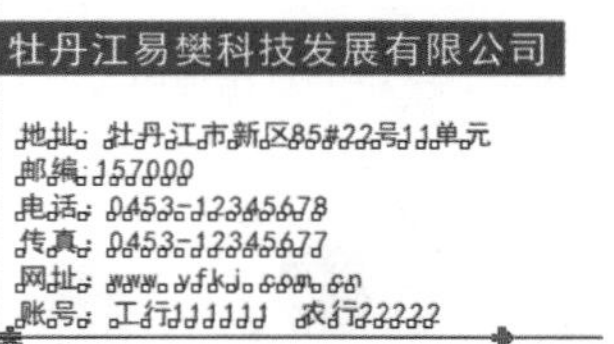

图4-11 调整文字行距

STEP11 行距调整完毕后，完成名片的正面设计，再绘制一个长度为90mm、宽度为54mm的白色矩形作为名片的背面，在其底部绘制一个铁红色矩形并将Logo复制到背面调整为合适的大小，如图4-12所示。

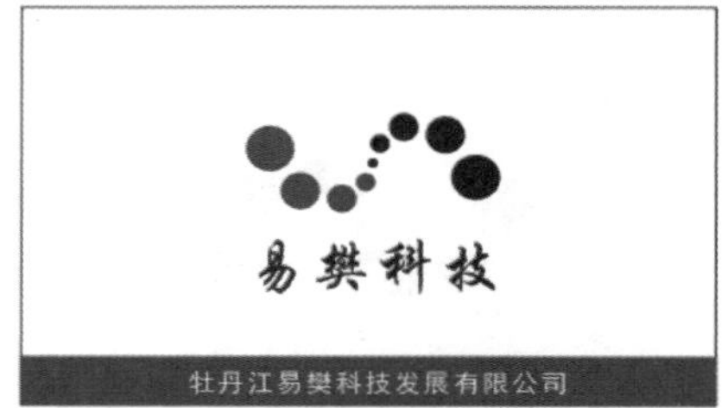

图4-12 制作名片的背面内容

STEP12 按照名片的主色调再另外设计两个名片的正面样式，至此本例制作完毕，效果如图4-13所示。

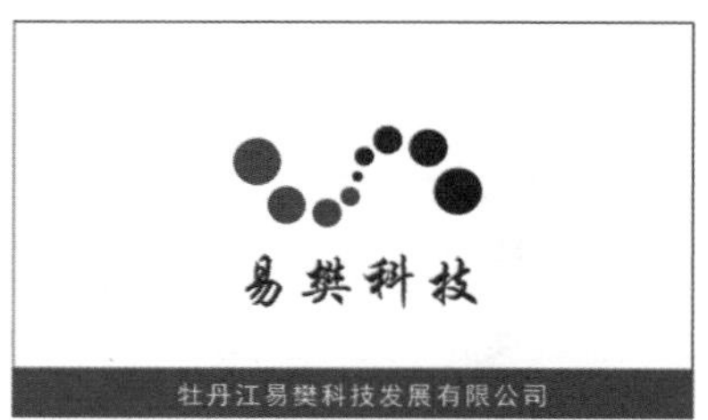

图4-13 最终效果

实例21 艺术笔——草坪字

实例目的

本实例的目的是让大家了解在CorelDRAW中将美术字转换为曲线，再通过艺术笔工具制作草坪字的方法，图4-14所示为制作流程图。

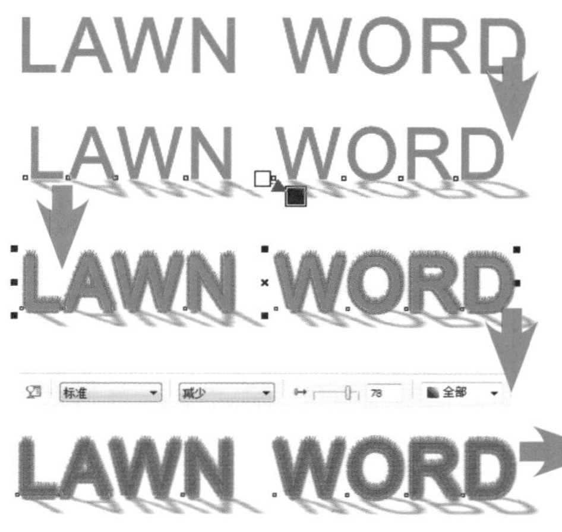

图4-14 制作流程图

实例重点

- 键入美术字
- 使用阴影工具添加阴影
- 转换文字为曲线
- 通过艺术笔中的喷涂制作草坪
- 透明度工具的使用方法

实例步骤

STEP 1 执行菜单中的“文件/新建”命令，新建一个空白文档，使用字（文本工具）在文档处键入绿色文字LAWN WORD，如图4-15所示。

LAWN WORD

图4-15 键入文字

技 巧

按键盘上的F8键，切换为文本工具，单击页面，添加美术字文本，单击并拖动鼠标可添加段落文本。

STEP 2 使用（阴影工具）在文字底部向右下角拖动为其添加阴影，如图4-16所示。

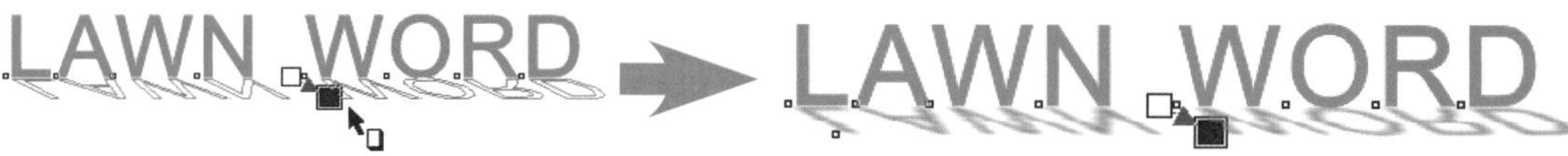

图4-16 添加阴影

STEP 3 选择文字按Ctrl+C键复制，再按Ctrl+V键粘贴，得到一个文字副本，执行菜单中的“对象/转换为曲线”命令或按Ctrl+Q键将文字转换为曲线，如图4-17所示。

STEP 4 在工具箱中选择（艺术笔工具）属性栏中的（喷涂）按钮，选择“类型”为“植物”，找到“草”图案，并设置属性栏中的各项参数，如图4-18所示。

图4-17 转换为曲线

图4-18 设置图案

STEP 5 单击选择草后，文字会按照图案描边文字，在属性栏中单击（偏移）按钮，并设置参数如图4-19所示。

STEP 6 选择文字后再次复制文字，效果如图4-20所示。

图4-19 设置偏移

图4-20 复制

STEP 7 使用（透明度工具），在属性栏中设置“透明度类型”为“均匀透明度”、“合并模式”为“减少”、“透明度”为78，效果如图4-21所示。

STEP 8 导入附赠资源中的“素材/第4章/草地”素材，如图4-22所示。

图4-21 透明效果

图4-22 导入素材

STEP 9 按Ctrl+End键将背景图移到页面后，再移动素材到文字底部的相应位置，完成本例的制作，效果如图4-23所示。

图4-23 草坪字

提示

对于键入的文字在转换为曲线后，其效果仍为空心效果，如果想将文字制作成单路径效果，就得结合（形状工具）对其进行调整，可以使用将路径分割后再删除的方法进行单路径的制作，制作流程如图4-24所示。

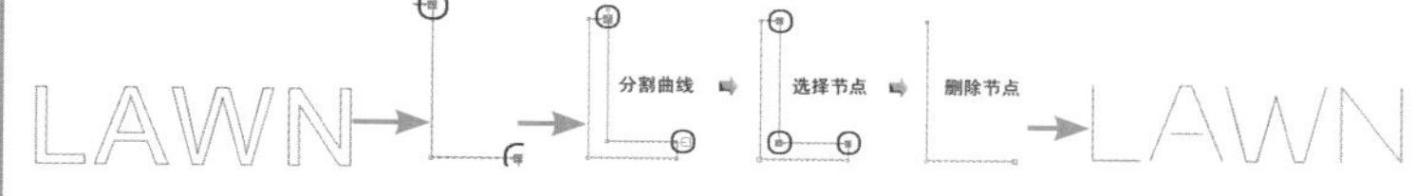

图4-24 转换闭合文字路径为单路径效果

实例22 转换为对象——创意字

实例 目的

本实例的目的是让大家了解在CorelDRAW中通过将轮廓转换为对象，并结合接合造型命令制作图像的整体阴影，图4-25所示为制作流程图。

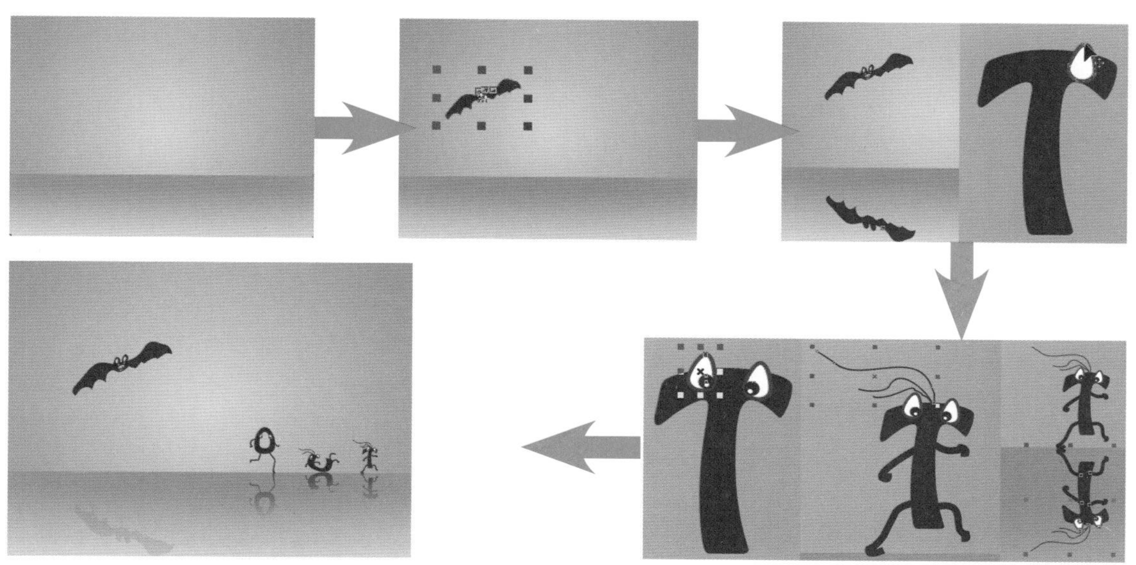

图4-25 制作流程图

实例 重点

- 矩形工具的使用方法
- 交互式填充工具的使用方法
- 键入文字
- 绘制图形
- 转换路径为对象

实例 步骤

STEP 1 执行菜单中的“文件/新建”命令，新建一个空白文档后，使用（矩形工具）在文档中

绘制矩形，如图4-26所示。

STEP 2 选择绘制的矩形，在工具箱中选择（交互式填充工具），打开“编辑填充”对话框，其中的参数设置如图4-27所示，设置完毕单击“确定”按钮，完成填充后取消矩形的轮廓。

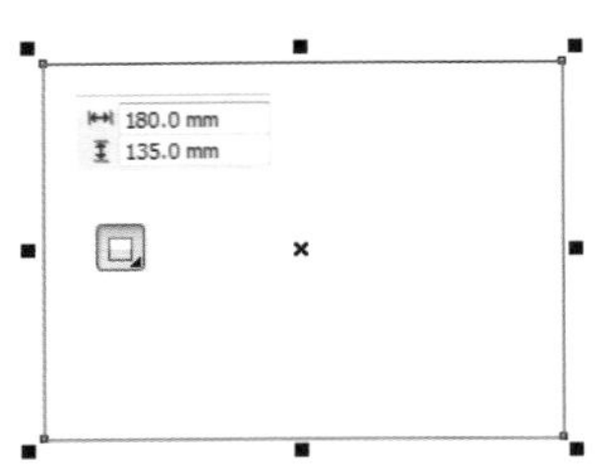

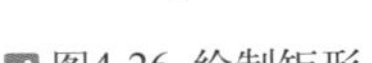
图4-26 绘制矩形

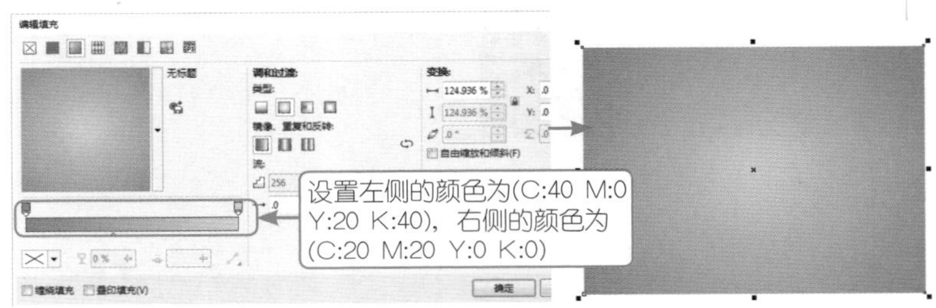

图4-27 渐变填充效果

STEP 3 按Ctrl+C键复制，再按Ctrl+V键粘贴，复制一个矩形副本，将副本缩小，在工具箱中选择（交互式填充工具），打开“编辑填充”对话框，其中的参数设置如图4-28所示，设置完毕单击“确定”按钮，完成填充。

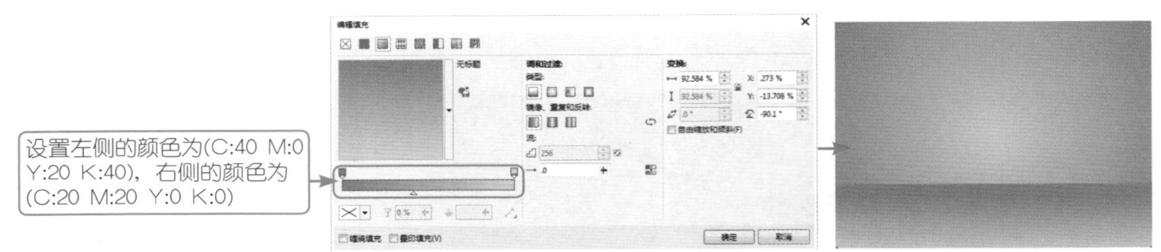

图4-28 设置渐变色并填充

STEP 4 在工具箱中选择（艺术笔工具）属性栏中的（喷涂）按钮，选择“类型”为“其它”，再选择“蝙蝠”图案，如图4-29所示。

STEP 5 在文档中拖动鼠标，绘制出一个蝙蝠图案，将蝙蝠移到背景上，效果如图4-30所示。

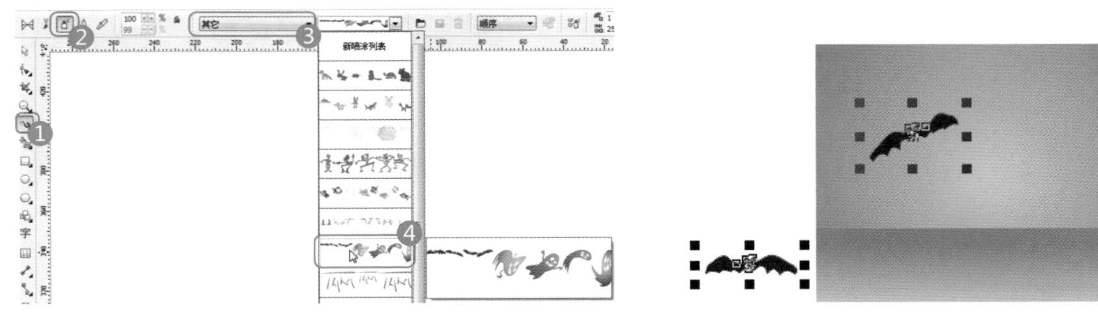

图4-29 设置图案

图4-30 绘制蝙蝠图案

STEP 6 执行菜单中的“对象/拆分艺术笔群组”命令，选择拆分后的路径并将其删除，如图4-31所示。

STEP 7 选择蝙蝠，复制一个副本，单击属性栏中的（垂直镜像）按钮，将镜像后的图像移到背景底部并填充为黑色，如图4-32所示。

图4-31 删除拆分后的路径效果

图4-32 镜像

STEP 8 在工具箱中选择（透明度工具），在属性栏中设置“透明度类型”为“均匀透明度”、“合并模式”为“常规”、“透明度”为91，如图4-33所示。

STEP 9 此时非文字的区域制作完毕，下面来制作创意文字的效果，在文档中键入字母T，再使用（椭圆工具）在文字上绘制白色椭圆，效果如图4-34所示。

STEP10 按Ctrl+Q键将轮廓转换为曲线，使用（形状工具）调整椭圆形状，效果如图4-35所示。

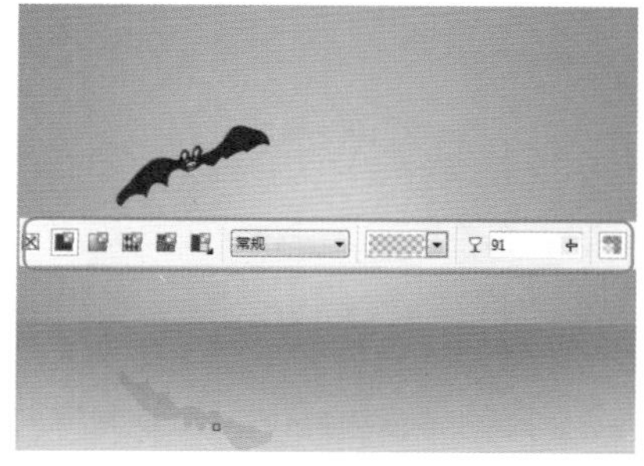

图4-33 设置透明度

图4-34 键入文字并绘制椭圆

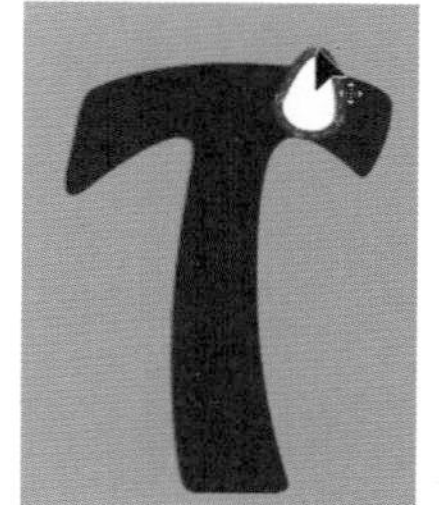

图4-35 调整椭圆的形状

STEP11 使用（椭圆工具）在形状上绘制黑色正圆和白色正圆，完成一只眼睛的制作，使用同样的方法制作另一只眼睛，效果如图4-36所示。

STEP12 使用（手绘工具）在文字边缘绘制手脚和头发，效果如图4-37所示。

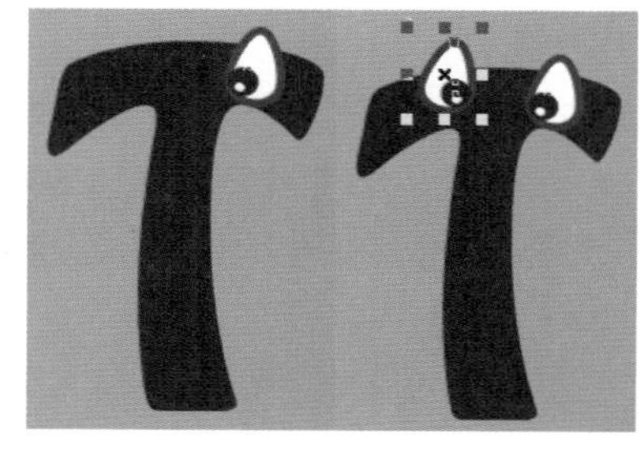

图4-36 制作眼睛

图4-37 绘制手脚和头发

STEP13 使用（选择工具）框选整个文字，向下拖动选择的文字，单击鼠标右键复制一个副本，单击属性栏中的（垂直镜像）按钮进行镜像，效果如图4-38所示。

STEP14 分别选择手、脚、头发和眼睛，执行菜单中的“对象/将轮廓转换为对象”命令，再执行菜单中的“对象/造型/合并”命令，将对象变为一个整体，效果如图4-39所示。

STEP15 在工具箱中选择（透明度工具），在倒影处从上向下拖动为对象添加线性渐变透明，效果如图4-40所示。

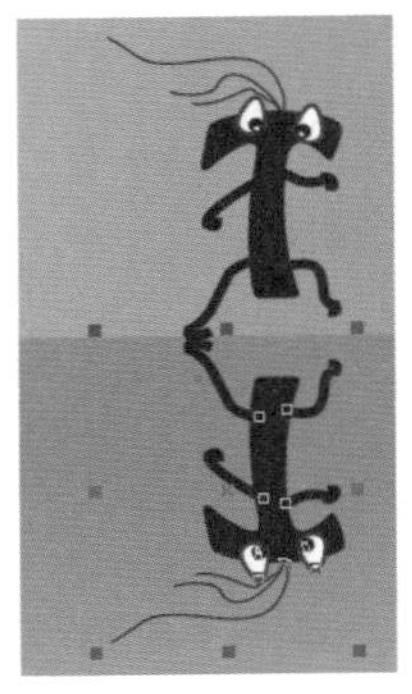

图4-38 镜像图形

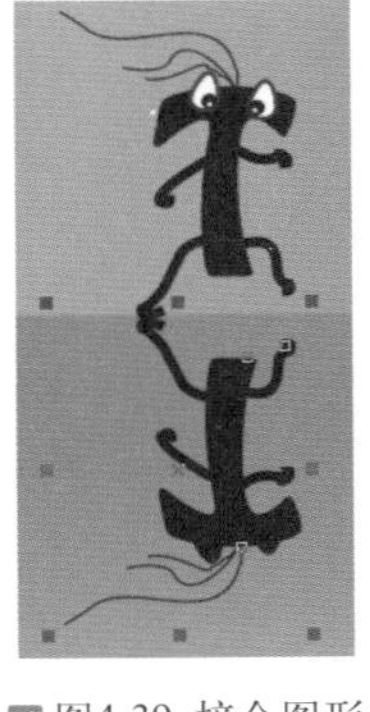

图4-39 接合图形

图4-40 制作渐变透明效果

STEP16 使用同样的方法制作另外的两个文字效果，至此本例制作完毕，效果如图4-41所示。

图4-41 最终效果

实例23 转换为位图——金属字

实例目的

本实例的目的是让大家了解在CorelDRAW中将选取的多个对象转换为位图，再为其添加透明的方法，图4-42所示为制作流程图。

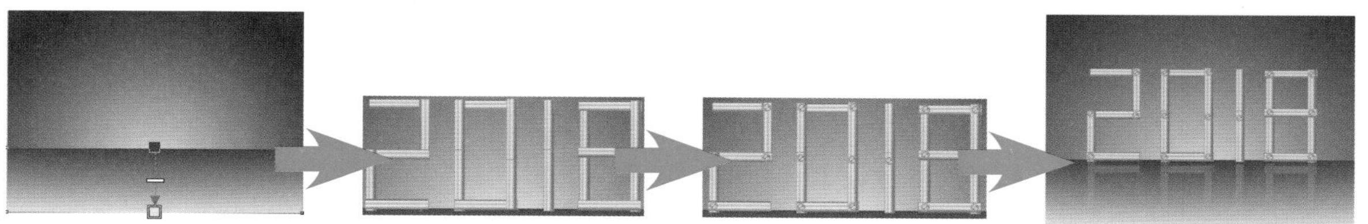

图4-42 制作流程图

实例 重点

- 使用交互式填充工具制作背景
- 使用交互式填充工具制作金属效果
- 透明度工具的使用方法
- 阴影工具的使用方法

实例 步骤

STEP 1 首先制作金属字的背景。执行菜单中的“文件/新建”命令，新建一个空白文档，使用（矩形工具）在文档中绘制矩形，选择所绘制的矩形，在工具箱中选择（交互式填充工具），并在属性栏中设置“渐变类型”为“椭圆形渐变填充”，如图4-43所示。

STEP 2 使用鼠标在矩形上拖动以填充渐变色，效果如图4-44所示。

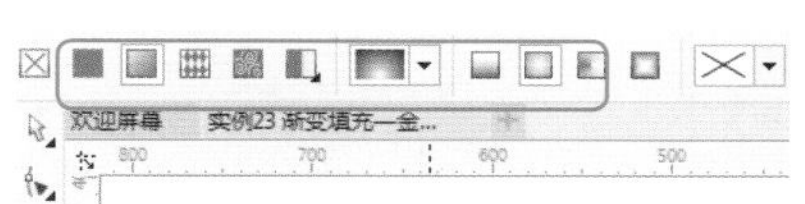

图4-43 设置渐变类型

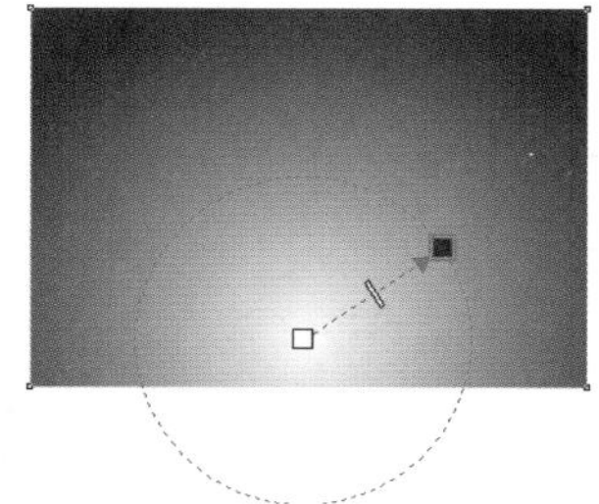

图4-44 填充交互式辐射渐变

技巧

使用（交互式填充工具）绘制渐变色后，可以通过拖动的方式改变渐变的位置和大小，在渐变线上单击可以添加渐变色，如图4-45所示。

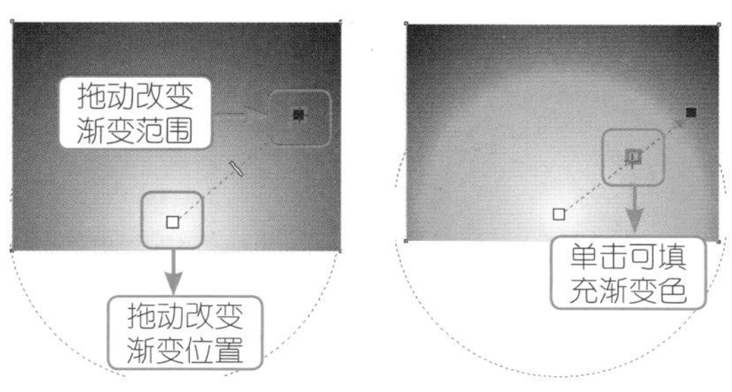

图4-45 调整渐变效果

STEP 3 绘制一个小一点的矩形，使用（交互式填充工具）从上向下拖动填充线性渐变色，此时背景绘制完毕，效果如图4-46所示。

STEP 4 绘制金属效果时，使用（矩形工具）绘制矩形，选择（交互式填充工具），打开"编辑填充"对话框，其中的参数设置如图4-47所示，单击"确定"按钮完成渐变填充。

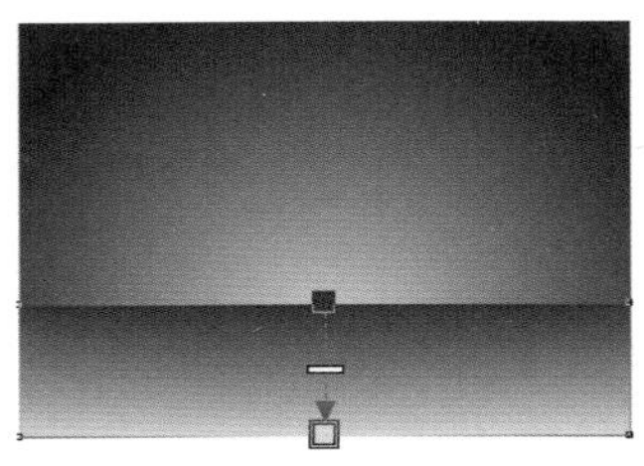

图4-46 填充线性渐变色

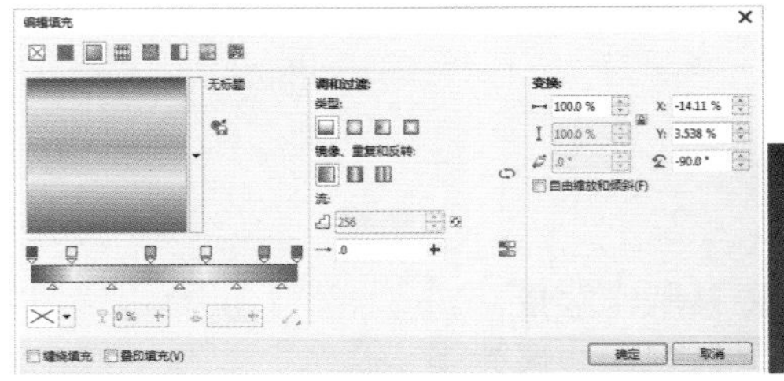

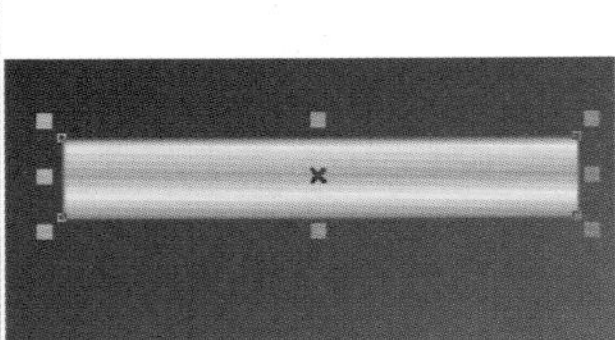

图4-47 参数设置及填充渐变色

STEP 5 使用（选择工具）变换绘制的金属矩形，效果如图4-48所示。

STEP 6 下面绘制金属螺丝效果。使用（椭圆工具）绘制正圆，选择工具箱中的（交互式填充工具），打开"编辑填充"对话框，其中的参数设置如图4-49所示，单击"确定"按钮完成渐变填充。

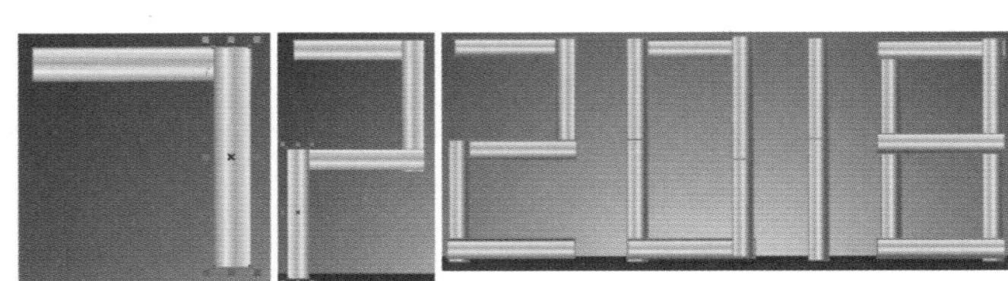

图4-48 变换效果

图4-49 设置并填充渐变色

STEP 7 复制正圆，将其缩小并旋转一定的角度，如图4-50所示。

STEP 8 选择两个正圆，执行菜单中的"对象/群组"命令，群组椭圆，再使用（阴影工具）在图形中间向外拖动并添加阴影，效果如图4-51所示。

STEP 9 复制多个正圆，移动到相应的位置，效果如图4-52所示。

图4-50 调整图形

图4-51 群组图形并添加阴影

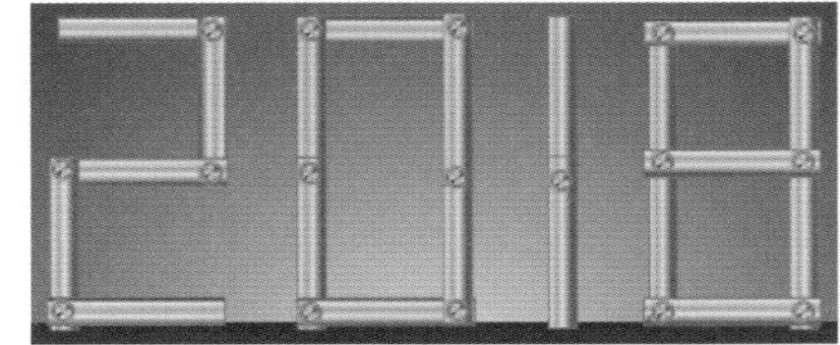

图4-52 复制图形

STEP10 框选整个金属字，复制一个副本，单击（垂直镜像）按钮，移动到倒影位置，效果如图4-53所示。

STEP11 选择倒影金属字，执行菜单中的"位图/转换为位图"命令，打开"转换为位图"对话框，其中的参数设置如图4-54所示。

STEP12 设置完毕单击“确定”按钮，将选择图形转换为位图，再使用（透明度工具）在位图上从下向上拖动为其添加渐变透明，效果如图4-55所示。

STEP13 至此本例制作完毕，最终效果如图4-56所示。

图4-53 倒影

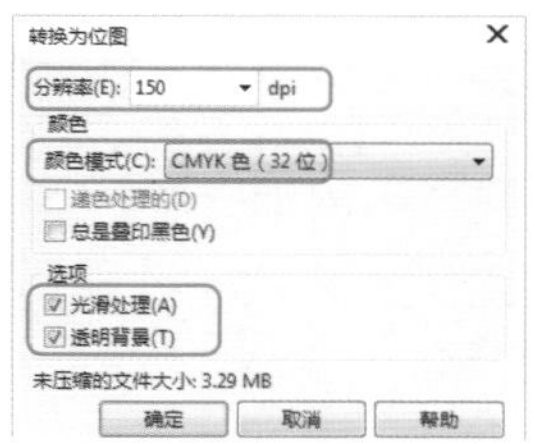

图4-54 “转换为位图”对话框

图4-55 渐变透明效果

图4-56 最终效果

实例24 彩色玻璃——石头字

实例 目的

本实例的目的是让大家了解在CorelDRAW中将文字转换为位图并应用“彩色玻璃和炭笔画”产生石头纹理，图4-57所示为制作流程图。

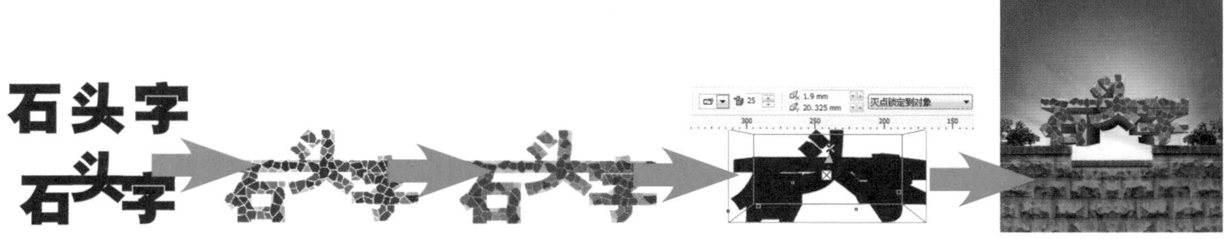

图4-57 制作流程图

实例 重点

- 拆分文字
- 转换为位图
- 应用“彩色玻璃”滤镜
- 应用“炭笔画”滤镜
- 立体化工具

实例 步骤

STEP 1 执行菜单中的“文件/新建”命令，新建一个空白文档，使用（文本工具）在文档中键入文字，按Ctrl+K键将文字拆分，移动单个文字的位置，如图4-58所示。

STEP 2 将移动的文字框选复制一个副本备用。执行菜单中的“位图/转换为位图”命令，打开“转换为位图”对话框，设置“分别率”为300dpi。

图4-58 键入文字后移动单个文字位置

技 巧

在CorelDraw中利用字（文本工具）键入的文字，将其拆分后可以将键入的整体文字分解成单个效果，被拆分的文字仍然具有文字的特点。

STEP 3 转换为位图后，执行菜单中的“位图/创造性/彩色玻璃”命令，打开“彩色玻璃”对话框，其中的参数设置如图4-59所示。

STEP 4 设置完毕单击“确定”按钮，效果如图4-60所示。

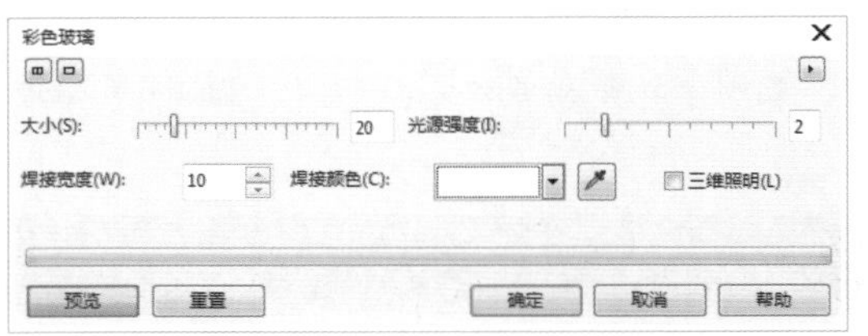

图4-59 “彩色玻璃”对话框

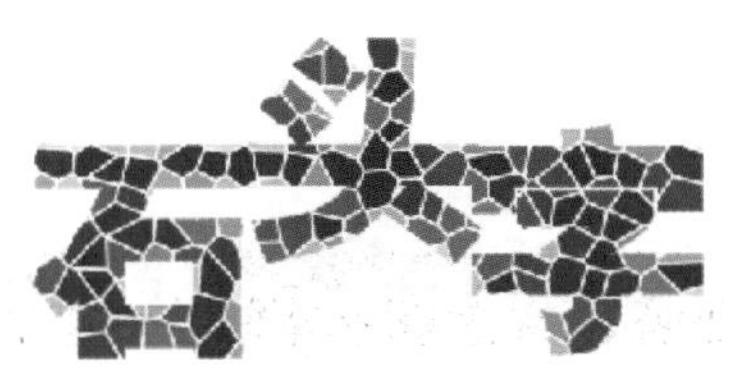

图4-60 应用彩色玻璃效果

STEP 5 执行菜单中的“位图/艺术笔触/炭笔画”命令，打开“炭笔画”对话框，其中的参数设置如图4-61所示。

STEP 6 设置完毕单击“确定”按钮，效果如图4-62所示。

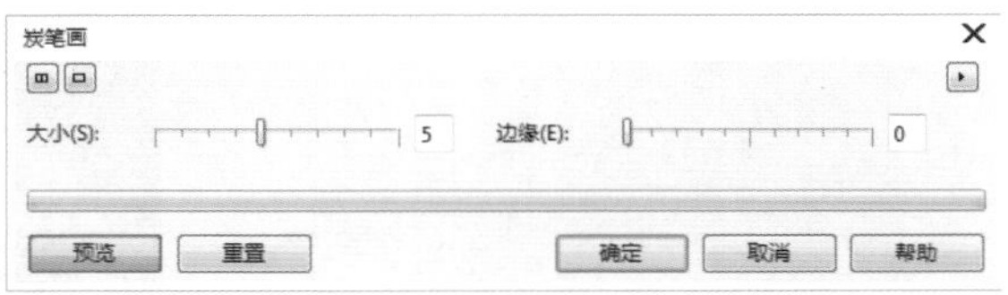

图4-61 “炭笔画”对话框

图4-62 应用炭笔画效果

STEP 7 选择文字副本，框选文字按Ctrl+G键群组文字，使用（立体化工具）在文字上拖动创建立体效果，如图4-63所示。

STEP 8 拖动改变灭点位置。在属性栏中设置立体化颜色，设置“从”的颜色为“灰色”、“到”的颜色为“黑色”，如图4-64所示。

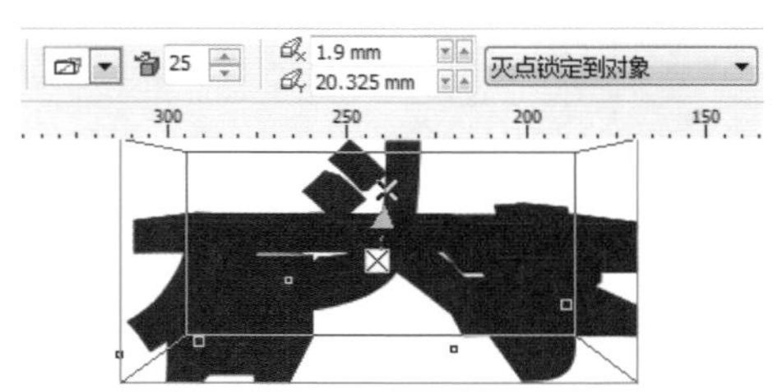

图4-63 使用立体化工具

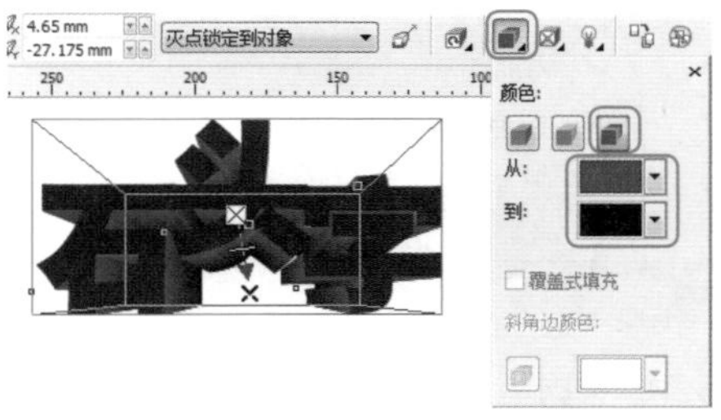

图4-64 设置立体化颜色

STEP 9 将应用滤镜后的文字移到立体化文字的前面，效果如图4-65所示。

STEP10 导入附赠资源中的“素材/第4章/墙”素材，如图4-66所示。

STEP11 使用（选择工具）将文字移到素材上面，至此本例制作完毕，效果如图4-67所示。

图4-65 移动文字

图4-66 导入素材

图4-67 最终效果

实例25 湿笔画——降雪字 

实例 目的

本实例的目的是让大家了解在CorelDRAW中使用（立体化工具）制作文字的三维效果，再绘制艺术画笔后应用“散开”“湿笔画”滤镜制作特效，图4-68所示为制作流程图。

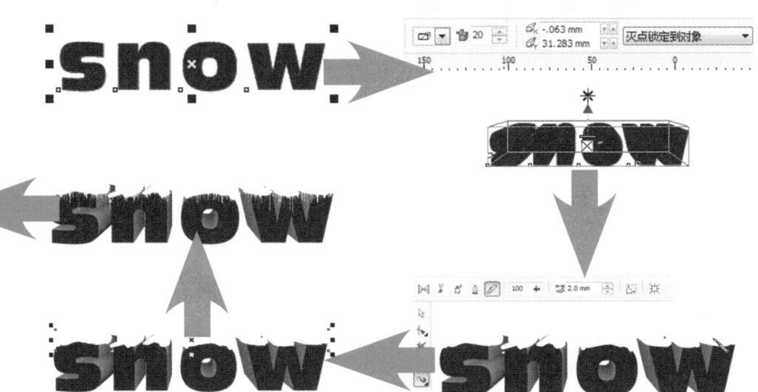

图4-68 制作流程图

实例 重点

- 立体化工具
- 转换为位图
- 散开滤镜
- 湿笔画滤镜

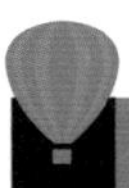

实例 步骤

STEP 1 执行菜单中的“文件/新建”命令，新建一个空白文档，使用字（文本工具）在文档中键入文字，如图4-69所示。

STEP 2 使用（立体化工具）在文字上拖动创建立体效果，如图4-70所示。

图4-69 键入文字

图4-70 立体效果

STEP 3 在属性栏中设置立体化颜色，在打开的菜单中选择（使用递减的颜色）按钮，设置“从”的颜色为“灰色”、“到”的颜色为“黑色”，如图4-71所示。

STEP 4 使用（艺术笔工具）中的（压力），在立体文字的上方绘制白色积雪状的画笔，效果如图4-72所示。

图4-71 设置立体化的颜色

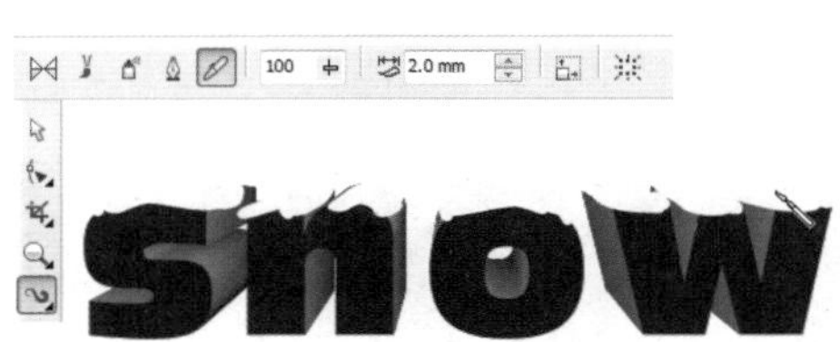

图4-72 绘制画笔

STEP 5 选择绘制的积雪。执行菜单中的“位图/转换为位图”命令，打开“转换为位图”对话框，设置“分辨率”为150dpi。

STEP 6 转换为位图后，执行菜单中的“位图/创造性/散开”命令，打开“散开”对话框，其中的参数设置如图4-73所示。

STEP 7 设置完毕单击“确定”按钮，效果如图4-74所示。

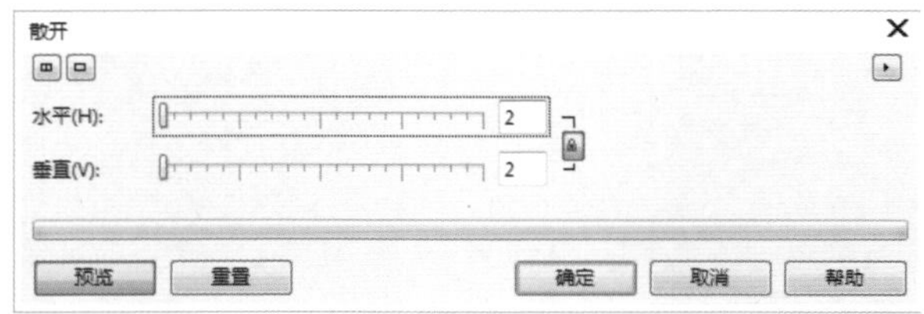

图4-73 “散开”对话框

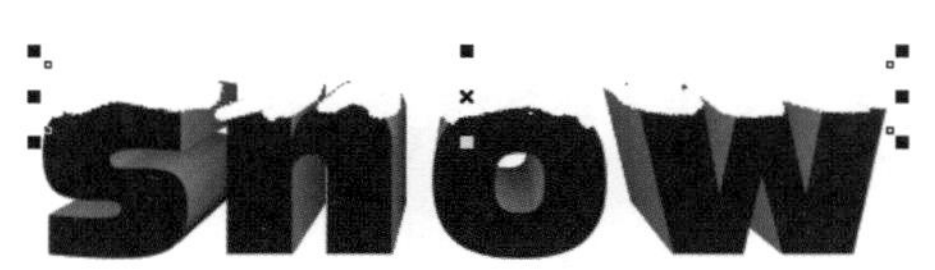

图4-74 散开效果

STEP 8 再执行菜单中的“位图/扭曲/湿笔画”命令，打开“湿笔画”对话框，设置其中的参数如

图4-75所示。

STEP 9 设置完毕单击“确定”按钮，效果如图4-76所示。

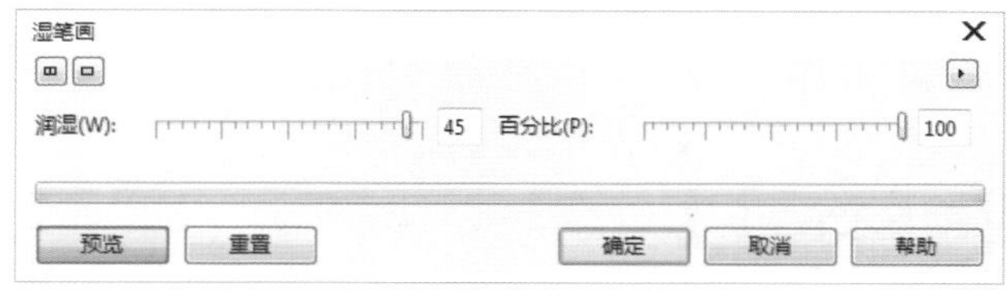

图4-75 “湿笔画”对话框

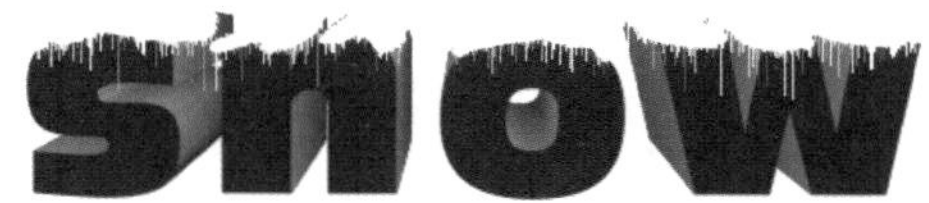

图4-76 湿笔画效果

STEP10 导入附赠资源中的“素材/第4章/雪背景”素材，如图4-77所示。

STEP11 使用（选择工具）将文字移到素材上，至此本例制作完毕，效果如图4-78所示。

图4-77 导入素材

图4-78 最终效果

技巧

创建后的立体化图像可以将其进行拆除，方法是使用（立体化工具）创建立体矩形后，执行菜单中的“对象/拆分立体化群组”命令，此时立体化部分会和前面的矩形分开，单个立体化之间还是一个整体，再执行菜单中的“对象/取消群组”命令即可将立体化图形单独选取并移动，过程如图4-79所示。

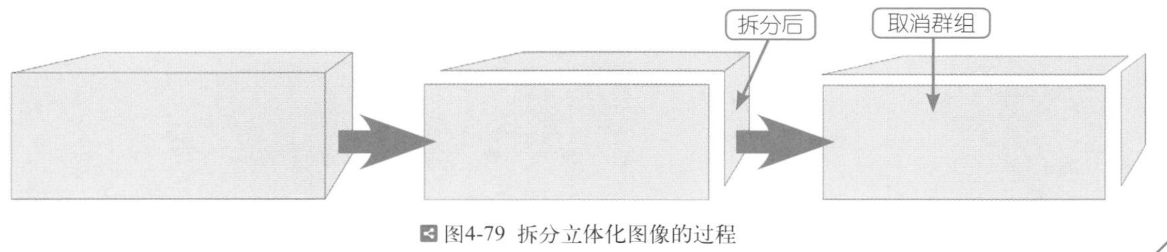

图4-79 拆分立体化图像的过程

本章练习与小结

练习

1. 练习使用艺术笔描边路径的方法。

2. 为自己制作一张个性名片。

习题

1. 下图为文字输入完毕后选中的状态，由图可判断它属于哪种？（　　）

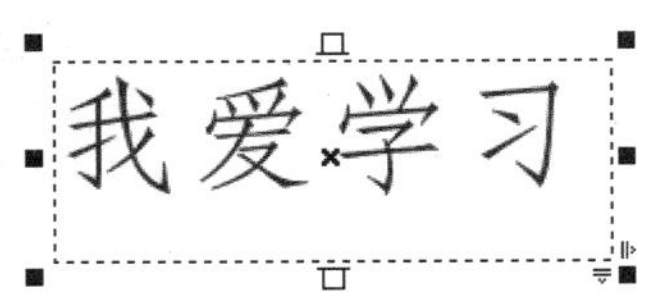

A. 美术字

B. 段落文字

C. 既不是美术字又不是段落文字

D. 可能是美术字，也可能是段落文字

2. 下图为选中对象的状态，这说明它处于什么状态？（　　）

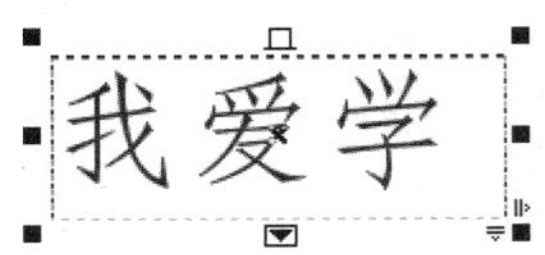

A. 在其他的文本框中有链接的文本

B. 在这个文本框中还有没展开的文字

C. 这已经不是文字，而被转换为曲线了

D. 只表示当前这个文本块被选中，没有其他含义

小结

学习完本章后，读者应该了解 CorelDRAW中有关文字编辑和应用的操作了，文字作为设计中非常重要的一部分内容，往往能起到画龙点睛的作用。希望大家能够在本章所讲解内容的基础上进行更好的发挥，使文字在平面设计中发挥更大的作用。

第5章

CorelDRAW X7

特殊图形效果的制作

通过对前面章节的学习，大家已经对在CorelDRAW软件中绘制图形并进行相应的编辑和处理的方法有所了解，本章在之前的基础上继续对绘制的图形进行特殊处理，从而使对象更加具有视觉冲击力。

本章重点

- 逆时针调和——彩蝶
- 交互式填充工具——水晶按钮
- 扭曲变形——小精灵
- 通道混合器——炫彩字
- 顺时针调和——线条组合
- 立体化工具——齿轮
- 透镜——凸显局部
- 轮廓图工具——轮廓字
- 新路径——描边字

实例26 逆时针调和——彩蝶

实例 目的

本实例的目的是让大家了解在CorelDRAW中通过交互式调和工具对线条对象进行逆时针调和的方法，图5-1所示为彩蝶的制作流程图。

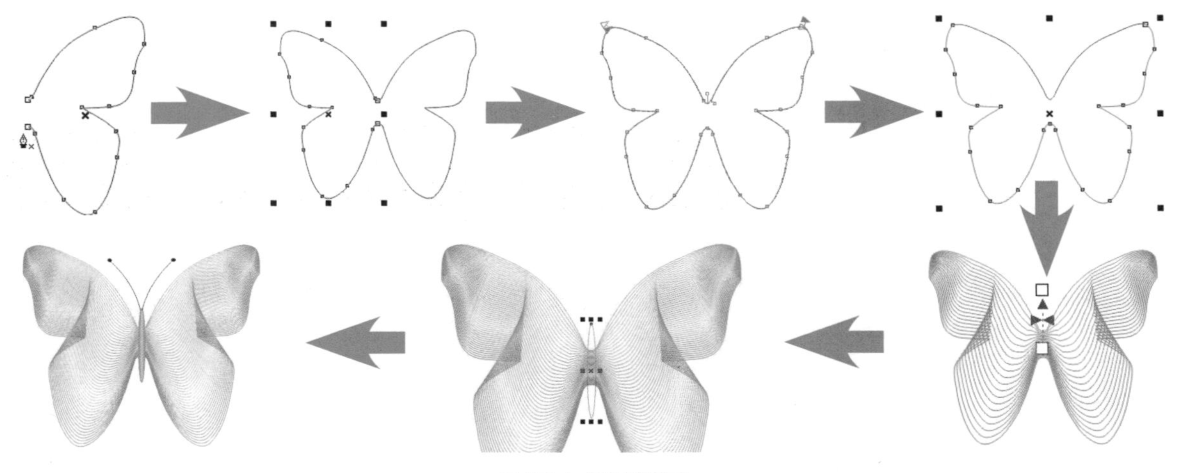

图5-1 制作流程图

实例 重点

- 钢笔工具
- 创建边界
- 使用形状工具断开曲线
- 调和工具
- 轮廓图工具

实例 步骤

STEP 1 执行菜单中的“文件/新建”命令，新建一个空白文档，使用（钢笔工具）在文档中绘制一半蝴蝶翅膀的轮廓，如图5-2所示。

STEP 2 选择轮廓，按Ctrl+C键复制，再按Ctrl+V键粘贴，复制一个副本，单击属性栏中的（水平镜像）按钮，制作效果如图5-3所示。

STEP 3 框选对象，在属性栏中单击（创建边界）按钮，删除之前的两个半边翅膀图形，如图5-4所示。

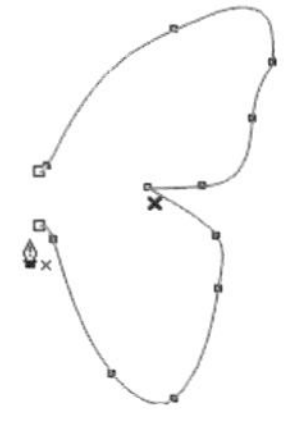

图5-2 绘制半个翅膀轮廓

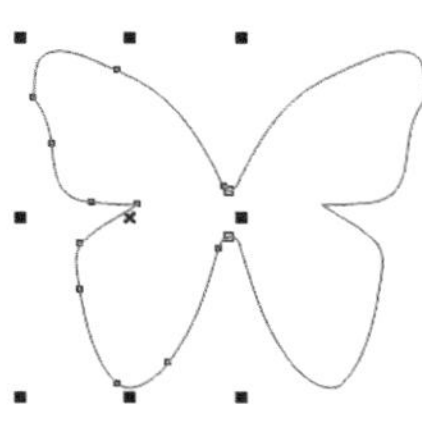

图5-3 复制图形

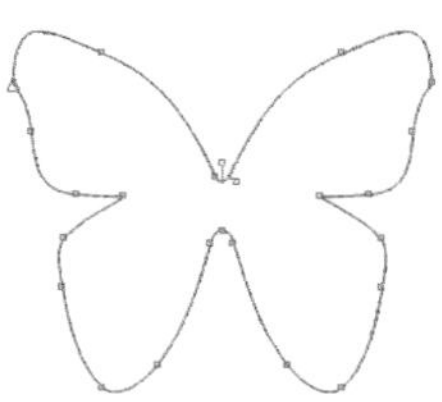

图5-4 创建边界

STEP 4 使用（形状工具）单击翅膀顶部，再在属性栏中单击（断开曲线）按钮，此时会将路径断开，效果如图5-5所示。

STEP 5 使用同样的方法断开右边翅膀的路径，效果如图5-6所示。

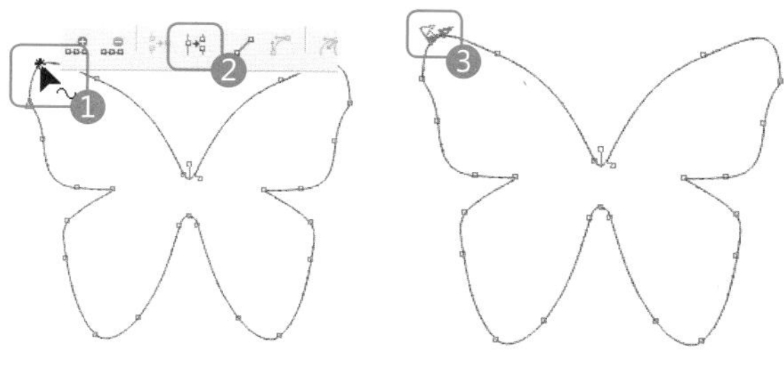

图5-5 断开左边翅膀的路径

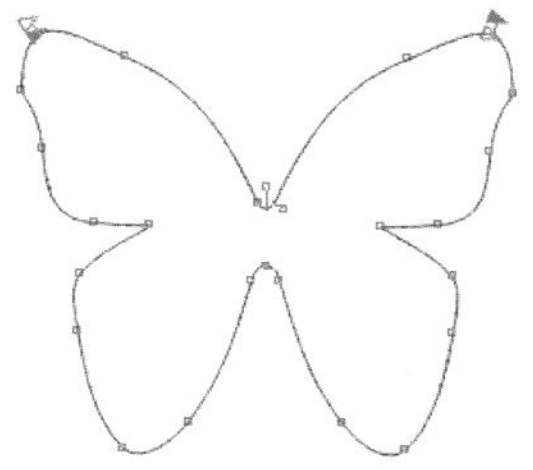

图5-6 断开右边翅膀的路径

STEP 6 执行菜单中的“对象/拆分”命令或按Ctrl+K键，选择上面的路径将轮廓填充为蓝色，将下面的路径轮廓填充为红色，效果如图5-7所示。

STEP 7 使用（调和工具）在下面的轮廓上按住鼠标向上面的轮廓拖动，使其产生调和效果，如图5-8所示。

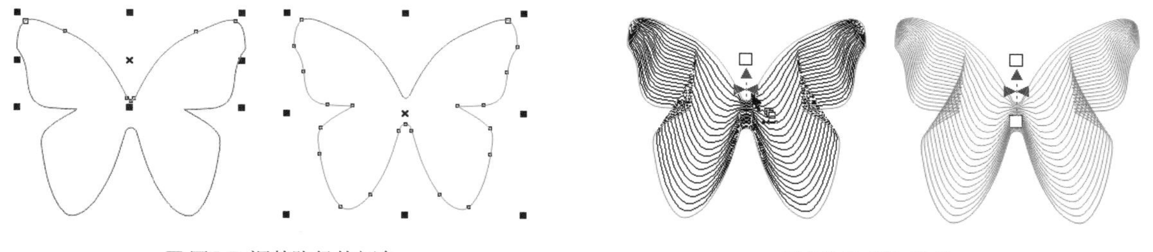

图5-7 调整路径的颜色

图5-8 调和效果

STEP 8 在属性栏中设置“调和对象”中的步长数为50，再单击（逆时针调和）按钮，效果如图5-9所示。

STEP 9 使用（椭圆工具）在蝴蝶上面绘制椭圆轮廓，如图5-10所示。

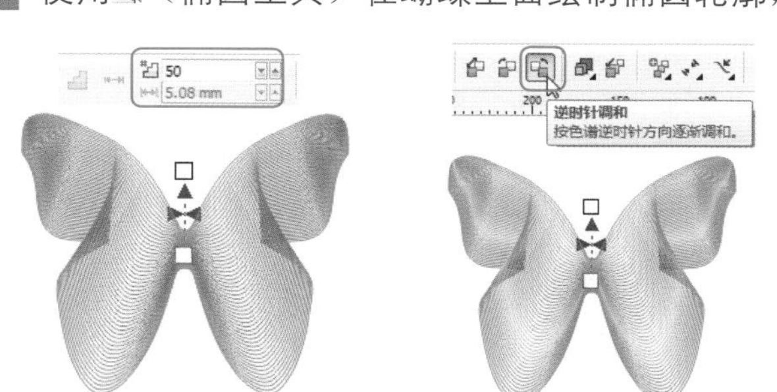

图5-9 逆时针调和效果

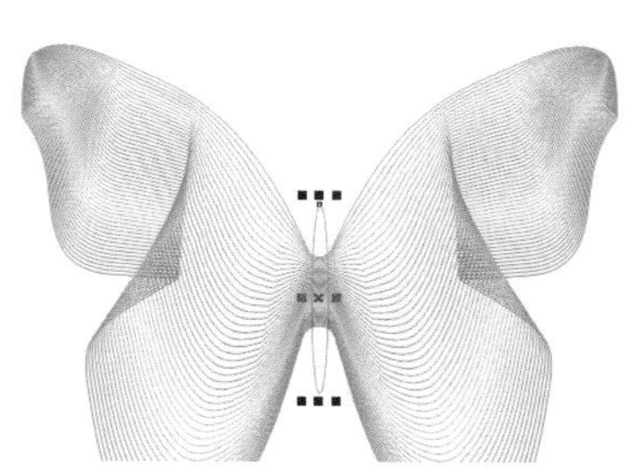

图5-10 绘制椭圆轮廓

STEP10 使用（轮廓图工具）在椭圆轮廓边缘向中心拖动，使其产生交互效果，如图5-11所示。

STEP11 使用（钢笔工具）绘制触须，再使用（椭圆工具）绘制正圆，完成本例的制作，效果如图5-12所示。

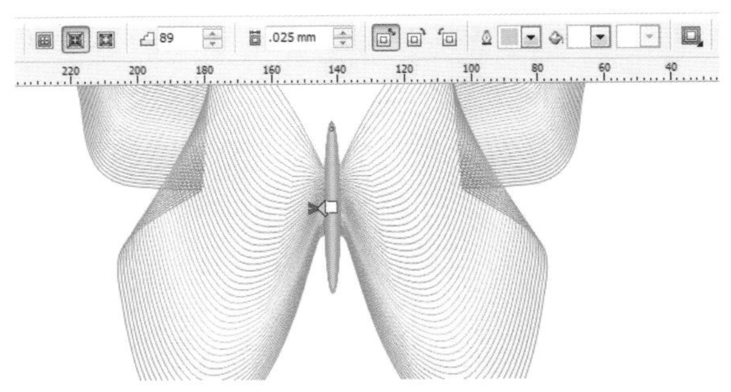

图5-11 交互式调和效果

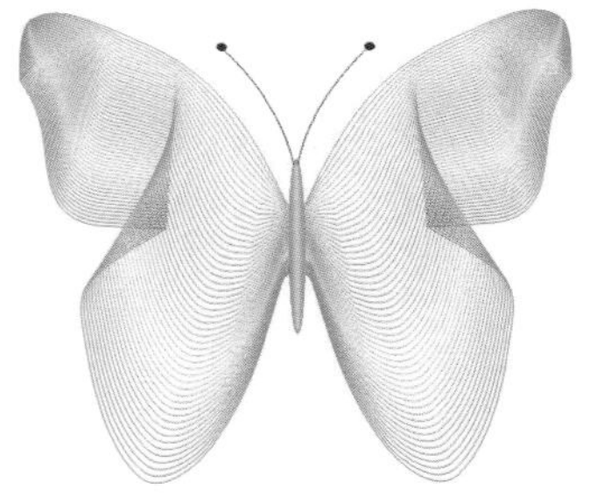

图5-12 最终效果

实例27 扭曲变形——小精灵

实例 目的

本实例的目的是让大家了解在CorelDRAW中使用变形工具对图形进行变形的方法，图5-13所示效果为制作流程图。

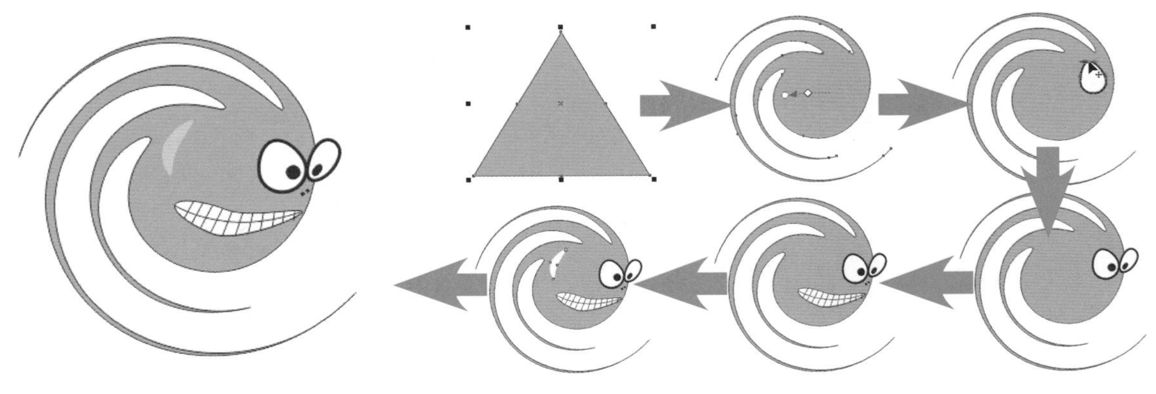

图5-13 制作流程图

实例 重点

- 多边形工具
- 使用形状工具调整形状
- 使用变形工具添加变形
- 透明度工具
- 转换为曲线

实例 步骤

STEP 1 执行菜单中的“文件/新建”命令，新建一个空白文档，使用（多边形工具）在文档中绘制三角形并将其填充为橘色，如图5-14所示。

STEP 2 选择（变形工具），在属性栏中单击（扭曲变形）按钮，在三角形上按住鼠标左键进行顺时针旋转，如图5-15所示。

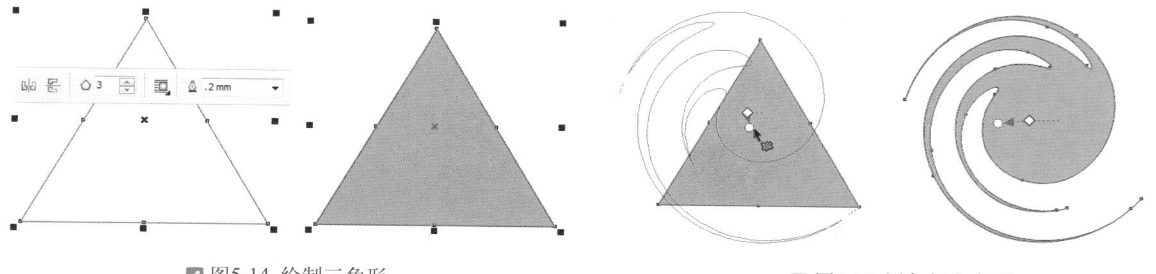

图5-14 绘制三角形

图5-15 添加扭曲变形

提 示

使用（变形工具）对图形进行变形时主要可以分为推拉变形、拉链变形和扭曲变形，不同的变形工具产生的效果也是不同的，变形效果如图5-16所示。

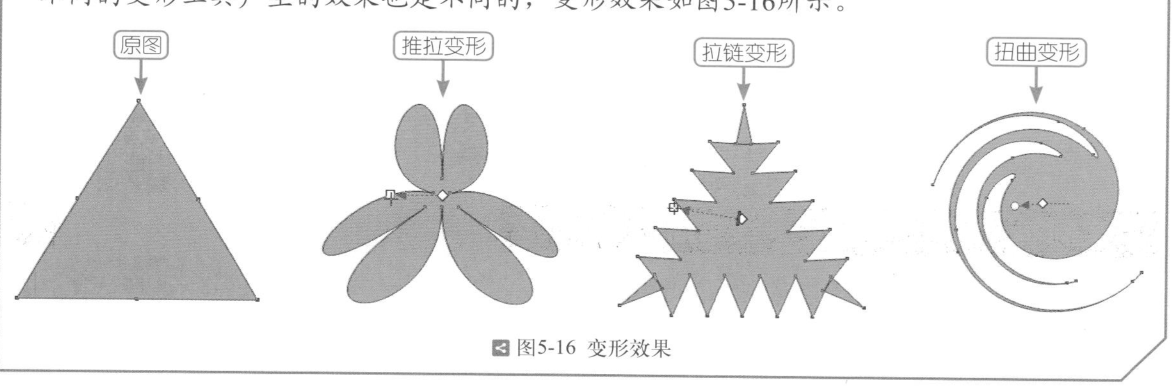

图5-16 变形效果

STEP 3 使用（椭圆工具）在变形图形中绘制白色正圆，如图5-17所示。

STEP 4 按Ctrl+Q键将圆形转换为曲线。使用（形状工具）拖动节点改变该圆的形状，如图5-18所示。

STEP 5 使用同样的方法绘制另一只眼睛，并绘制黑色眼球，效果如图5-19所示。

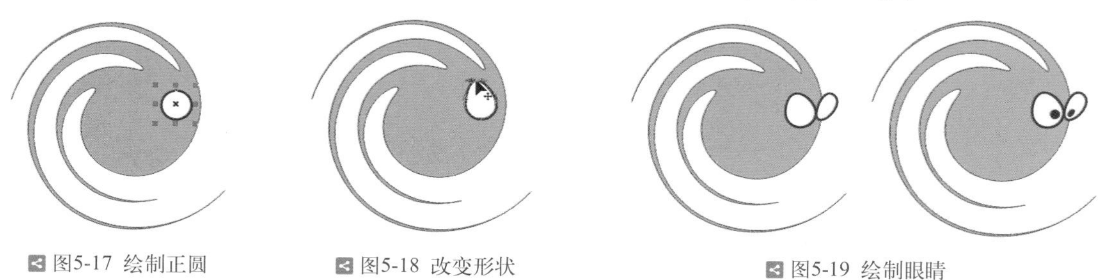

图5-17 绘制正圆

图5-18 改变形状

图5-19 绘制眼睛

STEP 6 使用（椭圆工具）绘制椭圆形嘴，将其转换为曲线后再调整形状，效果如图5-20所示。

STEP 7 使用（贝塞尔工具）绘制牙齿，使用（椭圆工具）绘制黑色鼻孔，效果如图5-21所示。

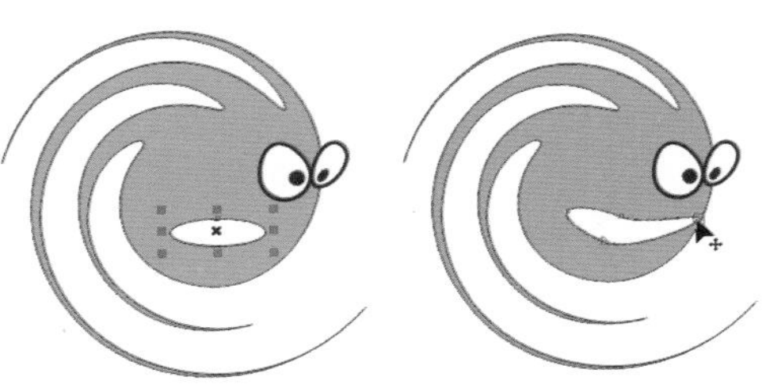
图5-20 绘制嘴

图5-21 绘制牙齿和鼻孔

STEP 8 绘制椭圆高光并调整形状，如图5-22所示。

STEP 9 使用（透明度工具），在其属性栏中设置“透明度类型”为“均匀透明度”，完成本例的制作，效果如图5-23所示。

图5-22 绘制椭圆高光

图5-23 最终效果

实例28 顺时针调和——线条组合

实例 目的

本实例的目的是让大家了解在CorelDRAW中通过调和工具对所绘制的线条进行顺时针调和的方法，图5-24所示为制作流程图。

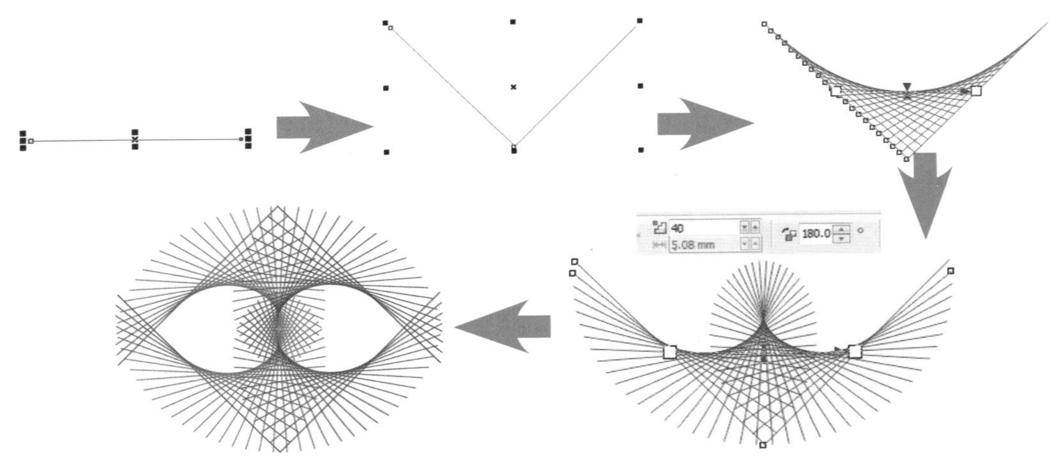

图5-24 制作流程图

实例 重点

- 手绘工具
- 调和工具
- 群组
- 镜像

实例 步骤

STEP 1 执行菜单中的“文件/新建”命令，新建一个空白文档后，使用（手绘工具）在文档中绘制直线，复制该直线后旋转90°移到两条直线相连接的位置，全选两条直线旋转315°，如图5-25所示。

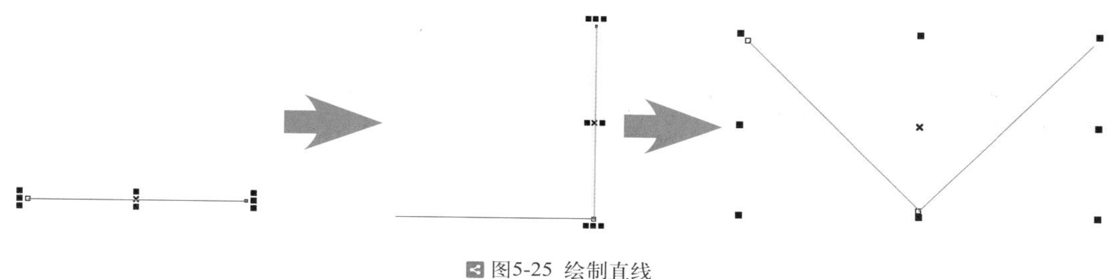

图5-25 绘制直线

STEP 2 使用（调和工具）选中其中的一条线，按住鼠标左键移到另一条线上，得到调和效果，如图5-26所示。

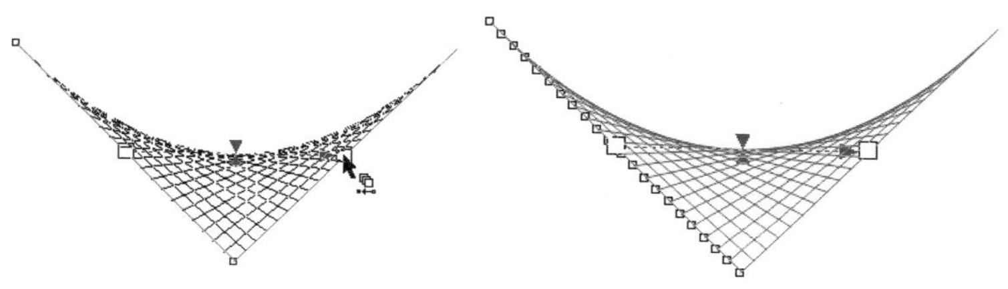

图5-26 调和效果

STEP 3 在属性栏中设置“调和对象”的步数为40，“角度”为180°，效果如图5-27所示。

STEP 4 在属性栏中单击（顺时针调和）按钮，效果如图5-28所示。

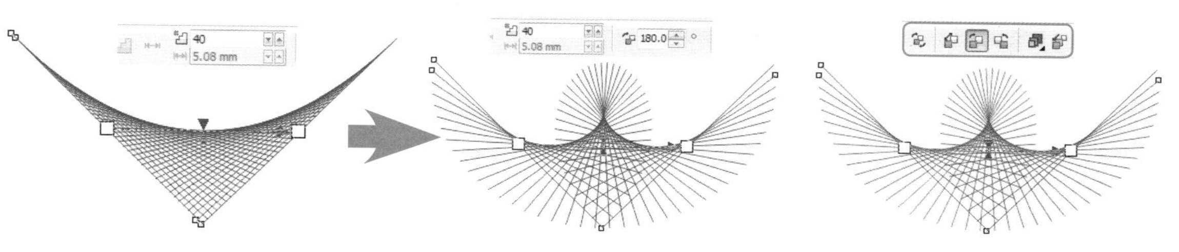

图5-27 设置调和参数

图5-28 选择顺时针调和

STEP 5 框选调和对象，按Ctrl+G键群组对象，创建一个副本，单击（垂直镜像）按钮，如图5-29所示。

STEP 6 移动镜像后的图像，调整到相应的位置，至此本例制作完毕，效果如图5-30所示。

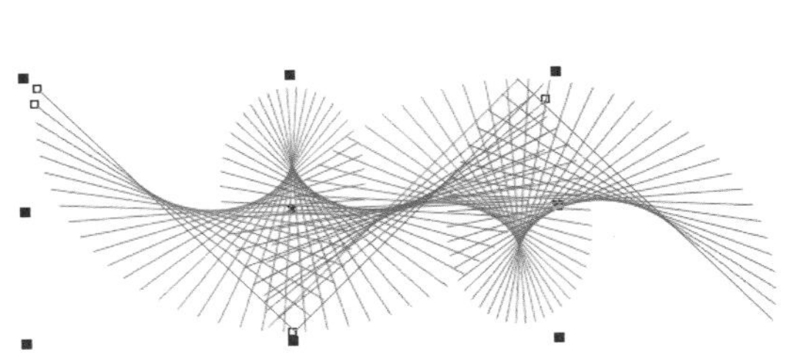

图5-29 运用“垂直镜像”创建副本

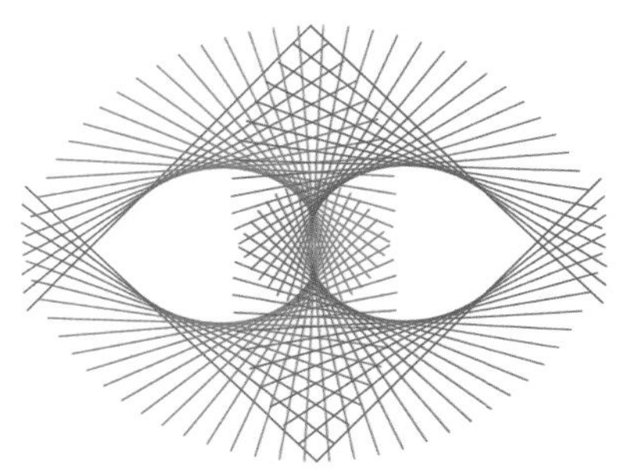

图5-30 最终效果

实例29 透镜——凸显局部

实例 目的

本实例的目的是让大家了解在CorelDRAW中通过“透镜”泊坞窗，对图像进行局部处理的方法，图5-31所示效果为制作流程图。

图5-31 制作流程图

实例 重点

- “图像调整实验室”的功能
- “透镜”泊坞窗的使用方法
- 透明度工具的使用方法

实例 步骤

STEP 1 执行菜单中的“文件/新建”命令，新建一个空白文档，导入附赠资源中的“素材/第5章/人物”素材，如图5-32所示。

STEP 2 执行菜单中的"编辑/克隆"命令，得到一个图像副本，将副本与主图重叠，再执行菜单中的"位图/图像调整实验室"命令，打开"图像调整实验室"对话框，其中的参数设置如图5-33所示。

图5-32 导入素材

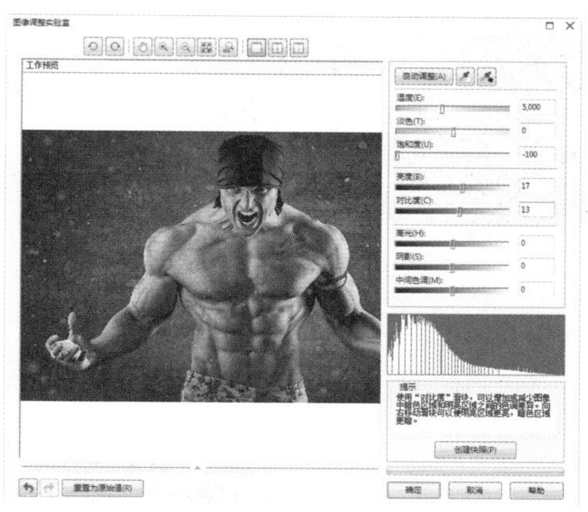

图5-33 "图像调整实验室"对话框

STEP 3 设置完毕后单击"确定"按钮，效果如图5-34所示。

STEP 4 选择（透明度工具），在属性栏中设置"透明度类型"为"椭圆形渐变透明度"、"合并模式"为"饱和度"，如图5-35所示。

图5-34 调整去色效果

图5-35 设置渐变透明度效果

STEP 5 拖动透明控制点，调整到人物的嘴巴处，效果如图5-36所示。

STEP 6 使用（椭圆工具）在人物的脸上绘制一个黄色轮廓、填充白色的正圆，如图5-37所示。

图5-36 调整透明控制点

图5-37 绘制正圆

STEP 7 执行菜单中的"效果/透镜"命令，打开"透镜"泊坞窗，其中的参数设置如图5-38所示。

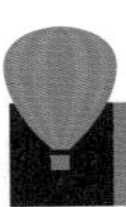

STEP 8 移动放大后的区域到人物的一边，效果如图5-39所示。

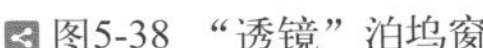
图5-38 “透镜”泊坞窗

图5-39 移动放大的图像区域

STEP 9 再绘制一个圆，并使用（手绘工具）绘制连接线，至此本例制作完毕，效果如图5-40所示。

图5-40 最终效果

知识 拓展

在CorelDRAW中通过“透镜”泊坞窗，可以使绘制的图形与后面的图像产生特殊效果，如图5-41所示为“透镜”泊坞窗，图5-42所示为原图与应用透镜后的对比效果。

图5-41 “透镜”泊坞窗

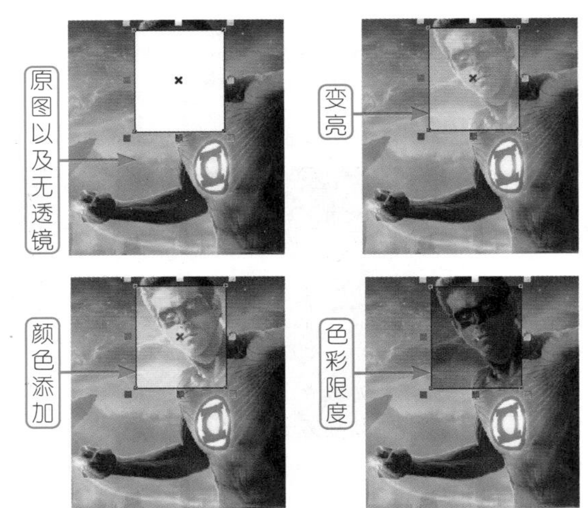

图5-42 应用透镜效果

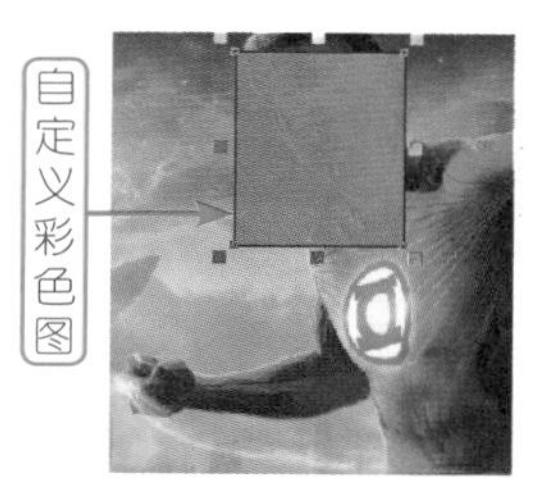

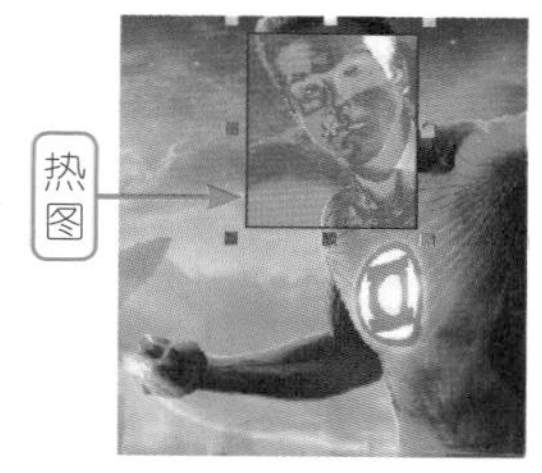

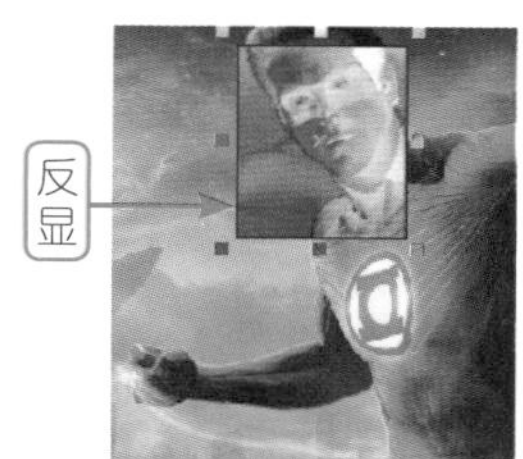

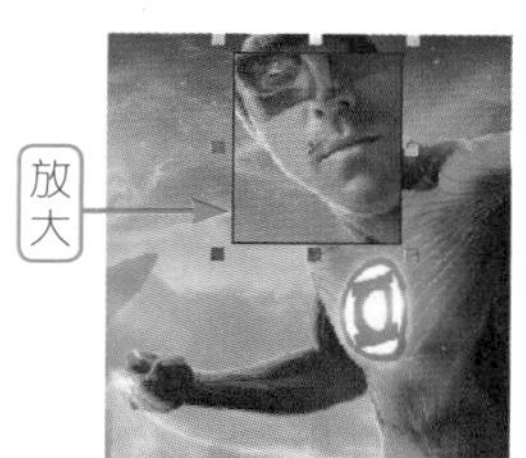

图5-42 应用透镜效果(续)

实例30 轮廓图工具——轮廓字

实例 目的

本实例的目的是让大家了解在CorelDRAW中使用轮廓图工具制作外轮廓的方法，图5-43所示为制作流程图。

轮廓字

图5-43 制作流程图

实例 重点

- 键入文字
- 轮廓图工具
- 设置外部轮廓
- 填充外部轮廓色

实例 步骤

STEP 1 执行菜单中的“文件/新建”命令，新建一个空白文档，使用字（文本工具）在文档中键入文字，如图5-44所示。

STEP 2 使用（轮廓图工具）在文字边缘处向外拖动使其产生轮廓图的效果，如图5-45所示。

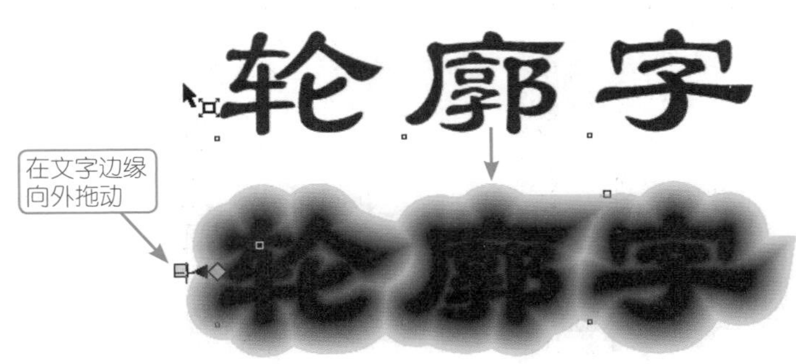

图5-44 键入文字

图5-45 添加轮廓图

STEP 3 轮廓产生之后在属性栏中设置“轮廓图步数”为2、“轮廓图偏移”为7，参数设置如图5-46所示。

STEP 4 在属性栏中设置“填充颜色”为“蓝色”、“轮廓色”为“黑色”，效果如图5-47所示。

图5-46 设置轮廓参数

图5-47 设置轮廓色

STEP 5 轮廓制作完毕后，将应用轮廓后的文字填充为“白色”，其中的参数设置如图5-48所示。

STEP 6 至此本例制作完毕，效果如图5-49所示。

图5-48 填充文字的颜色

图5-49 最终效果

实例31 新路径——描边字

实例目的

本实例的目的是让大家了解在CorelDRAW中使用（调和工具）将调和后的对象应用到文字路径上，图5-50所示效果为制作流程图。

图5-50 制作流程图

实例 重点

- 简化
- 调和工具
- 新路径
- 路径选项

实例 步骤

STEP 1 执行菜单中的“文件/新建”命令，新建一个空白文档，使用（文本工具）在文档中键入文字，再执行菜单中的“对象/拆分”命令，将文字拆分，如图5-51所示。

STEP 2 选择字母O将其删除，在工具箱中选择（基本形状工具），在属性栏中打开形状列表，选择心形，在页面中绘制心形并填充为黑色，如图5-52所示。

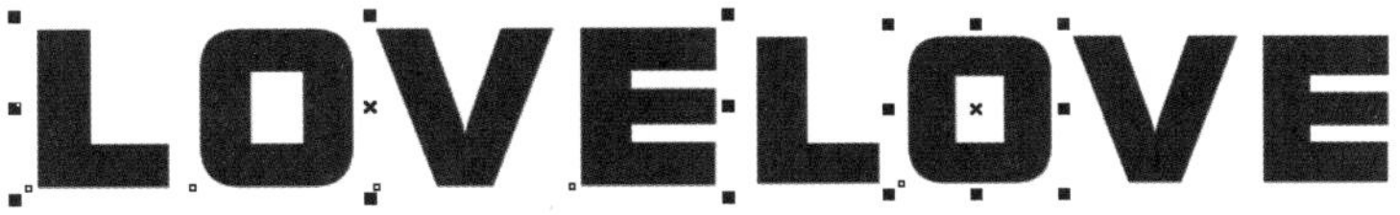

图5-51 键入文字并拆分

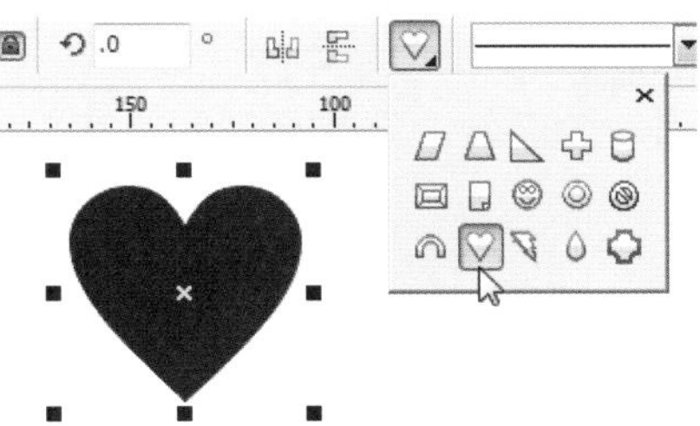

图5-52 绘制形状并填充黑色

STEP 3 在按住Shift键将图形缩小的同时单击鼠标右键，复制一个小图形，将其先填充为黄色，如图5-53所示。

STEP 4 框选两个心形，单击属性栏中的（简化）按钮，如图5-54所示。

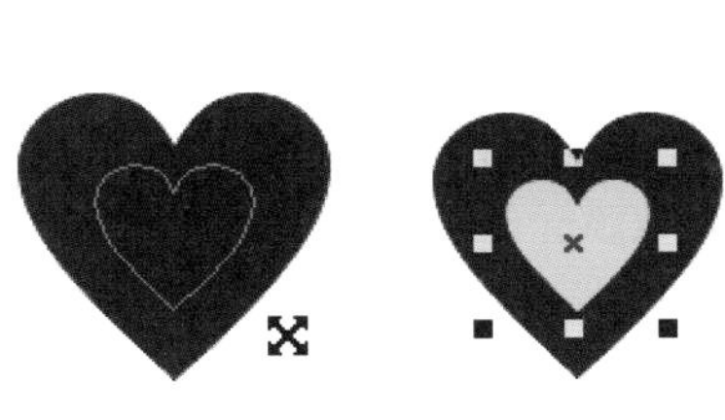

图5-53 缩小并复制图形

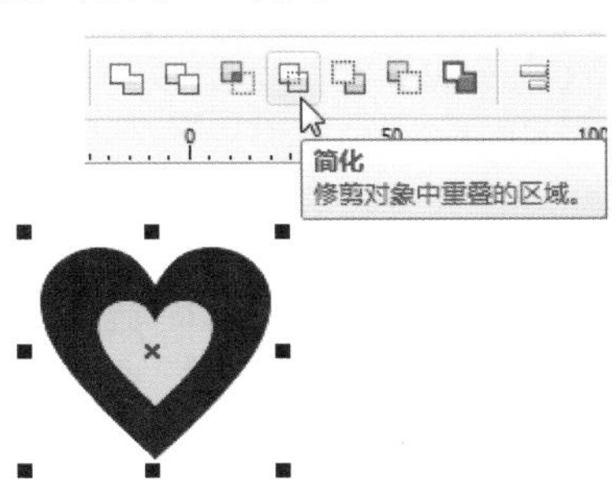

图5-54 简化图形

STEP 5 选择小心形将其删除，移动简化后的空心心形到文字中，如图5-55所示。

STEP 6 全选文字和心形，右击“颜色”泊坞窗中的“黑色”，单击☒（无填充）色块，执行菜单中的“对象/结合”命令，得到如图5-56所示的效果。

图5-55 移动图形

图5-56 结合图形

STEP 7 在文档的另一处绘制一个正圆，使用（交互式填充工具）为圆形填充从红色到白色的椭圆形渐变填充，效果如图5-57所示。

STEP 8 取消圆形的轮廓，复制一个渐变小球，移动到另一处，将小球的颜色改为从蓝色到白色，如图5-58所示。

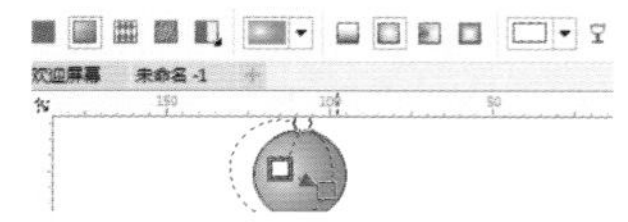

图5-57 填充渐变色

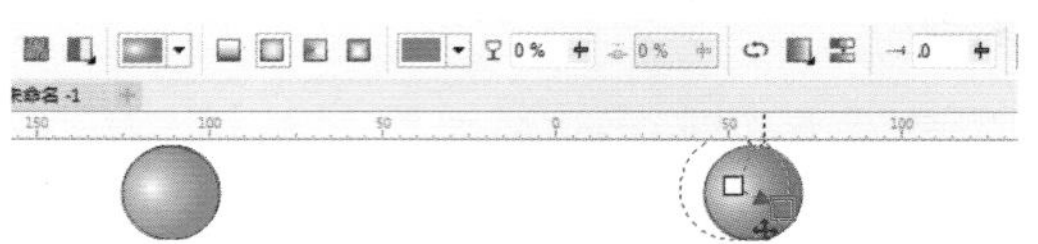

图5-58 复制小球并换颜色

STEP 9 使用（调和工具）在两个小球上拖动，使其产生调和效果，如图5-59所示。

STEP10 在属性栏中单击（路径属性）按钮，在弹出的菜单中选择“新路径”选项，此时会出现一个箭头，将其移动到文字路径上，如图5-60所示。

图5-59 调和图形

图5-60 创建新路径

STEP11 使用箭头在路径上单击会发现调和后的小球会依附到文字的路径上，效果如图5-61所示。

STEP12 在属性栏中设置“调和步数”为300，效果如图5-62所示。

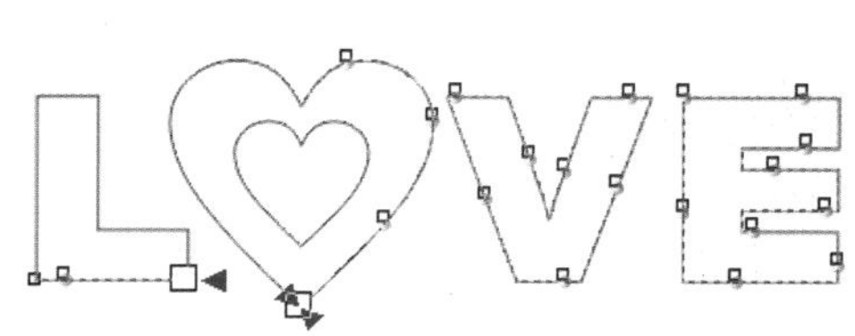

图5-61 小球依附于路径上

图5-62 设置调和步数

STEP13 在属性栏中设置（更多调和选项），在弹出的菜单中勾选“沿全路径调和”和“旋转全部对象”选项，效果如图5-63所示。

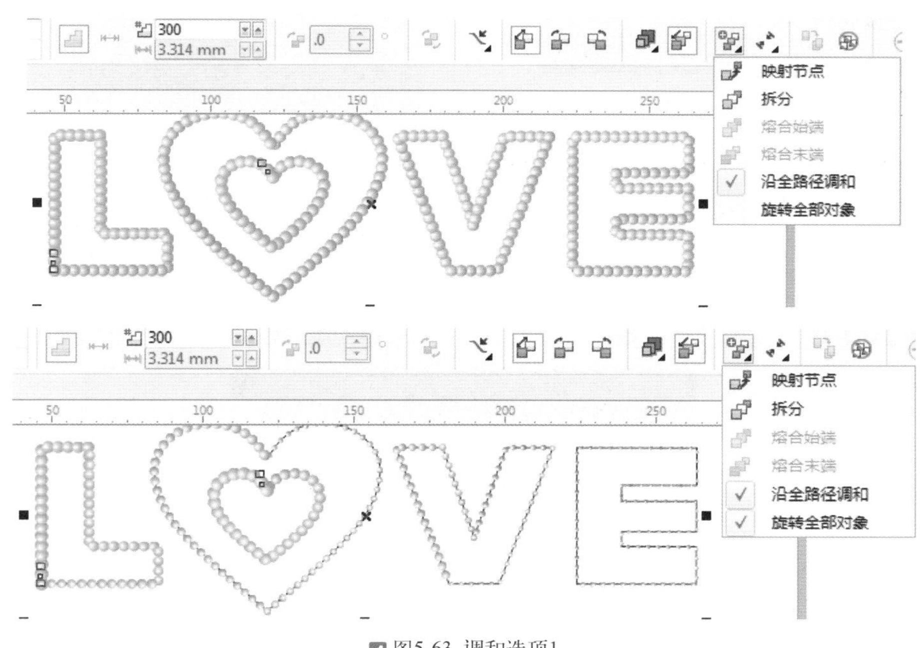

图5-63 调和选项1

STEP14 在属性栏中单击（逆时针调和）按钮，效果如图5-64所示。

STEP15 至此本例制作完毕，效果如图5-65所示。

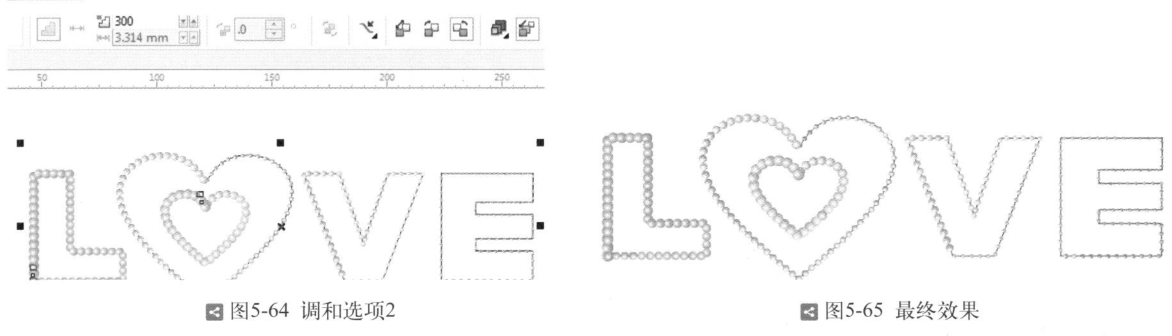

图5-64 调和选项2　　图5-65 最终效果

实例32 交互式填充工具——水晶按钮 

实例目的

本实例的目的是让大家了解在CorelDRAW中使用（交互式填充工具）和（调和工具）制作网页中的水晶按钮，图5-66所示为制作流程图。

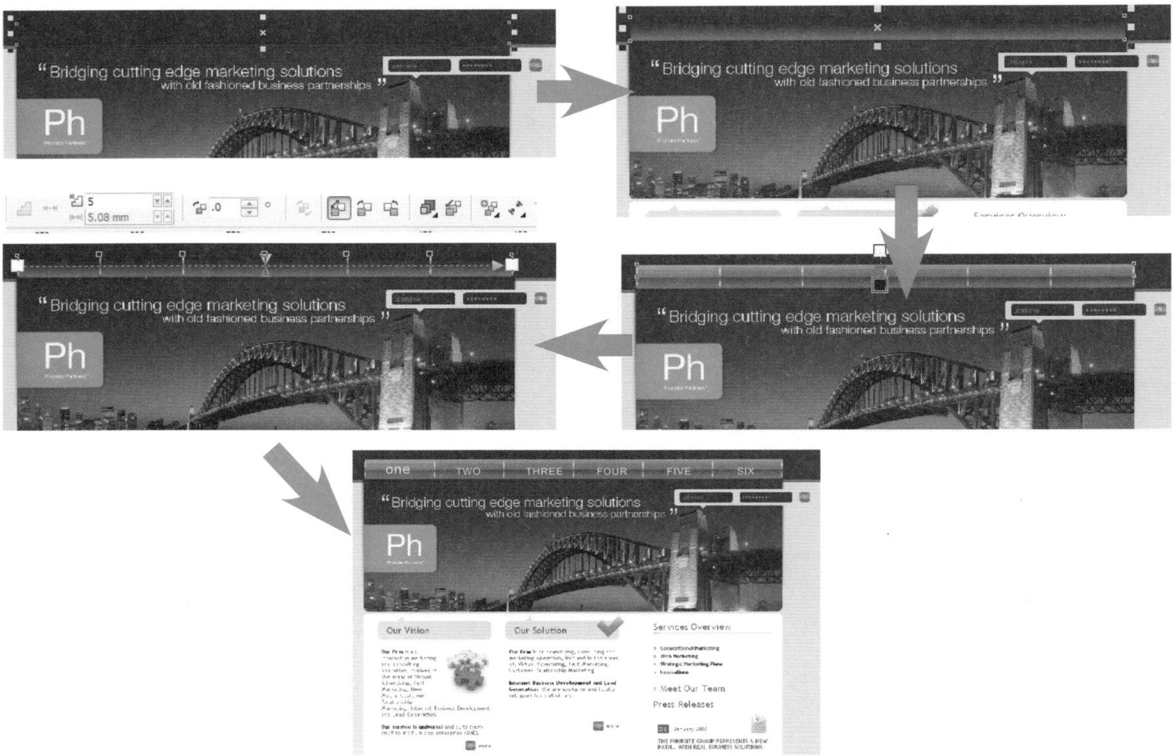

图5-66 制作流程图

实例 重点

- 矩形工具
- 渐变填充
- 调和工具
- 透明度工具

实例 步骤

STEP 1 执行菜单中的“文件/新建”命令，新建一个空白文档，导入附赠资源中的“素材/第5章/按钮素材”，如图5-67所示。

STEP 2 使用（矩形工具）在素材上绘制矩形，如图5-68所示。

图5-67 导入素材

图5-68 绘制矩形

STEP 3 在工具箱中选择（交互式填充工具），打开“编辑填充”对话框，其中的参数设置如图5-69所示。

STEP 4 设置完毕单击“确定”按钮，效果如图5-70所示。

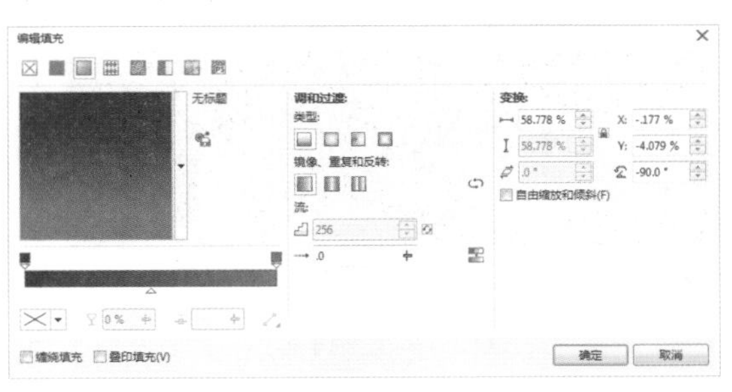

图5-69 “编辑填充”对话框

图5-70 渐变填充效果

STEP 5 在大矩形的左面绘制一个小矩形，选择（交互式填充工具），打开“编辑填充”对话框，其中的参数设置如图5-71所示，设置完毕单击“确定”按钮完成渐变填充。

STEP 6 复制小矩形到大矩形的右面，如图5-72所示。

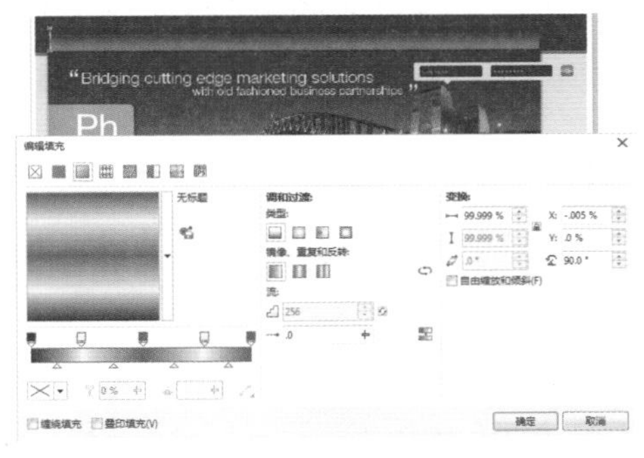

图5-71 “编辑填充”对话框

图5-72 复制小矩形

STEP 7 使用（调和工具）在两个小矩形上拖动，使其产生调和效果，效果如图5-73所示。

STEP 8 在属性栏中设置“调和对象”的步数为5，效果如图5-74所示。

图5-73 调和

图5-74 设置调和参数

STEP 9 使用（矩形工具）在两个小矩形之间绘制一个矩形，选择（交互式填充工具），打开“编辑填充”对话框，其中的参数设置如图5-75所示。设置完毕单击“确定”按钮完成渐变填充。

STEP10 使用（矩形工具）在大矩形上面绘制一个白色矩形，如图5-76所示。

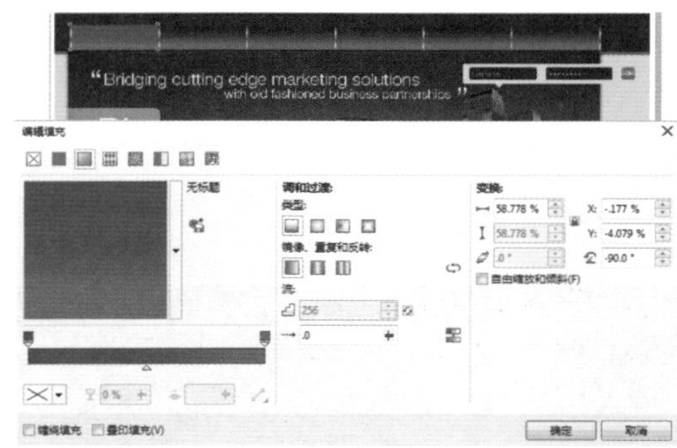

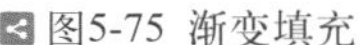
图5-75 渐变填充

图5-76 绘制矩形

STEP11 使用（透明度工具）在白色矩形上从上向下拖动鼠标添加透明效果，如图5-77所示。

STEP12 使用（文本工具）在矩形上键入文字，至此本例制作完毕，效果如图5-78所示。

图5-77 渐变透明

图5-78 最终效果

实例33 通道混合器——炫彩字 

实例目的

本实例的目的是让大家了解在CorelDRAW中使用“颜色平衡”“通道混合器”命令调整图像色调，再通过“图框精确剪裁”命令将图像放置到文字容器内，图5-79所示为制作流程图。

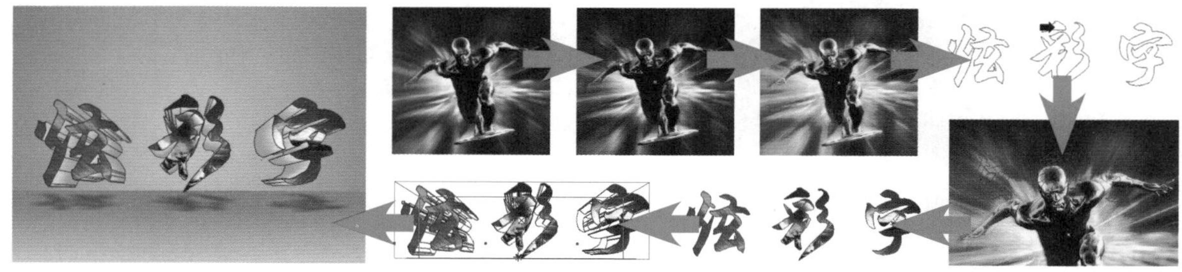

图5-79 制作流程图

实例 重点

- ✸ 颜色平衡
- ✸ 通道混合器
- ✸ 图框精确剪裁
- ✸ 立体化工具
- ✸ 阴影工具

实例 步骤

STEP 1 执行菜单中的“文件/新建”命令，新建一个空白文档，导入附赠资源中的“素材/第5章/发光2”素材，如图5-80所示。

STEP 2 执行菜单中的“效果/调整/颜色平衡”命令，打开“颜色平衡”对话框，其中的参数设置如图5-81所示。

STEP 3 设置完毕单击“确定”按钮，效果如图5-82所示。

图5-80 导入素材

图5-81 “颜色平衡”对话框

图5-82 颜色平衡效果

STEP 4 执行菜单中的“效果/调整/通道混合器”命令，打开“通道混合器”对话框，其中的参数设置如图5-83所示。

STEP 5 设置完毕单击“确定”按钮，效果如图5-84所示。

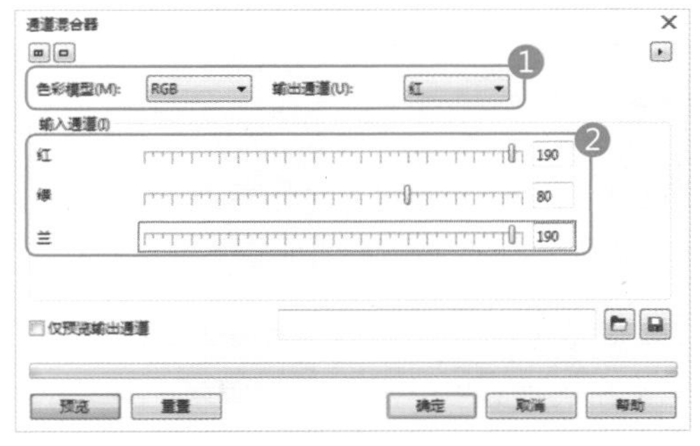

图5-83 “通道混合器”对话框

图5-84 通道混合器效果

STEP 6 使用字（文本工具）在文档中键入文字，清除文字的填充色，将轮廓设置为黑色，如图5-85所示。

STEP 7 选择“发光2”素材，执行菜单中的“效果/图框精确剪裁/放置在容器中”命令，此时使用箭头在文字上单击，效果如图5-86所示。

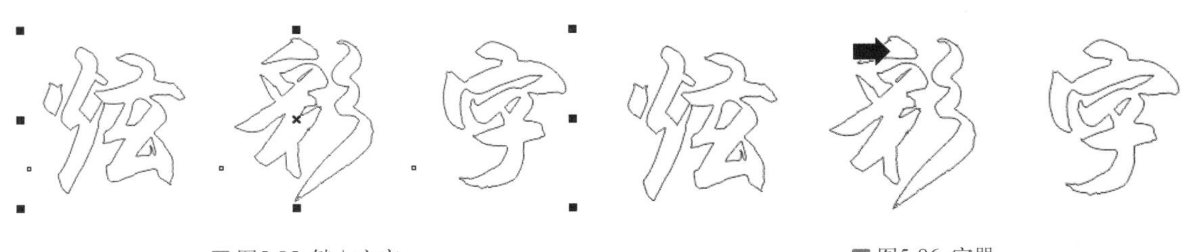

图5-85 键入文字　　图5-86 容器

STEP 8 单击鼠标后，执行菜单中的“效果/图框精确剪裁/编辑内容”命令，将“发光2”素材移动到文字相应区域，效果如图5-87所示。

STEP 9 编辑完毕后，执行菜单中的“效果/图框精确剪裁/结束编辑”命令，完成编辑后得到如图5-88所示的效果。

图5-87 编辑内容

图5-88 完成编辑

STEP10 使用（立体化工具）在文字上向下拖动产生立体化效果，如图5-89所示。

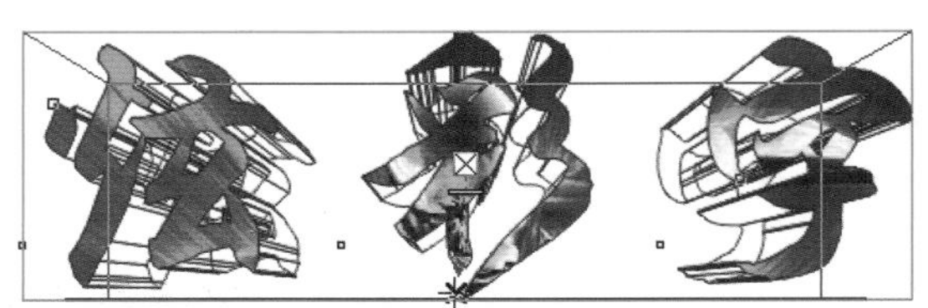

图5-89 立体化

STEP11 在属性栏中设置立体化颜色，在弹出菜单中选择（使用递减的颜色）按钮，设置“从”的颜色为“灰色”、“到”的颜色为“橘色”，如图5-90所示。

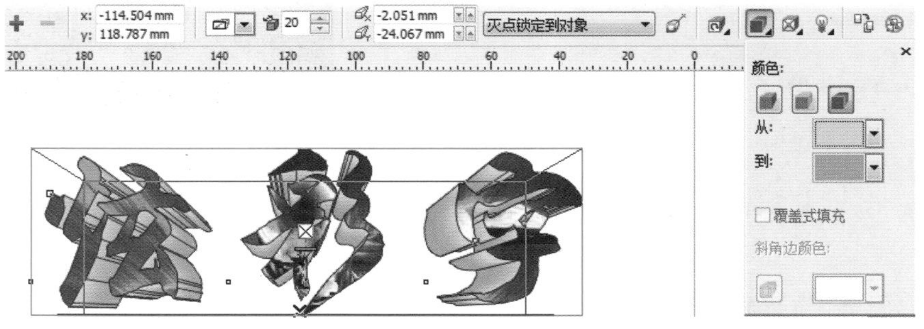

图5-90 立体化颜色

STEP12 使用（矩形工具）在文档中绘制矩形，选择该矩形，在工具箱中选择（交互式填充工具），打开“编辑填充”对话框，其中的参数设置如图5-91所示，设置完毕单击“确定”按钮，完成填充后取消矩形的轮廓。

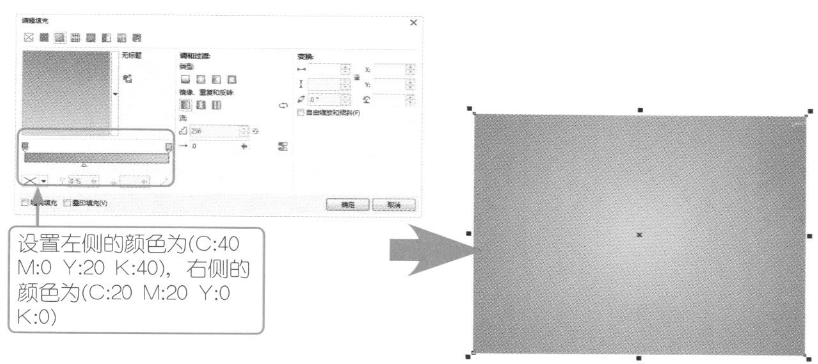

图5-91 渐变填充效果

STEP13 按Ctrl+C键复制，再按Ctrl+V键粘贴，复制一个矩形副本，将副本缩小，在工具箱中选择（交互式填充工具），打开“编辑填充”对话框，其中的参数设置如图5-92所示，设置完毕单击“确定”按钮，完成填充。

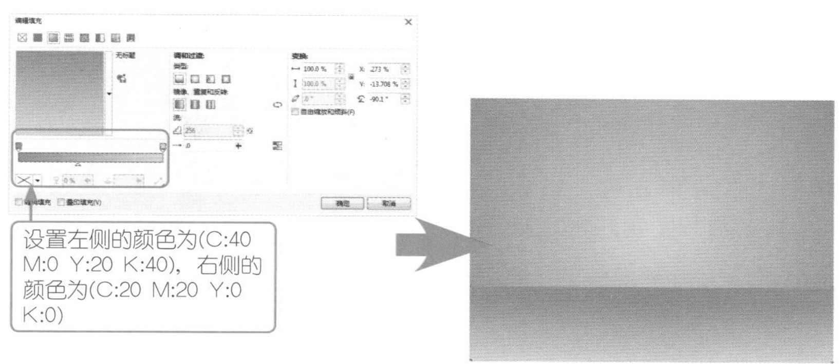

图5-92 设置渐变色并填充

STEP14 将文字移到渐变矩形背景上，效果如图5-93所示。

STEP15 使用（阴影工具）在文字的底部向下拖动产生阴影效果，如图5-94所示。

STEP16 添加阴影后完成本例的制作，效果如图5-95所示。

图5-93 移动

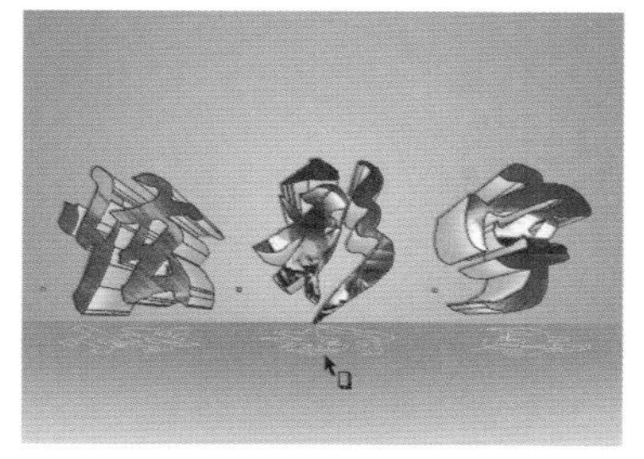

图5-94 阴影

图5-95 最终效果

实例34　立体化工具——齿轮

实例　目的

本实例的目的是让大家了解在CorelDRAW中使用（立体化工具）将平面图形转换为立体效果，图5-96所示效果为制作流程图。

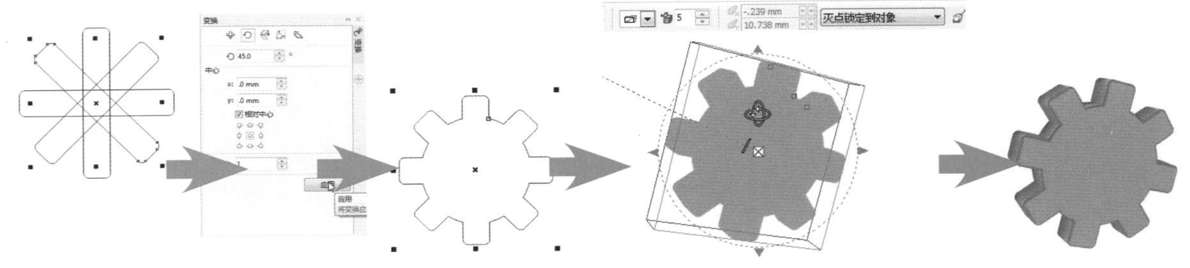

图5-96　制作流程图

实例　重点

- 矩形工具
- 椭圆工具
- 旋转变换
- 立体化工具

实例　步骤

STEP 1 执行菜单中的“文件/新建”命令，新建一个空白文档，使用（椭圆工具）和（矩形工具）在文档中绘制正圆和圆角矩形，如图5-97所示。

STEP 2 选择圆角矩形，执行菜单中的“对象/变换/旋转”命令，打开“旋转”转换泊坞窗，其中的参数设置如图5-98所示。

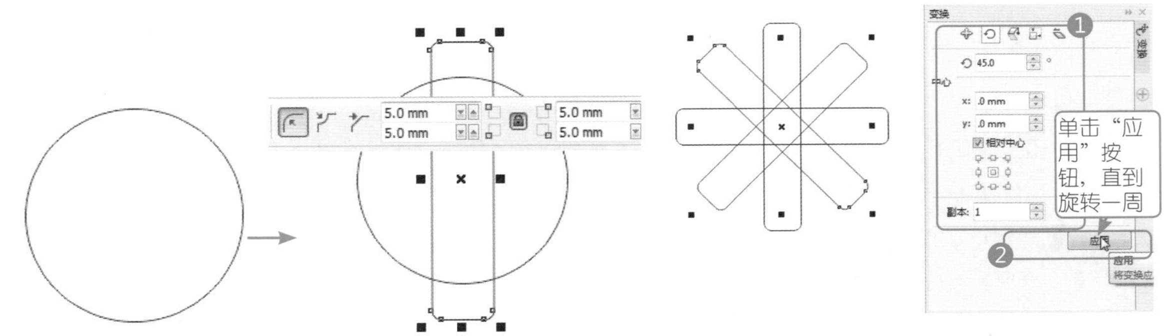

图5-97　绘制正圆与圆角矩形

图5-98　“转换”泊坞窗

STEP 3 框选所有图形，执行菜单中的“对象/结合”命令，将圆角矩形与圆形结合为一个整体，效果如图5-99所示。

STEP 4 将结合后的图形填充为灰色，取消轮廓，如图5-100所示。

STEP 5 使用（立体化工具）在结合后的图形上拖动，为其添加立体化效果，设置“深度”为5，效果如图5-101所示。

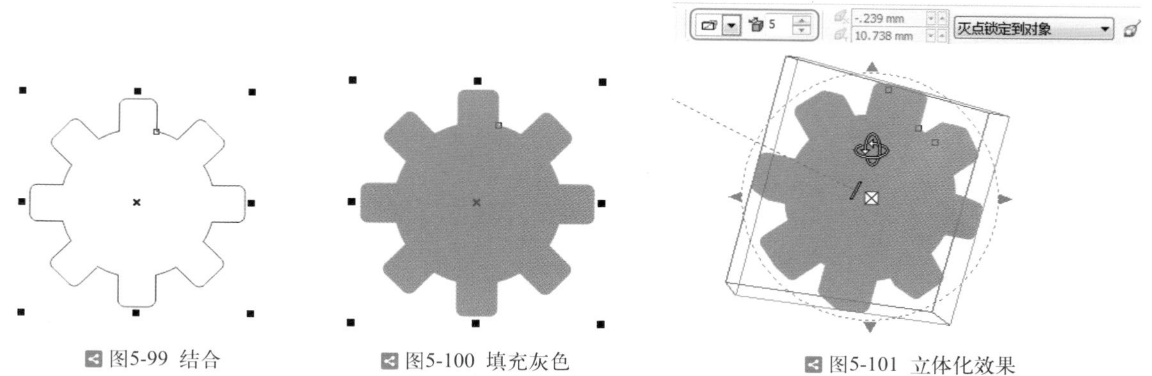

图5-99 结合　图5-100 填充灰色　图5-101 立体化效果

STEP 6 在属性栏中设置立体化颜色，在弹出的菜单中选择（使用递减的颜色）按钮，设置“从”的颜色为“淡灰色”、“到”的颜色为“深灰色”，如图5-102所示。

STEP 7 在属性栏中单击（立体化倾斜）按钮，在弹出的菜单中勾选“使用斜角修饰边”复选框，效果如图5-103所示。

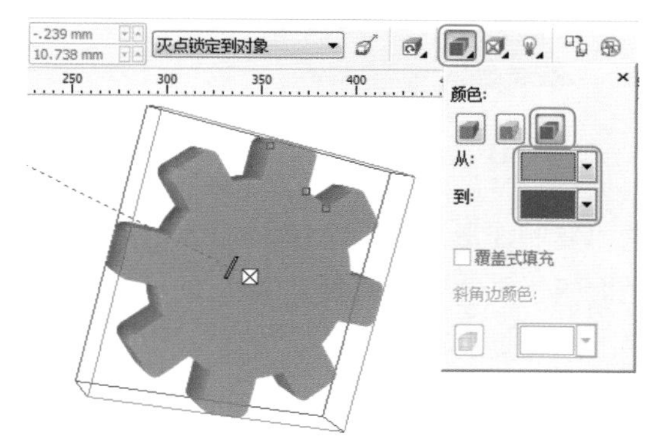

图5-102 立体化颜色

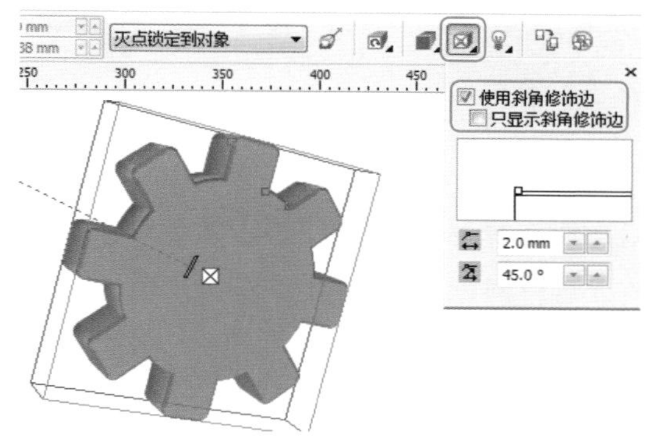

图5-103 倾斜

STEP 8 至此本例制作完毕，效果如图5-104所示。

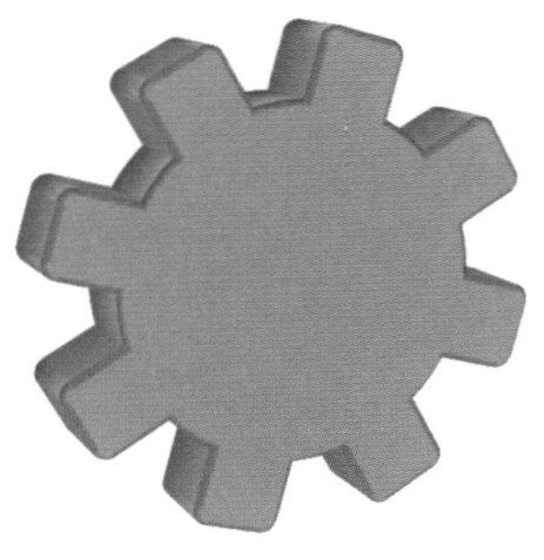

图5-104 最终效果

| 本章练习与小结

练习

1. 练习将圆形与矩形进行交互式调和。
2. 使用变形工具对绘制的多边形进行变形拖曳。

习题

1. 编辑3D文字时，怎样得到能够在三维空间内旋转3D文字的角度控制框？（ ）
   A. 利用“选择工具” 单击3D文字
   B. 利用“立体化工具”单击3D文字
   C. 利用“立体化工具”双击3D文字
   D. 利用“立体化工具”先选中3D文字，然后再单击
2. 如下图所示，对象A应用了交互式变形效果，如果对象B也想复制A的变形属性，该如何操作？（ ）

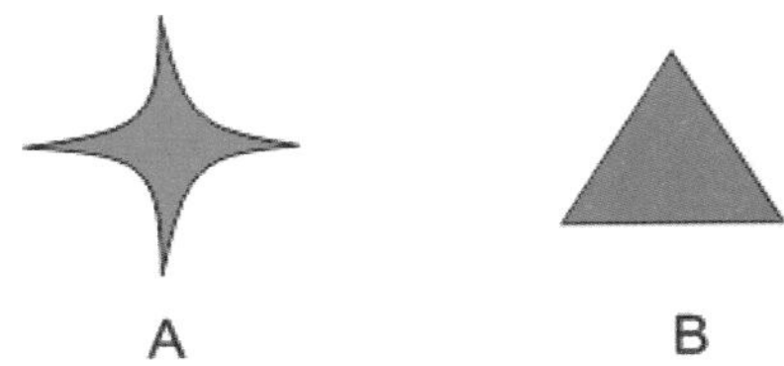

   A. 同时选择对象A和对象B，然后单击属性栏上的“复制变形属性”按钮
   B. 先选择对象A，再选择对象B，最后单击属性栏上的“复制变形属性”按钮
   C. 先选择对象B，再选择对象A，最后单击属性栏上的“复制变形属性”按钮
   D. 先选择对象B，再单击属性栏上的“复制变形属性”按钮，最后选择对象A
3. 在使用（调和工具）进行制作调和对象时，两个相调和的对象间最多允许有多少个中间过渡对象？（ ）
   A. 1000　　B. 999　　C. 99　　D. 100

小结

学习完本章后，读者应该了解 CorelDRAW中对图形应用交互式效果的方法，使单一的图形变为立体化、透明、变形、调和等特殊效果，从而提升CorelDRAW编辑图形转换为特殊效果的能力。

第6章

CorelDRAW X7

| 海报设计

海报设计是基于计算机平面设计技术应用的基础上，随着广告行业发展所形成的一个新职业。该职业的主要技术要求是必须有相当强的号召力与艺术感染力，要调动形象、色彩、构图、形式感等因素形成强烈的视觉效果；它的画面应有较强的视觉中心，应力求新颖、单纯，还必须具有独特的艺术风格和设计特点。当前所流行的制作方法是在计算机上通过相关设计软件实现广告表达目的和意图。

| 本章重点

- 科幻电影海报
- 音乐会海报
- 商场促销海报

学习海报设计应对以下几点进行了解：

- 表现形式
- 设计步骤
- 设计要素
- 构图技巧
- 注意事项
- 操作软件
- 海报种类
- 海报特点

表现形式

店内海报设计：店内海报通常应用于营业店面内，用于店内装饰和宣传。店内海报的设计需要考虑到店内的整体风格、色调及营业的内容，力求与环境相融合。

招商海报设计：招商海报通常以商业宣传为目的，采用引人注目的视觉效果达到宣传某种商品或服务的目的。设计是要表现商业主题，突出重点，不宜太花哨。

展览海报设计：展览海报主要用于展览会的宣传，常分布于街道、影剧院、展览会、商业闹区、车站、码头、公园等公共场所。它具有传播信息的作用，涉及内容广泛、艺术表现力丰富、远视效果强。

平面海报设计：平面海报设计不同于其他海报设计，它是单体的、独立的一种海报广告文案，这种海报往往需要更多的抽象表达。平面海报设计时没有那么多的拘束，可以是随意的一笔，只要能表达出宣传的主体就很好了。所以平面海报设计是比较符合现代广告界青睐的一种低成本、观赏力强的画报。

店内海报

平面海报

设计步骤

（1）这张海报的目的？
（2）目标受众是谁？
（3）受众的接受方式怎么样？
（4）其他同行业类型产品的海报怎么样？
（5）此海报的体现策略是什么？
（6）创意点是什么？
（7）表现手法是什么？
（8）怎么样与产品结合？

设计要素

（1）充分的视觉冲击力，可以通过图像和色彩来实现。

（2）海报表达的内容精炼，抓住主要诉求点。

（3）内容不可过多，突出主体亮点，抓住观看者的欣赏习惯。

（4）一般以图片为主，文案为辅。

（5）主题字体醒目。

构图技巧 

关于构图技巧，除了色彩运用的对比技巧需要借鉴掌握以外，还需考虑几种对比关系。如构图技巧的粗细对比、构图技巧的远近对比、构图技巧的疏密对比、构图技巧的静动对比、构图技巧的中西对比和构图技巧的古今对比等。

★ 构图技巧的粗细对比：对于这种粗细对比有些是主体图案与陪衬图案对比；有些是中心图案与背景图案的对比；有的是一边粗犷如风扫残云，而另一边则如精美的细若游丝；有些以狂草的书法取代图案，这在一些酒类和食品类包装中都能随时随地见到。

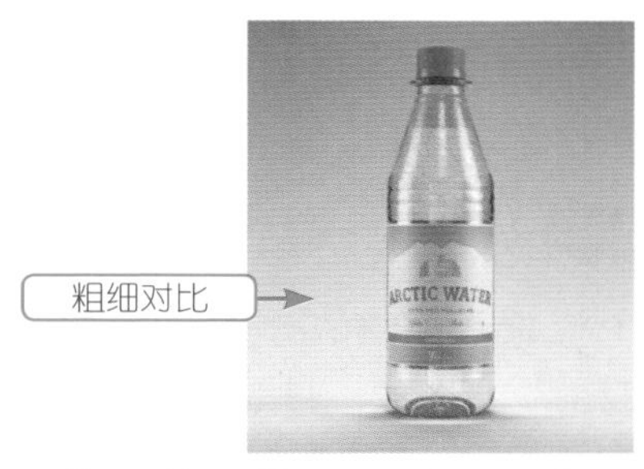

粗细对比

★ 构图技巧的远近对比：在国画山水的构图中讲究近景、中景和远景，而在包装图案的设计中，以同样的原理，也应分为近、中、远几种画面的构图层次。近景多为最抢眼的也是该包装图案中要表达的最重要的内容，中景多为对主体进行说明的文字，远景一般都会作为众星捧月中的星星，只起到修饰作用和作为背景。

远近对比

★ 构图技巧的疏密对比：说起构图技巧的疏密对比，这和色彩使用的繁简对比很相似，也和国画中的飞白很相似，即图案中该集中的地方就须有扩散的陪衬，不宜都集中或都扩散，体现一种疏密协调，节奏分明，有张有弛，显示空灵，同时也不失主题突出。

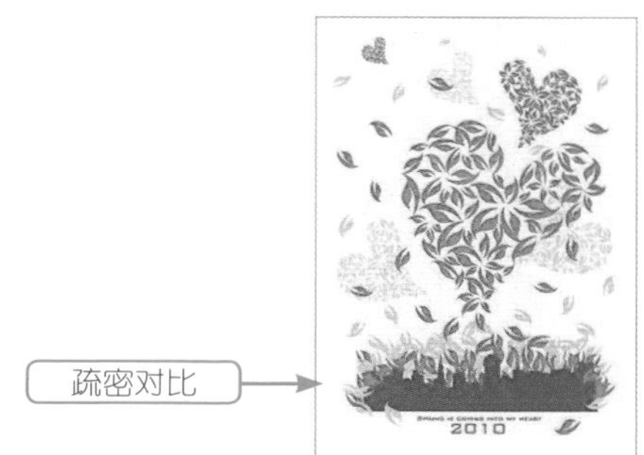

疏密对比

★ 构图技巧的静动对比：在一种图案中，我们往往会发现这种现象，也就是在一种包装主题名称处的背景或周边表现出的爆炸性图案或是看上去漫不经心，实则是故意涂抹的几笔疯狂的粗线条，或飘带形的英文或图案等，无不都是表现出一种“动态”的感觉，而主题名称则端庄稳重，大背景是轻淡平静，这种场面便是静和动的对比。这种对比，避免了独自的花哨和太静的死板，所以视觉效果就感到舒服，符合人们的正常审美心理。

静动对比

★ 构图技巧的中西对比：这种对比往往在外包装设计的画面中利用西洋画的卡通手法和中国传统手法的结合，或中国汉学艺术和英文的结合。

中西对比

★ 构图技巧的古今对比：既有洋为中用就有古为今用，特别是人们为了体现一种文化品位，表现在包装设计构图上常常把古代经典的纹饰、书法、人物、图案用在当前的包装上，这在酒的包装上体现得最为明显。

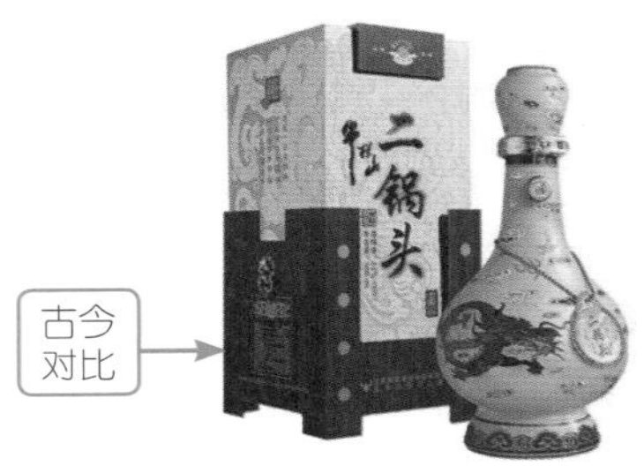

古今对比

注意事项

（1）海报一定要具体真实地写明活动的地点、时间及主要内容。文中可以用些鼓动性的词语，但不可夸大事实。

（2）海报文字要求简洁明了，篇幅要短小精悍。

（3）海报的版式可以做些艺术性的处理，以吸引观众。

操作软件

海报设计一般要用到以下软件：

（1）图像处理软件Photoshop。

（2）矢量软件CorelDRAW、Illustrator等。

海报种类

海报按其应用不同大致可以分为商业海报、文化海报、电影海报和公益海报等，这里对它们进行大概的介绍。

商业海报

商业海报是指宣传商品或商业服务的商业广告性海报。商业海报的设计，要恰当地配合产品的格调和受众对象。

文化海报

文化海报是指各种社会文娱活动及各类展览的宣传海报。展览的种类很多，不同的展览都有其各自的特点，设计师需要了解展览和活动的内容才能运用恰当的方法表现其内容和风格。

电影海报

电影海报是海报的分支，电影海报主要是起到吸引观众注意、刺激电影票房收入的作用，与戏剧海报、文化海报等有几分类似。

电影海报

公益海报

社会公益海报是带有一定思想性的。这类海报具有特定的对公众的教育意义，其海报主题包括各种社会公益、道德的宣传，或政治思想的宣传，弘扬爱心奉献、共同进步的精神等。

海报特点 

尺寸大

海报招贴一般张贴于公共场所，会受到周围环境和各种因素的干扰，所以必须以大画面及突出的形象和色彩展现在人们面前。其画面尺寸有全开、对开、长三开及特大画面（八张全开）等。

远视强

为了使来去匆忙的人们留下视觉印象，除了尺寸大之外，招贴设计还要充分体现定位设计的原理，以突出的商标、标志、标题、图形，或对比强烈的色彩，或大面积的空白，或简练的视觉流程使海报招贴成为视觉焦点。招贴可以说具有广告典型的特征。

艺术性高

就招贴的整体而言，它包括商业招贴和非商业招贴两大类。其中商业招贴的表现形式以具体艺术表现力的摄影、造型写实的绘画或漫画形式表现为主，给消费者留下真实感人的画面和富有幽默情趣的感受。

而非商业招贴，内容广泛，形式多样，艺术表现力丰富。特别是文化艺术类的招贴画，根据广告主题可以充分发挥想象力，尽情施展艺术手段。许多追求形式美的画家都积极投身到招贴画的设计中，并且在设计中运用自己的绘画语言，设计出风格各异、形式多样的招贴画。

实例35 科幻电影海报 

实例目的

本实例的目的是让大家了解在CorelDRAW中各个工具以及命令相结合制作科幻电影海报的方法，如图6-1所示的效果即为海报设计过程。

图6-1 制作流程图

实例 重点

- 通过透明度工具混合多个素材
- 转换为位图
- 通过轮廓图工具调整文字扩展
- 使用图框精确剪裁嵌入图像到文字中

实例 步骤

制作海报背景

STEP 1 执行菜单中的“文件/新建”命令，新建一个空白文档，导入本例需要用到的素材“奔、飞碟、科幻景象、喷泉、月球2、蜘蛛和蜘蛛人”，如图6-2所示。

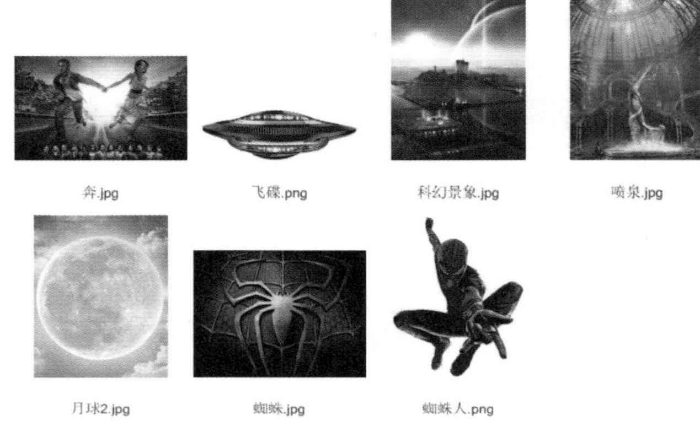

图6-2 导入素材

STEP 2 使用（选择工具）先选择“科幻景象”素材，按Ctrl+End键将其放置到最下层。将“月球2”素材拖动到“科幻景象”素材的上面，执行菜单中的“对象/对齐与分布/在页面居中”命令，将两个图像堆叠在一起，如图6-3所示。

图6-3 移动并对齐

STEP 3 选择“月球2”素材，使用（透明度工具），在属性栏中选择“渐变透明度”，设置“透明度类型”为“椭圆形渐变透明度”，单击（编辑透明度）按钮，如图6-4所示。

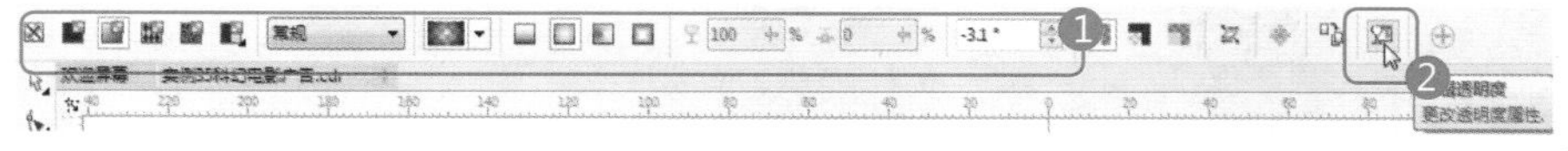

图6-4 设置透明属性

STEP 4 单击（编辑透明度）按钮后，系统会打开“编辑透明度”对话框，其中的参数设置如

图6-5所示。

STEP 5 设置完毕单击“确定”按钮，效果如图6-6所示。

STEP 6 拖动外围白色的控制点向内缩小渐变范围，使效果更加完善，如图6-7所示。

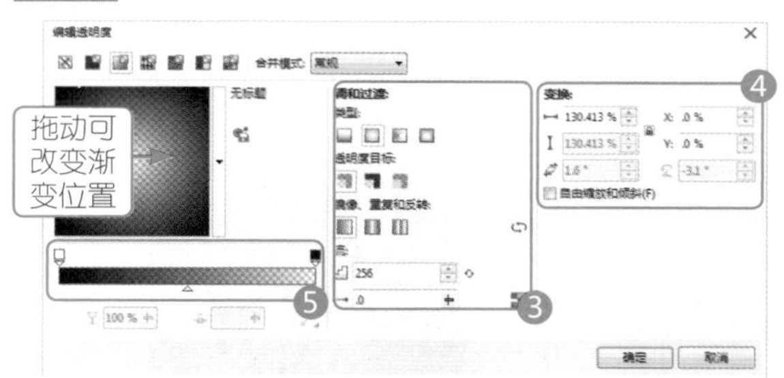

图6-5 “编辑透明度”对话框

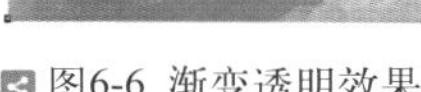

图6-6 渐变透明效果

图6-7 编辑透明范围

技 巧

在“颜色”泊坞窗中选择颜色后，按住鼠标左键向渐变颜色中的色标上拖动，松开鼠标后，能改变控制渐变的颜色，如图6-8所示。

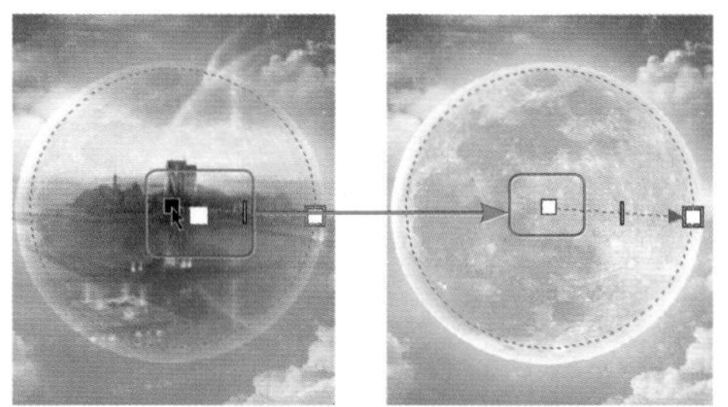

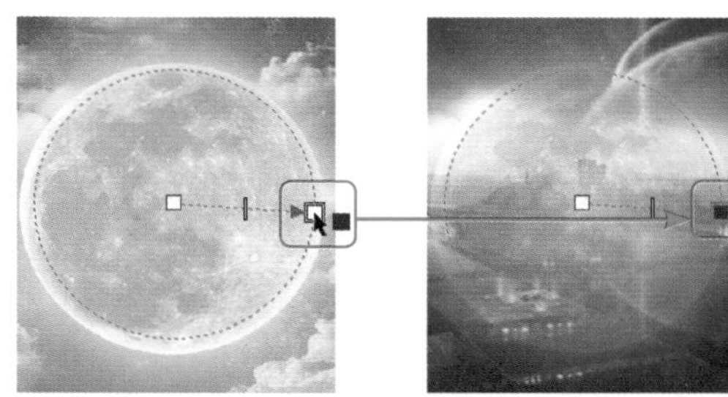

图6-8 编辑渐变颜色

STEP 7 使用（选择工具）将“喷泉”素材移动到“月亮2”素材上面，按P键将“喷泉”素材在页面上居中，如图6-9所示。

STEP 8 使用（透明度工具）在“喷泉”素材上从下向上拖动，创建线性渐变透明，效果如图6-10所示。

STEP 9 拖动渐变控制点，改变渐变透明的位置，效果如图6-11所示。

图6-9 移动

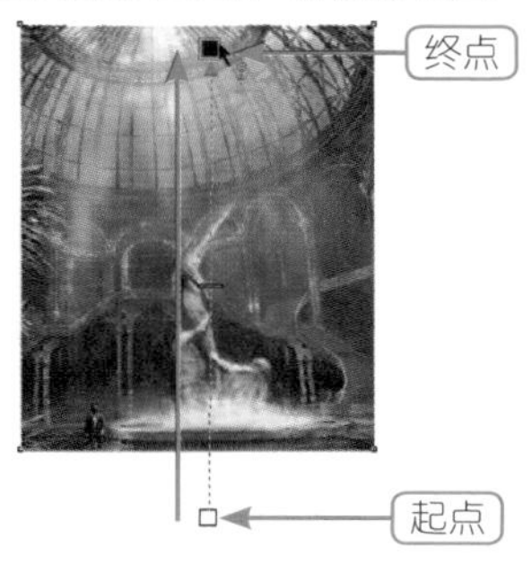

图6-10 线性渐变透明

图6-11 调整渐变位置

STEP10 渐变透明编辑完毕后，使用□（矩形工具）在图像上绘制一个矩形，在“颜色”泊坞窗中单击“黑色”，如图6-12所示。

STEP11 使用（透明度工具）在黑色矩形底部向上拖动创建线性渐变透明，效果如图6-13所示。

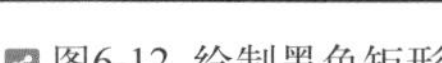

图6-12 绘制黑色矩形

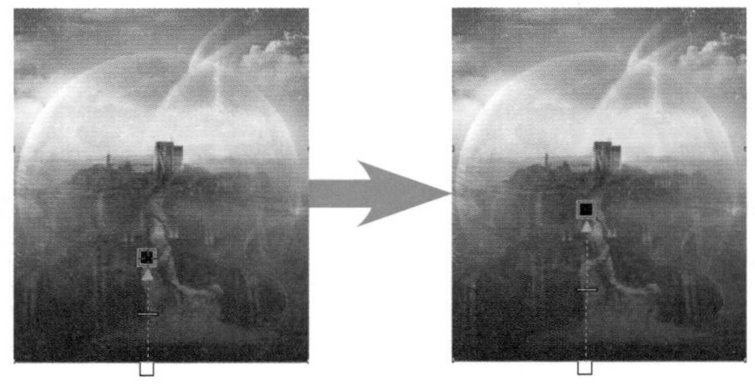

图6-13 渐变透明

STEP12 使用（选择工具）将“奔”素材移动到黑色矩形上面，拖动控制点调整大小，与背景图像宽度保持一致，将底部与后面的图像底部对齐，如图6-14所示。

STEP13 使用（透明度工具）在“奔”底部向上拖动创建线性渐变透明，使图像与背景效果相融合，效果如图6-15所示。

图6-14 移动并调整大小

图6-15 调整渐变透明

STEP14 使用（椭圆工具）在文档中绘制黑色小圆点，移动后单击右键复制，直到复制多个为止，效果如图6-16所示。

STEP15 框选所有小圆点，执行菜单中的“位图/转换为位图”命令，打开“转换为位图”对话框，其中的参数设置如图6-17所示。

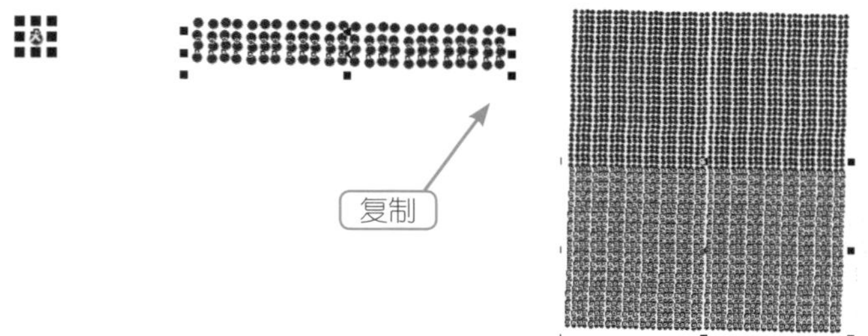

图6-16 绘制小圆点

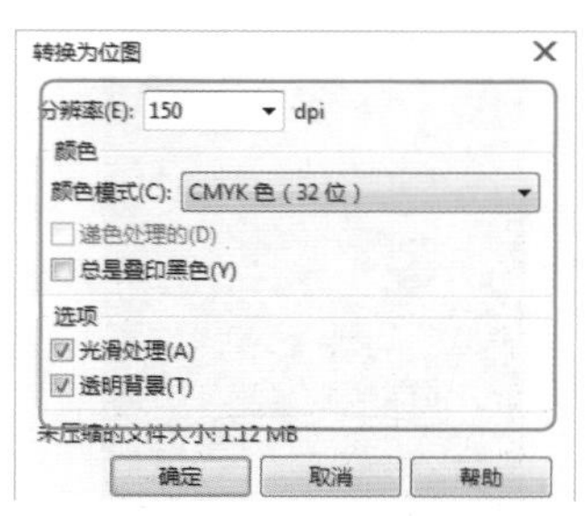

图6-17 “转换为位图”对话框

STEP16 设置完毕单击“确定”按钮，转换为位图后的效果如图6-18所示。

STEP17 执行菜单中的“位图/模糊/缩放”命令，打开“缩放”对话框，其中的参数设置如图6-19所示。

STEP18 设置完毕单击“确定”按钮，效果如图6-20所示。

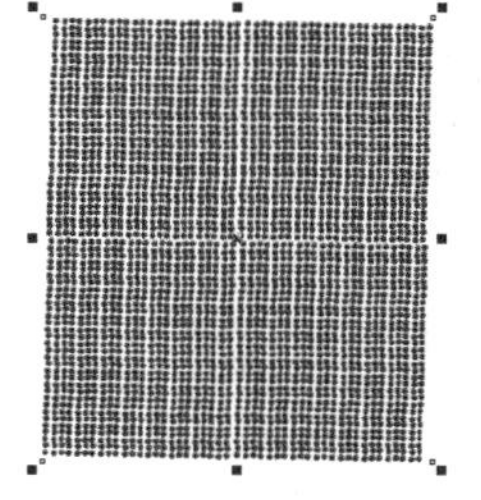

图6-18 转换为位图

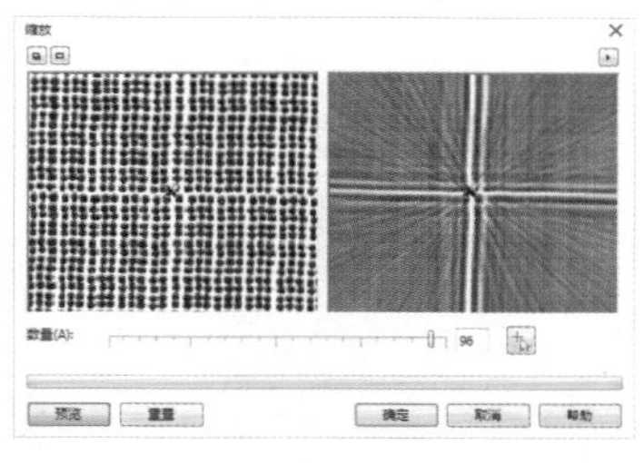

图6-19 “缩放”对话框

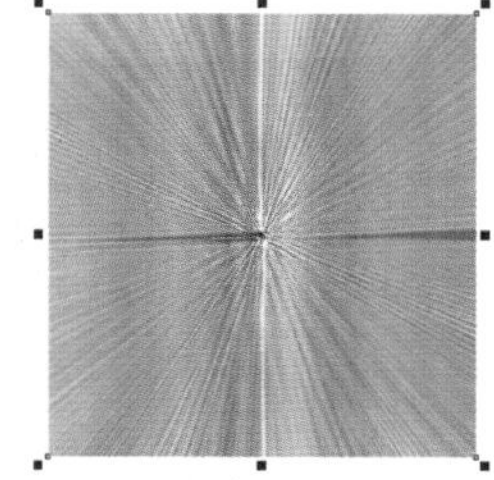

图6-20 缩放效果

STEP19 使用（选择工具）将缩放后的图像移动到背景图上，效果如图6-21所示。

STEP20 选择（透明度工具），在属性栏中设置“透明度类型”为“椭圆形渐变透明度”、“合并模式”为“反转”，单击（编辑透明度）按钮，效果如图6-22所示。

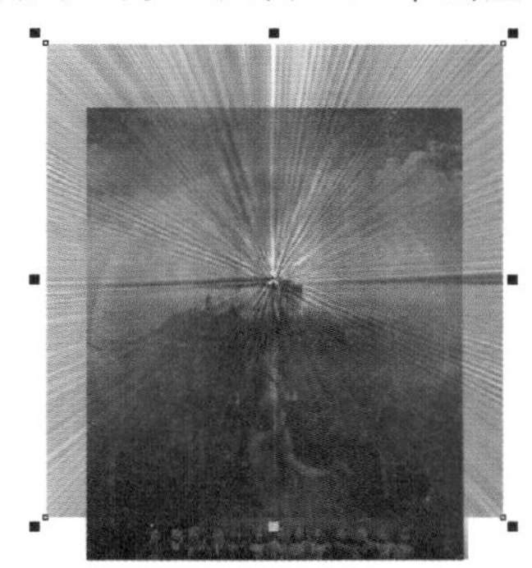

图6-21 移动

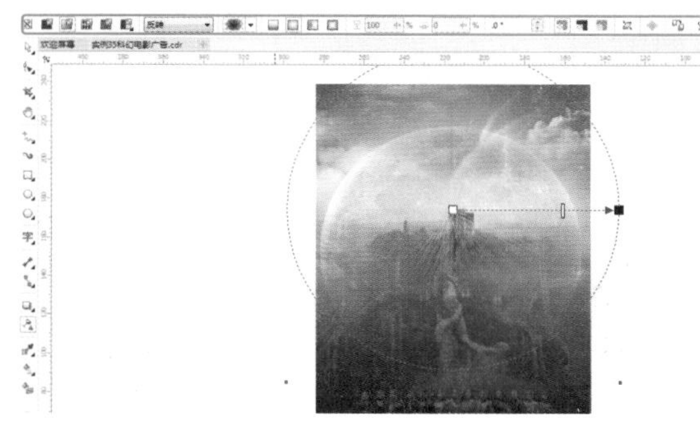

图6-22 设置渐变透明

STEP21 单击（编辑透明度）按钮后，会打开“编辑透明度”对话框，其中的参数设置如图6-23所示。

STEP22 设置完毕单击“确定”按钮，效果如图6-24所示。

STEP23 按Ctrl+PgDn键两次改变对象顺序，至此本例中的背景部分制作完毕，效果如图6-25所示。

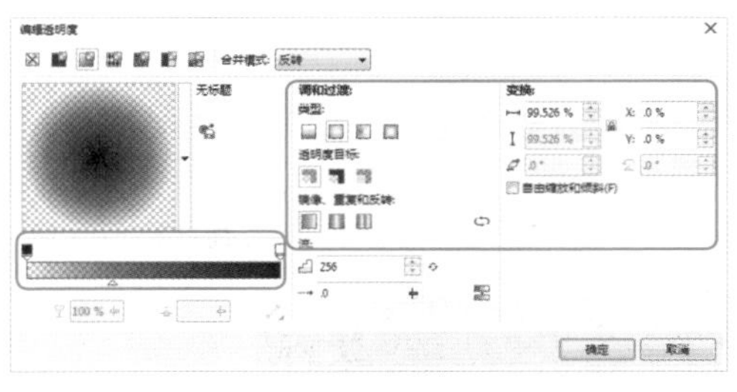

图6-23 “编辑透明度”对话框

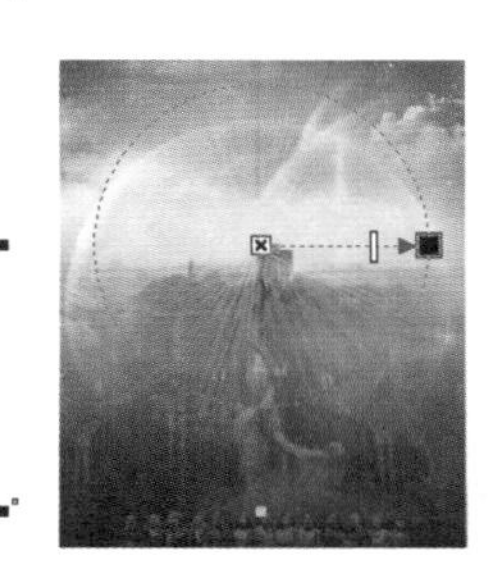

图6-24 渐变透明

图6-25 科幻电影海报背景

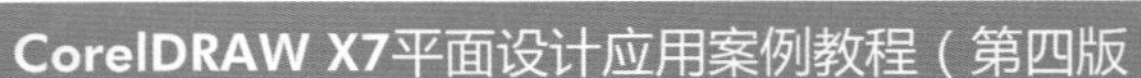

调整海报主角

STEP24 使用（选择工具）将"蜘蛛人"素材移动到背景上面，如图6-26所示。

STEP25 使用（选择工具）将"飞碟"素材移动到背景上面，如图6-27所示。

图6-26 添加主角1

图6-27 添加主角2

STEP26 在"飞碟"素材上单击，将缩放调整框变为旋转与斜切调整框，拖动控制点将素材进行旋转，如图6-28所示。

STEP27 拖动"飞碟"素材到另一位置后，单击鼠标右键复制一个副本，单击后调出旋转与斜切调整框旋转图像，如图6-29所示。

STEP28 复制两个副本移动到相应位置将其缩小，在画面中产生近大远小的效果，至此主角部分制作完毕，如图6-30所示。

图6-28 旋转

图6-29 复制旋转

图6-30 主角制作效果

制作海报文字部分

STEP29 使用（文本工具）在文档中键入文字，选择一个自己喜欢并且与背景相符合的字体，如图6-31所示。

STEP30 选择下面的大文字，使用（轮廓图工具）在文字边缘处向外拖动，使其产生轮廓图效果，如图6-32所示。

图6-31 键入文字

图6-32 添加轮廓图

STEP31 在属性栏中设置“轮廓图步长”为2、“轮廓图偏移”为1，设置“填充色”为“浅绿色”，如图6-33所示。

STEP32 选择上面的小文字，使用（轮廓图工具）在文字边缘处向外拖动，使其产生轮廓图效果，设置“轮廓图步长”为2、“轮廓图偏移”为0.5，设置“填充色”为“浅绿色”，如图6-34所示。

图6-33 设置轮廓图

图6-34 添加轮廓图

STEP33 框选大文字，执行菜单中的“对象/打散轮廓图群组”命令，将文字与轮廓分开，选择“蜘蛛”素材，按住鼠标右键将图像向文字上拖动，如图6-35所示。

STEP34 松开鼠标，此时会弹出如图6-36所示的菜单，选择“图框精确剪裁内部”命令。

图6-35 移动

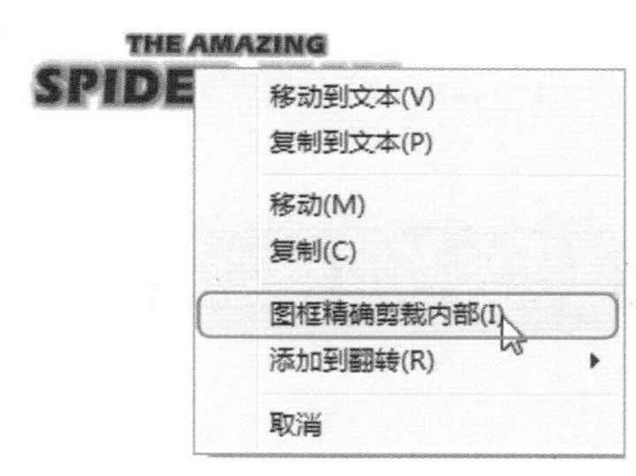

图6-36 选择命令

STEP35 选择“图框精确剪裁内部”命令后，图像会放置到文字容器内，如图6-37所示。

STEP36 按住Ctrl键单击文字，此时会对容器内的图像进行编辑，移动图像到相应位置，如图6-38所示。

图6-37 放置到文字容器内

图6-38 放置到文字容器内

STEP37 编辑完成后，按住Ctrl键在文档空白处单击，系统会完成编辑，效果如图6-39所示。

STEP38 使用（阴影工具）在文字上向外拖动使其产生阴影效果，如图6-40所示。

图6-39 完成编辑

图6-40 添加阴影

STEP39 框选所有文字，将其移动到背景图像上，如图6-41所示。

STEP40 单击调出旋转与斜切调整框，拖动控制点将文字进行旋转与斜切处理，效果如图6-42所示。

STEP41 使用字（文本工具）在添加轮廓图的文字下面键入说明文字，至此“科幻电影海报”制作完毕，效果如图6-43所示。

图6-41 移动

图6-42 旋转与斜切

图6-43 最终效果

实例36 音乐会海报

实例目的

本实例的目的是让大家了解在CorelDRAW中各个工具以及命令相结合制作音乐会海报的方法，如图6-44所示的效果即为海报设计过程。

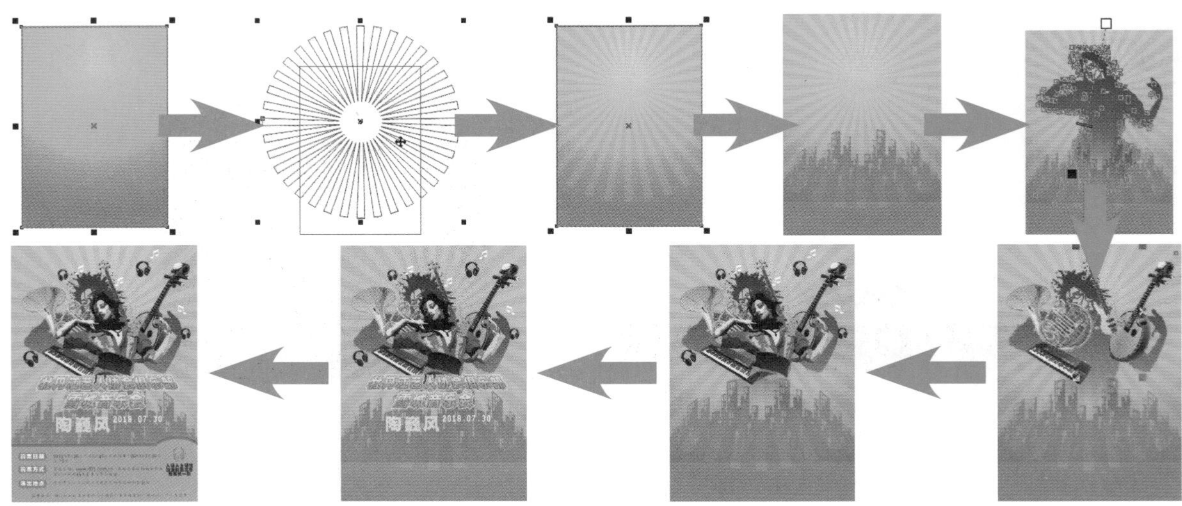

图6-44 制作流程图

实例 重点

- ✱ 交互式填充制作矩形辐射渐变
- ✱ 通过"旋转"命令旋转复制
- ✱ 通过透明度工具混合图像
- ✱ 插入字符
- ✱ 快速描摹
- ✱ 通过轮廓图工具调整文字扩展
- ✱ 使用图框精确剪裁嵌入图像到矩形中

实例 步骤

制作音乐会海报背景

STEP 1 执行菜单中的"文件/新建"命令，新建一个空白文档，使用□（矩形工具）在文档中绘制一个"宽度"为190mm、"高度"为270mm的矩形，如图6-45所示。

STEP 2 选择绘制的矩形，选择工具箱中的◈（交互式填充工具），打开"编辑填充"对话框，其中的参数设置如图6-46所示。

STEP 3 设置完毕单击"确定"按钮，效果如图6-47所示。

图6-45 绘制矩形　图6-46 "编辑填充"对话框　图6-47 填充渐变色

STEP 4 使用□（矩形工具）在文档中绘制一个长方形，填充为白色，如图6-48所示。

STEP 5 选择◈（封套工具），在属性栏中单击□（直线模式）按钮，拖动控制点将矩形变为梯形效果，如图6-49所示。

STEP 6 使用↖（选择工具）单击梯形调出旋转与斜切调整框后，将旋转中心点移动到最右边，如图6-50所示。

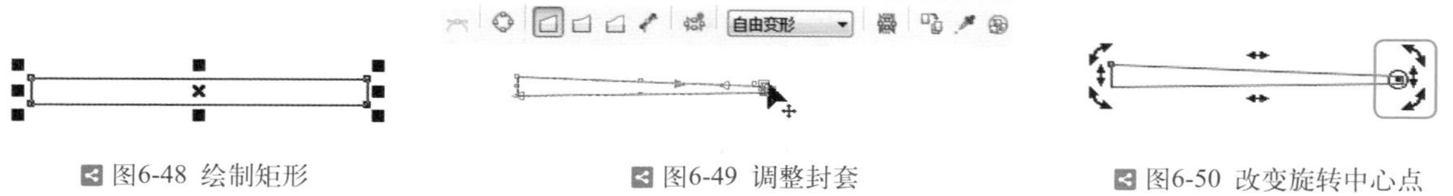

图6-48 绘制矩形　图6-49 调整封套　图6-50 改变旋转中心点

STEP 7 执行菜单中的"对象/变换/旋转"命令，打开"旋转"转换泊坞窗，其中的参数设置如图6-51所示，单击"应用"按钮数次直到旋转一周为止。

STEP 8 框选所有旋转复制的矩形，执行菜单中的"对象/造型/合并"命令，将对象变为一个整体，如图6-52所示。

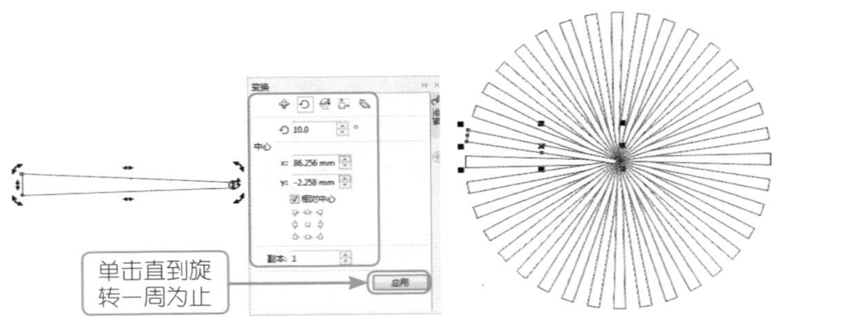

图6-51 绘制

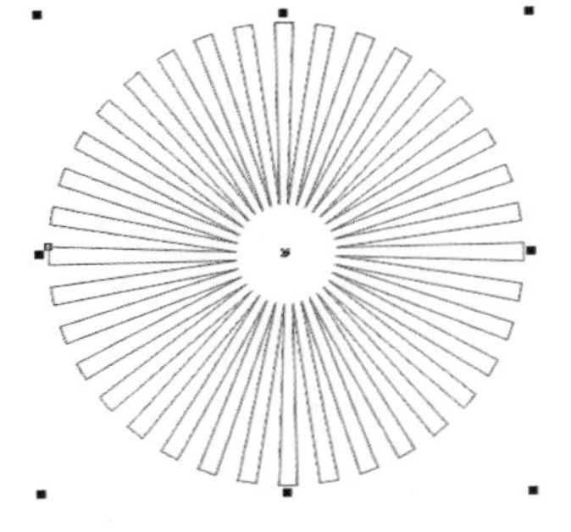

图6-52 调整形状

STEP 9 执行菜单中的“对象/图框精确剪裁/置于图文框内部”命令，此时会出现一个箭头，使用该箭头在渐变矩形上单击，如图6-53所示。

STEP10 单击鼠标，此时会将旋转图形放置到矩形内，执行菜单中的“效果/图框精确剪裁/编辑内容”命令，进入编辑状态后，移动旋转图形到矩形内部，如图6-54所示。

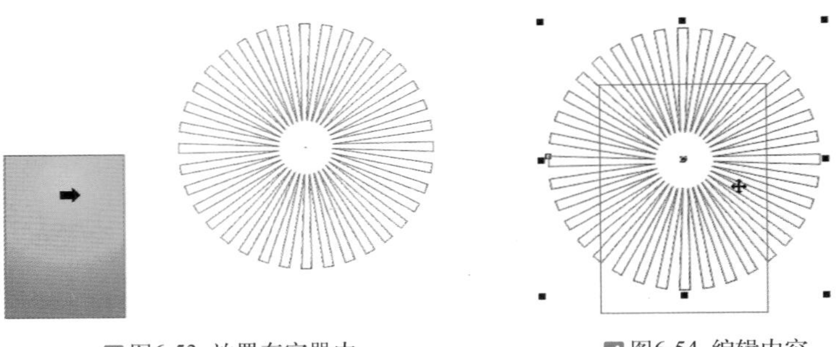

图6-53 放置在容器内　　图6-54 编辑内容

STEP11 选择（透明度工具），在属性栏中设置“透明度类型”为“均匀透明度”、“合并模式”为“常规”、“透明度”为82，取消图形轮廓，如图6-55所示。

STEP12 执行菜单中的“效果/图框精确剪裁/结束编辑”命令，完成编辑，如图6-56所示。

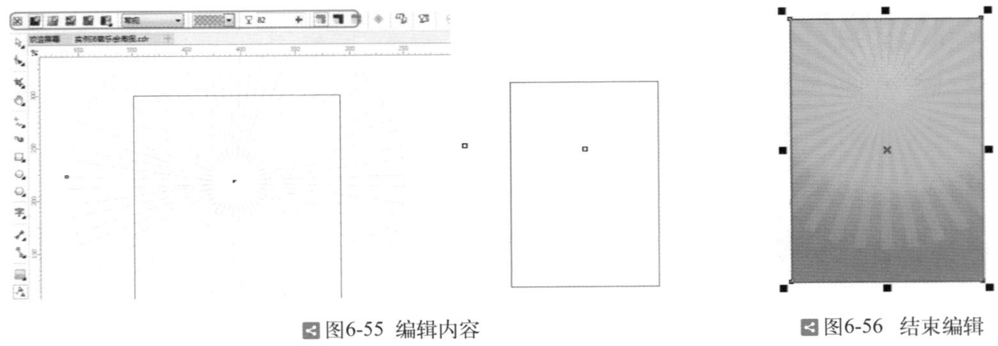

图6-55 编辑内容　　图6-56 结束编辑

STEP13 执行菜单中的“文本/插入字符符号”命令，打开“插入字符”泊坞窗，其中的参数设置如图6-57所示。将选择图形拖动到文档中，将其填充为黑色。

STEP14 复制多个对象，执行菜单中的“对象/造型/接合”命令，将对象变为一个整体，如图6-58所示。

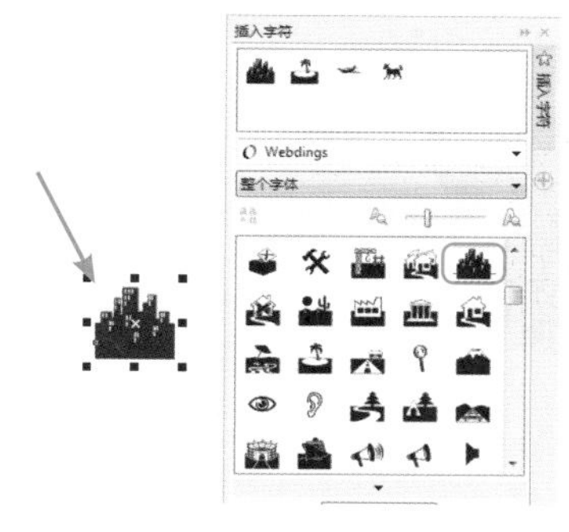

图6-57 插入字符

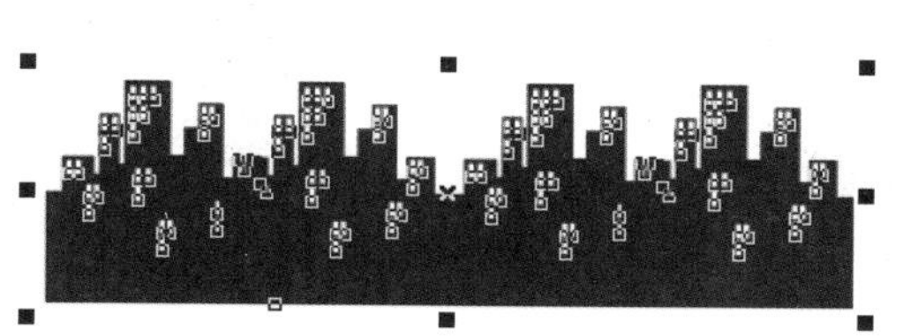

图6-58 接合

STEP15 将图形移动到背景上，选择（封套工具），在属性栏中单击（非强制模式）按钮，拖动控制点改变封套形状，如图6-59所示。

STEP16 选择（透明度工具），在属性栏中设置“透明度类型”为“均匀透明度”、“合并模式”为“如果更暗”、“透明度”为62，至此背景部分制作完毕，效果如图6-60所示。

图6-59 封套

图6-60 背景效果

制作音乐会海报主角

STEP17 导入本例对应的所有素材“音乐人、乐器1、乐器2、乐器3和乐器4”，如图6-61所示。

图6-61 素材

STEP18 选择“音乐人”素材，执行菜单中的“位图/快速描摹”命令，将位图进行描摹处理，效果如图6-62所示。

STEP19 复制一个副本以备后用，将描摹后的图形填充为黑色，执行菜单中的“对象/取消全部群组”命令，再执行菜单中的“对象/结合”命令，得到如图6-63所示的效果。

STEP20 使用（透明度工具）在结合后的图形上从上向下拖动创建线性渐变透明，得到如图6-64所示的效果。

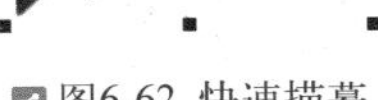
图6-62 快速描摹

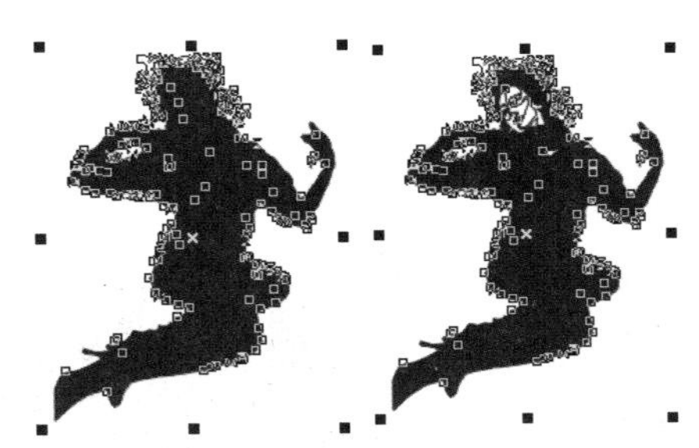
图6-63 填充黑色并结合

图6-64 渐变透明

STEP21 选择导入的乐器，将其移动到背景上并调整大小，效果如图6-65所示。

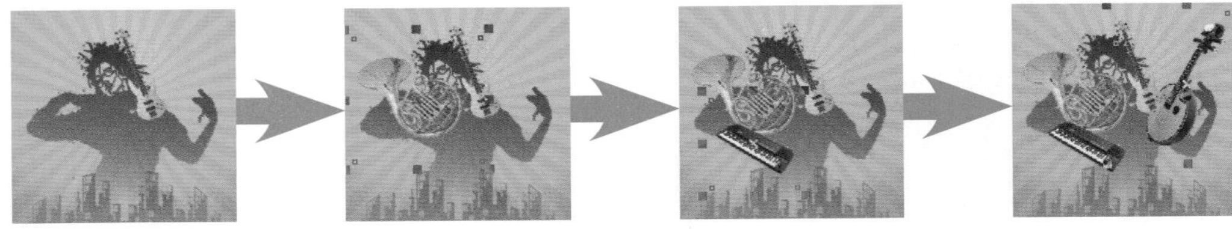
图6-65 移入素材

STEP22 执行菜单中的“文本/插入字符符号”命令，打开“插入字符”泊坞窗，其中的参数设置如图6-66所示。

STEP23 选择上面复制的音乐人描摹图，将其移动到相应位置，如图6-67所示。

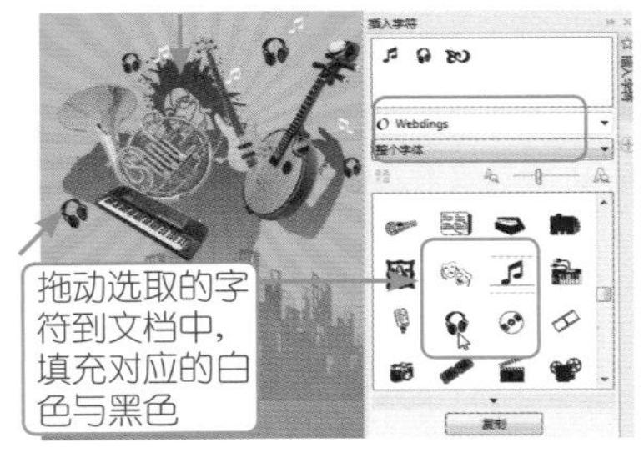

图6-66 插入字符

图6-67 移动图形

技巧

快速描摹的图形通常情况下不能应用（透明度工具），因为描摹后的对象数量太多，遇到这种情况是最好将其转换为位图，再应用（透明度工具）创建透明效果。

STEP24 执行菜单中的“位图/转换为位图”命令，打开“转换为位图”对话框，其中的参数设置如图6-68所示。

STEP25 设置完毕单击“确定”按钮，完成矢量图与位图的转换，此时再使用（透明度工具）在位图中人物的腰部从上向下拖动创建线性渐变透明，此时主角人物部分制作完毕效果如图6-69所示。

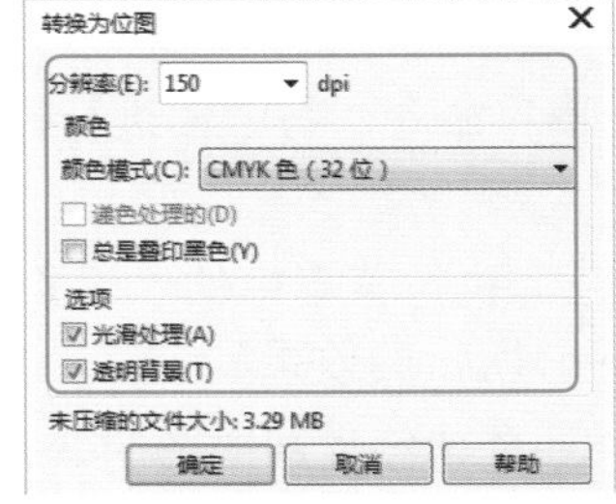

图6-68 “转换为位图”对话框

图6-69 添加透明度效果完成人物区域的制作

制作音乐会海报文字部分

STEP26 使用字（文本工具）在文档的背景图上键入文字，选择一个自己喜欢并且与背景相符合的字体，如图6-70所示。

STEP27 选择工具箱中的（交互式填充工具），打开“编辑填充”对话框，其中的参数设置如图6-71所示。

STEP28 设置完毕单击“确定”按钮，效果如图6-72所示。

图6-70 键入文字

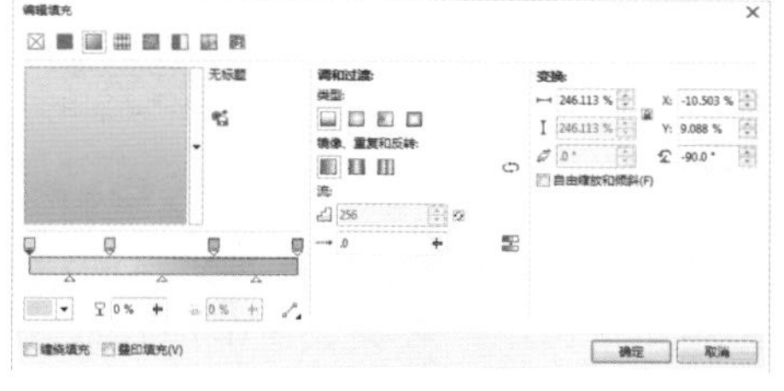

图6-71 “编辑填充”对话框

图6-72 渐变填充效果

STEP29 选择（封套工具），在属性栏中单击（直线模式）按钮，拖动控制点将文字变为透视效果，如图6-73所示。

STEP30 使用（轮廓图工具）在文字边缘处向外拖动，使其产生轮廓图效果，在属性栏中设置“轮廓图步长”为2、“轮廓图偏移”为1，设置“填充色”为“浅绿色”，单击“逆时针轮廓色”，效果如图6-74所示。

图6-73 封套

图6-74 设置轮廓图

STEP31 选择文字，按Ctrl+C键复制，再按Ctrl+V键粘贴，得到一个文字副本，将文字填充白色，如图6-75所示。

STEP32 选择白色文字，选择（透明度工具），在属性栏中设置“透明度类型”为“线性渐变透明度”，再单击（编辑透明度）按钮，打开“编辑透明度”对话框，其中的参数设置如图6-76所示。

图6-75 填充白色

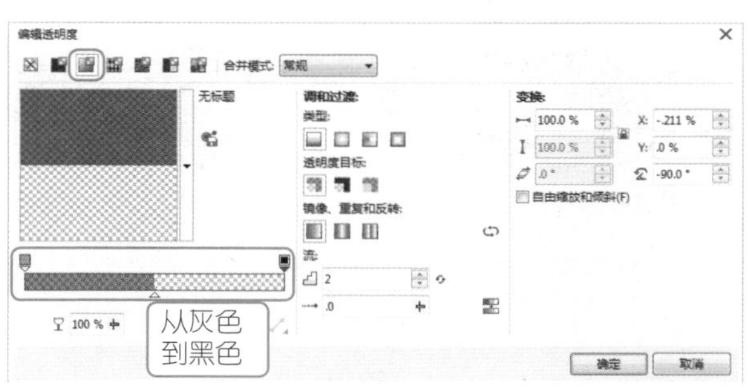

图6-76 “编辑透明度”对话框

STEP33 设置完毕单击“确定”按钮，效果如图6-77所示。

STEP34 复制文字，得到一个文字副本，效果如图6-78所示。

图6-77 渐变透明效果

图6-78 复制

STEP35 使用字（文本工具）在复制的文字上单击进入文字的编辑状态，此时会自动进入“编辑文本”对话框，改变文字内容和文字大小，效果如图6-79所示。

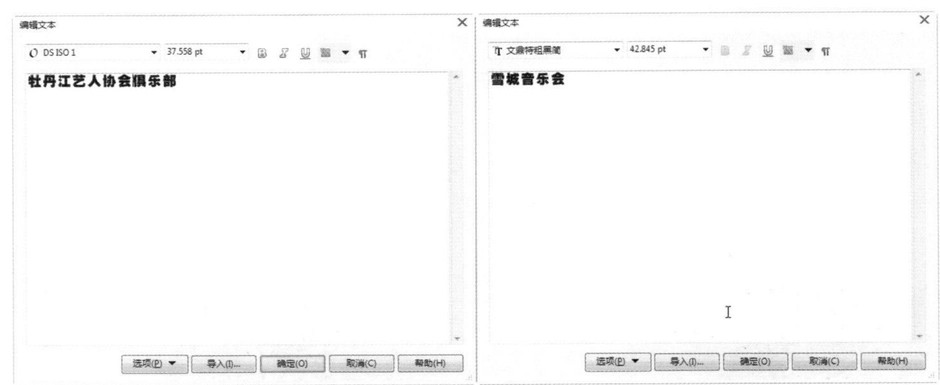

图6-79 编辑文字

STEP36 编辑完毕单击“确定”按钮，完成文字的编辑，效果如图6-80所示。

STEP37 再使用字（文本工具）键入主角姓名和演出时间，此时文字部分制作完毕，效果如图6-81所示。

图6-80 编辑文字

图6-81 文字部分

制作音乐会海报说明部分

STEP38 使用（矩形工具）在背景底部绘制一个绿色矩形，如图6-82所示。

STEP39 按Ctrl+Q键将矩形转换为曲线，使用（形状工具）对曲线进行调整，如图6-83所示。

STEP40 复制编辑的曲线，将其填充为淡绿色，效果如图6-84所示。

图6-82 绘制矩形

图6-83 编辑曲线

图6-84 复制

STEP41 绘制三个紫色的圆角矩形，效果如图6-85所示。

STEP42 此时键入其他相应说明文字，效果如图6-86所示。

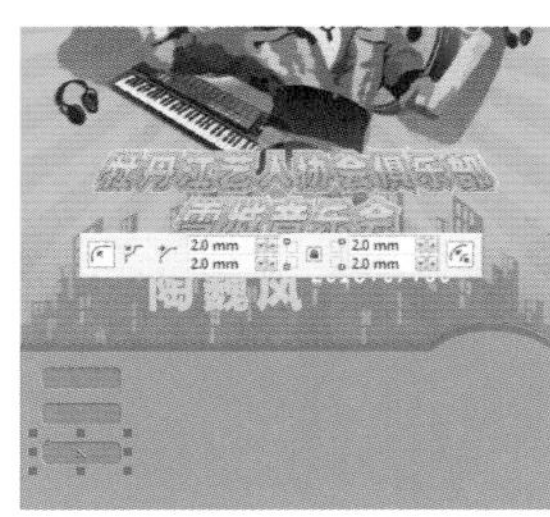

图6-85 绘制圆角矩形

图6-86 键入文字

STEP43 复制上面的耳机矢量图，将其填充为从紫色到橘色的渐变，再键入与耳机对应的文字，此时本例制作完毕，效果如图6-87所示。

图6-87 最终效果

| 实例37　商场促销海报

实例 目的

本实例的目的是让大家了解在CorelDRAW中使用各个工具以及命令相结合制作商场促销海报，如图6-88所示为制作流程图。

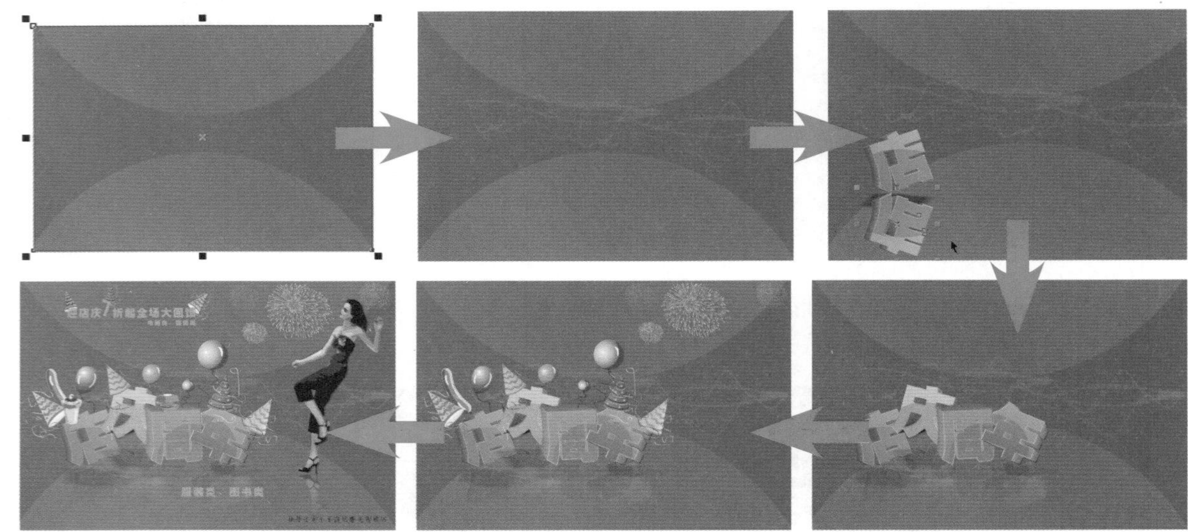

图6-88 制作流程

实例 重点

- 矩形工具
- 渐变填充
- 图框精确剪裁
- 立体化工具
- 转换为位图
- 透明度工具

实例 步骤

在该实例的制作过程中，分为制作促销海报背景、文字、修饰、人物等部分，详细的步骤请扫描右侧的二维码，将电子书推送到自己的邮箱中下载获取，然后进行学习。

| 本章练习

练习

练习“节水公益海报”的制作，要求按照横向A4纸大小，突出节约用水主题。

第7章

CorelDRAW X7

| 插画设计

插画是一种艺术形式，作为现代设计的一种重要的视觉传达形式，以其直观的形象性、真实的生活感和美好的感染力，在现代设计中占有特定的地位，已广泛用于现代设计的多个领域，涉及文化活动、社会公共事业、商业活动、影视文化等方面。

| 本章重点

- 静夜思
- 步步高
- 初秋

学习插画设计应对以下几点进行了解：

- 表现形式
- 功能与作用
- 插画的用途
- 插画的具体分类
- 插画技法

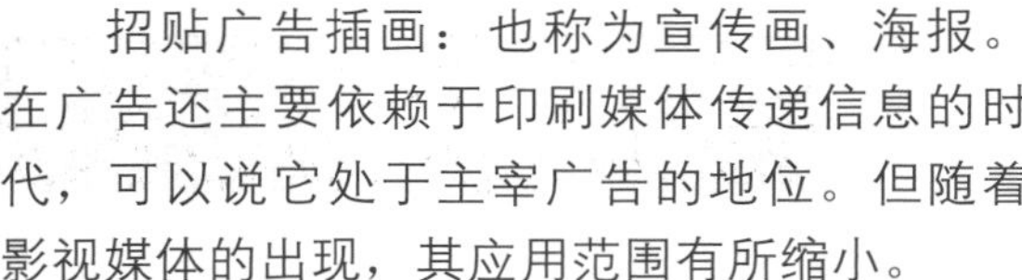

表现形式

招贴广告插画：也称为宣传画、海报。在广告还主要依赖于印刷媒体传递信息的时代，可以说它处于主宰广告的地位。但随着影视媒体的出现，其应用范围有所缩小。

报纸插画：报纸是信息传递最佳媒介之一。它最为大众化，成本低廉，发行量大，传播面广，速度快，制作周期短。

杂志书籍插画：包括封面、封底的设计和正文的插画，广泛应用于各类书籍，如文学书籍、少儿书籍、科技书籍等。这种插画正在逐渐减少，今后在电子书籍、电子报刊中仍将存在。

产品包装插画：产品包装使插画的应用更加广泛。产品包装设计包含标志、图形、文字三个要素。它有双重使命——一是介绍产品，二是树立品牌形象。最为突出的特点在于它介于平面与立体设计之间。

企业形象宣传品插画：它是企业的VI设计，通常包含在企业形象设计的基础系统和应用系统的两大部分之中。

影视媒体中的影视插画：是指电影、电视中出现的插画。一般在广告片中出现的较多。影视插画也包括计算机荧幕。计算机荧幕如今成了商业插画的表现空间，众多的图形库动画、游戏节目、图形表格都成了商业插画的一员。

招贴插画

杂志插画

产品包装插画

影视插画

功能与作用

插画界定

现代插画与一般意义上的艺术插画有一定的区别，从两者的功能、表现形式、传播媒介等方面都有差异。现代插画的服务对象首先是商品。商业活动要求把所承载的信息准确、明晰地传达给观众，希望人们对这些信息正确接收、把握，并让观众在采取行动的同时使他们得到美的感受，因此说它是为商业活动服务的。

而一般意义的艺术插画都有以下三个功能和目的。

（1）作为文字的补充。

（2）让人们得到感性认识的满足。

（3）表现艺术家的美学观念、表现技巧，甚至表现艺术家的世界观、人生观。

现代插画的功能性非常强，偏离视觉传达目的的纯艺术往往使现代插画的功能减弱。因此，设计时不能让插画的主题有产生歧义的可能，必须立足于鲜明、单纯、准确。

现代插画诉求功能

现代插画的基本诉求功能就是将信息最简洁、明确、清晰地传递给观众，引起他们的兴趣，努力使他们相信传递的内容，并在审美的过程中欣然接受宣传的内容，引导他们采取最终的行动。

（1）展示生动具体的产品和服务形象，直观地传递信息。

（2）激发消费者的兴趣。

（3）增强广告的说服力。

（4）强化商品的感染力，刺激消费者的欲求。

插画的用途

在平面设计领域，我们接触最多的是文学插图与商业插画。

文学插图：再现文章情节、体现文学精神的可视艺术形式。

商业插画：为企业或产品传递商品信息，集艺术与商业的一种图形表现形式。

插画作者获得与之相关的报酬，放弃对作品的所有权，只保留署名权，属于一种商业买卖行为。

插画的具体分类

按市场的定位分类：矢量时尚、卡通低幼、写实唯美、韩漫插图、概念设定等。

按制作方法分类：手绘、矢量、商业、新锐（2D平面、UI设计、3D）和像素等。

按插画绘画风格分类：日式卡通插画、欧美插画、韩国游戏插画（由于风格多样化所以只是简单地分类）。另外，国外的风格更广，还有手工制作的折纸、布纹等各种风格。

插画技法

无论是传统画笔，还是电脑绘制，插画的绘制都是一个相对比较独立的创作过程，具有很强烈的个人情感。有关插画的工作有很多种，像服装的、书籍的、报纸副刊的、广告的、电脑游戏的。不同性质的工作需要不同性质的插画人员，所需风格及技能也有所差异。就算是专业的杂志插画，每家杂志社所喜好的风格也不一定相同。所以插画现在越来越商业化，要求也越来越高，达到了专业的水平。再也不同于以前，插画有可能只为表达个人某时某刻的想法。

要画插画，首先要把基本功练好，例如素描、速写。

素描，是训练对光影、构图的了解。而速写则是训练记忆，用简单的笔调快速地绘出影像感觉，让手及脑更灵活。然后就可多尝试用不同的颜料作画，像水彩、油画、色铅笔、粉彩等，从而找到适合自己的上色方式。

当然，也可以使用计算机绘图，像Illustrator、Photoshop、Painter等绘图软件。简单来说，Illustrator是矢量式的绘图软件，Photoshop是点阵式的，而Painter则是可以模仿手绘画笔的。

插画的创作表现可以具象，亦可抽象，创作的自由度极高，当通过摄影无法拍摄到实体影像时，借助于插画的表现则为最佳时机。

实例38 静夜思

实例目的

本实例的目的是让大家了解在CorelDRAW中使用各个工具以及命令相结合制作静夜思插画的方法，如图7-1所示的效果为该实例的设计过程。

图7-1 制作流程图

实例重点

- 交互式填充
- 转换为位图
- 虚光滤镜
- 形状工具
- 艺术笔工具
- 插入字符

实例 步骤

制作静夜思插画背景

STEP 1 执行菜单中的“文件/新建”命令，新建一个空白文档，使用□（矩形工具）在文档中绘制一个“宽度”为278mm、“高度”为198mm的矩形，如图7-2所示。

STEP 2 选择矩形，选择工具箱中的◈（交互式填充工具），打开“编辑填充”对话框，其中的参数设置如图7-3所示。

STEP 3 设置完毕单击“确定”按钮，效果如图7-4所示。

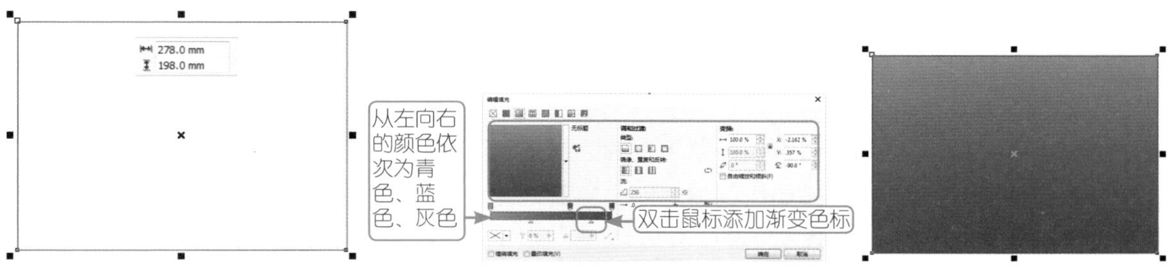

图7-2 绘制矩形　图7-3 “编辑填充”对话框　图7-4 渐变填充效果

STEP 4 选择工具箱中的◌（艺术笔工具），单击属性栏中的◌（喷涂）按钮，设置“类别”为“植物”，在下拉列表中选择“蘑菇”，在页面中水平绘制，效果如图7-5所示。

STEP 5 执行菜单中的“排列/打散艺术笔群组”命令，此时会将画笔路径显示出来，如图7-6所示。

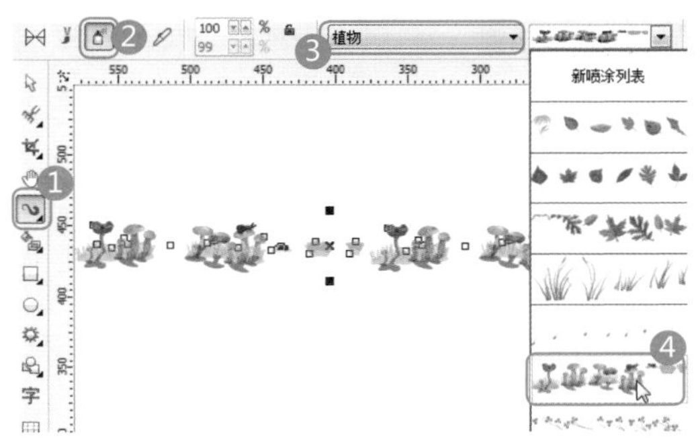

图7-5 绘制蘑菇

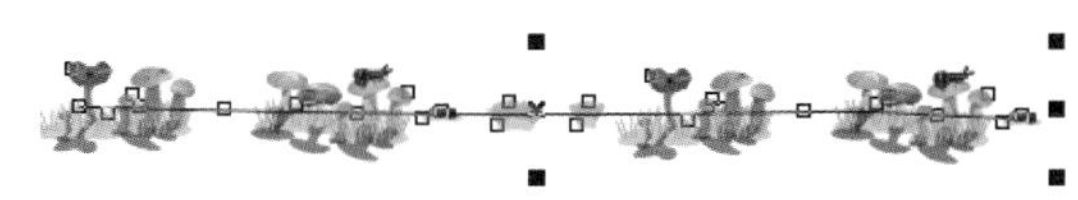

图7-6 打散艺术笔群组

技巧

打散艺术笔群组的好处是，被打散后的对象可以进行缩放；如果不打散缩小时只会将同一路径内的对象减少而不会缩小。

STEP 6 单独选择路径，按Delete键将路径删除，选择绘制的蘑菇，在“颜色”泊坞窗中单击“黑色”，复制黑色蘑菇移动到相应位置，效果如图7-7所示。

STEP 7 使用□（矩形工具）在渐变背景的下面绘制黑色矩形，此时“静夜思插画”背景部分制作完毕，效果如图7-8所示。

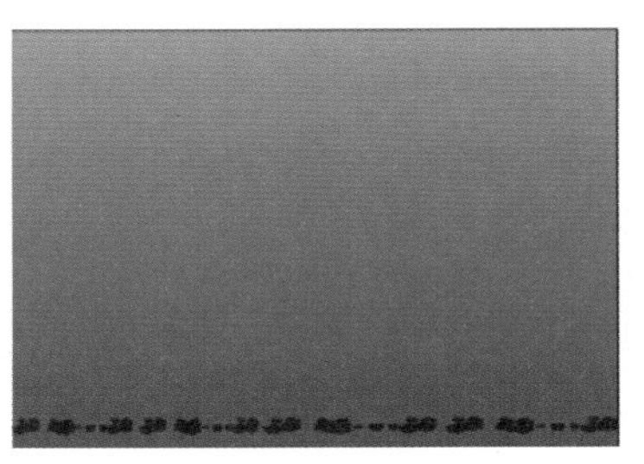

图7-7 填充黑色

图7-8 背景部分

制作静夜思插画天空中的对象部分

STEP 8 下面首先绘制天空中的星星，使用（星形工具）在天空中绘制大小不同的白色四角星，如图7-9所示。

STEP 9 将绘制的星星全部框选，执行菜单中的“对象/造型/合并”命令，效果如图7-10所示。

STEP10 按Ctrl+C键复制，再按Ctrl+V键粘贴，得到一个星星副本，然后执行菜单中的“位图/转换为位图”命令，打开“转换为位图”对话框，其中的参数设置如图7-11所示。

图7-9 绘制星星

图7-10 接合

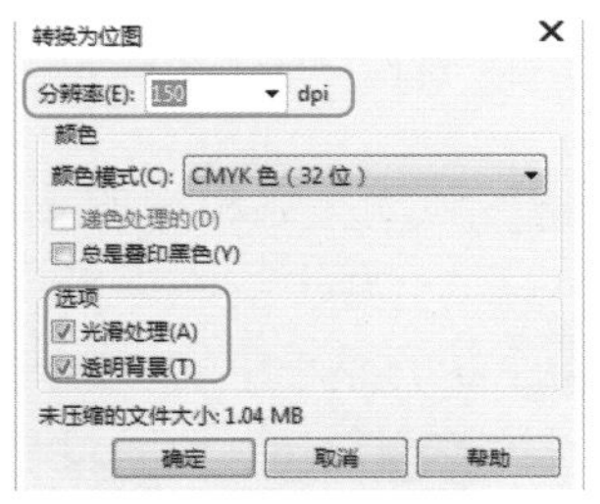

图7-11 转换为位图

STEP11 设置完毕单击“确定”按钮，再执行菜单中的“位图/模糊/高斯式模糊”命令，打开“高斯式模糊”对话框，其中的参数设置如图7-12所示。

STEP12 设置完毕单击“确定”按钮，效果如图7-13所示。

STEP13 下面再绘制一个流星效果，使用（椭圆工具）在天空中绘制一个白色椭圆，如图7-14所示。

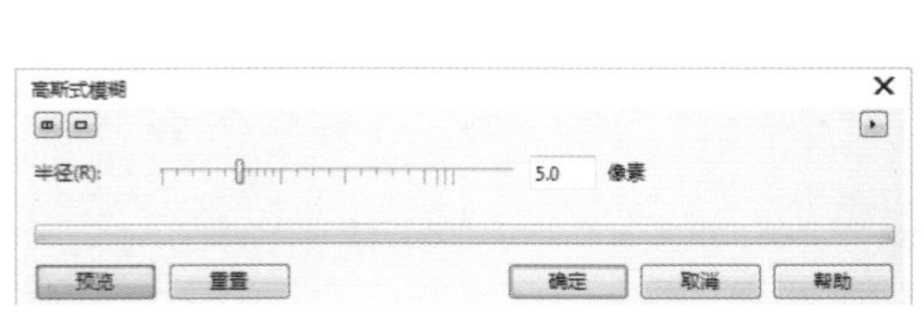

图7-12 高斯式模糊

图7-13 模糊效果

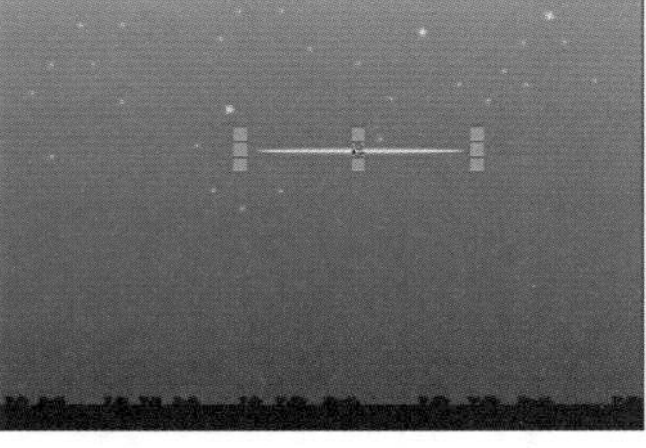
图7-14 白色椭圆形

STEP14 选择椭圆形，执行菜单中的“位图/转换为位图”命令，打开“转换为位图”对话框，设置“分辨率”为150，勾选“光滑处理”和“透明背景”复选框，单击“确定”按钮，将椭圆转换为位图，再执行菜单中的“位图/模糊/高斯式模糊”命令，打开“高斯式模糊”对话框，其中的参数设置如图7-15所示。

STEP15 设置完毕单击“确定”按钮，将流星进行旋转并移动，效果如图7-16所示。

STEP16 使用（透明度工具）在流星右边向左边拖动创建线性透明，如图7-17所示。

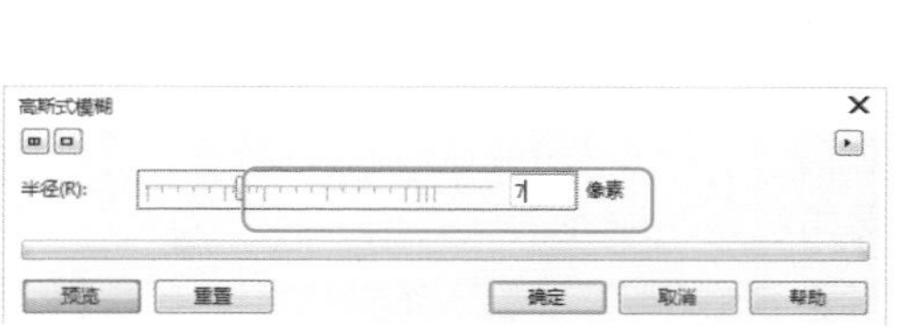

图7-15 “高斯式模糊”对话框

图7-16 模糊效果

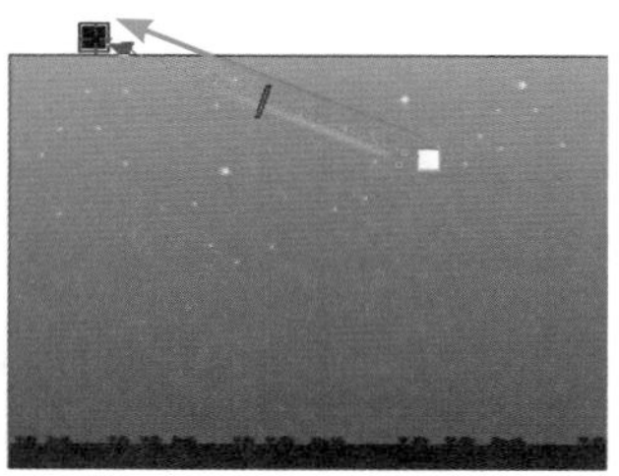

图7-17 线性透明

STEP17 下面制作月亮效果，使用（椭圆工具）绘制一个白色正圆，如图7-18所示。

STEP18 选择椭圆形，执行菜单中的“位图/转换为位图”命令，打开“转换为位图”对话框，设置“分辨率”为150，勾选“光滑处理”和“透明背景”复选框，单击“确定”按钮，将椭圆转换为位图，再执行菜单中的“位图/创造性/虚光”命令，打开“虚光”对话框，其中的参数设置如图7-19所示。

STEP19 设置完毕单击“确定”按钮，将图像稍微拉大一点，效果如图7-20所示。

图7-18 绘制正圆

图7-19 “虚光”对话框

图7-20 虚光效果

STEP20 导入“月亮”素材，移动到相应位置，如图7-21所示。

STEP21 绘制一个与月亮大小一致的白色正圆，使用（透明度工具）在月亮上从上向下拖动创建线性透明，效果如图7-22所示。

图7-21 导入素材

图7-22 添加透明效果

STEP22 选择工具箱中的（艺术笔工具），单击属性栏中的（喷涂）按钮，设置“类别”为“其它”，在下拉列表中选择“云彩”，如图7-23所示。

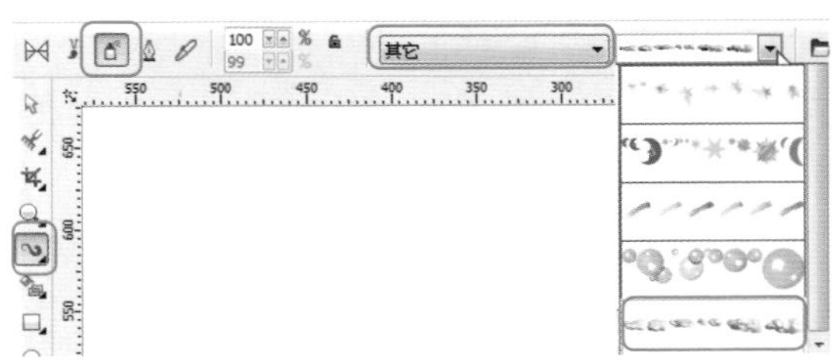

图7-23 选择云彩

STEP23 使用与绘制蘑菇相同的方法，绘制白色云彩，效果如图7-24所示。

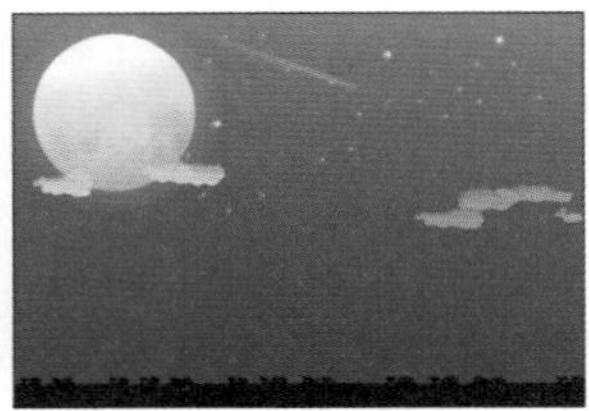

图7-24 绘制白色云彩

STEP24 选择工具箱中的（艺术笔工具），单击属性栏中的（喷涂）按钮，设置“类别”为“其它”，在下拉列表中选择“鸟”，如图7-25所示。

STEP25 使用与绘制蘑菇相同的方法，绘制黑色的鸟，至此静夜思插画天空中对象部分制作完成，效果如图7-26所示。

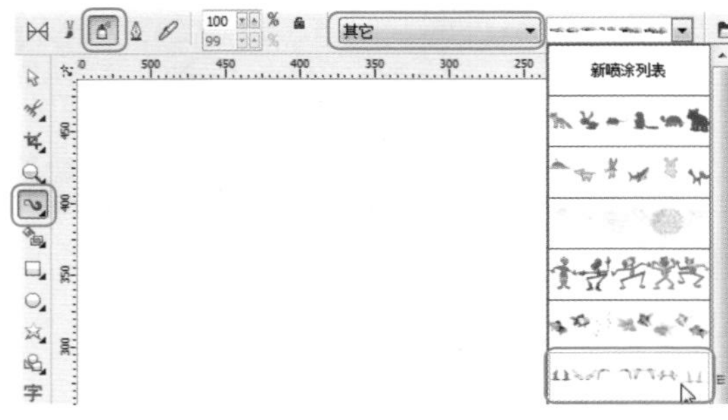

图7-25 选择鸟

图7-26 绘制鸟

制作竹子部分

STEP26 在文档中绘制竹节，方法如图7-27所示。

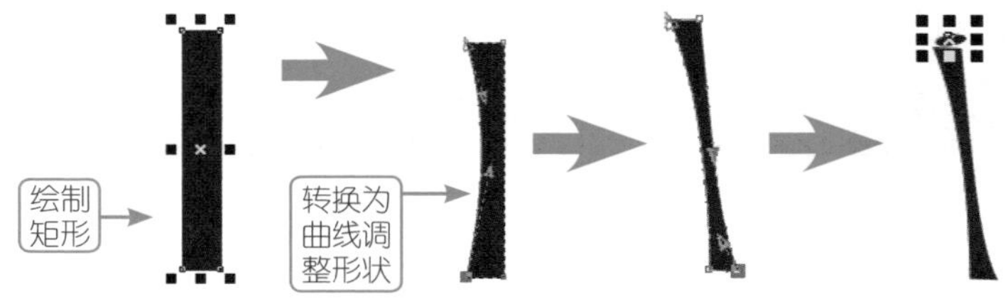

图7-27 绘制竹节

STEP27 复制竹节并缩小，效果如图7-28所示。

STEP28 选择工具箱中的（艺术笔工具），单击属性栏中的（笔刷）按钮，设置“类别”为“书法”，在下拉列表中选择合适的笔触，在竹节上绘制小竹竿，如图7-29所示。

STEP29 使用（贝塞尔工具）绘制一个竹叶笔触，如图7-30所示。

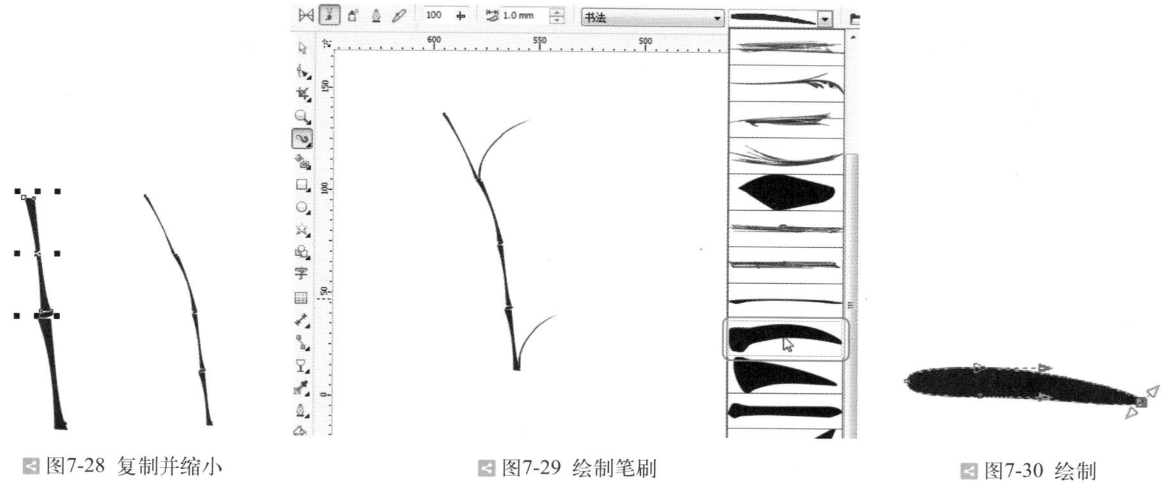

图7-28 复制并缩小

图7-29 绘制笔刷

图7-30 绘制

STEP30 选择工具箱中的（艺术笔工具），单击属性栏中的（笔刷）按钮，单击（保存艺术笔触）按钮，如图7-31所示。

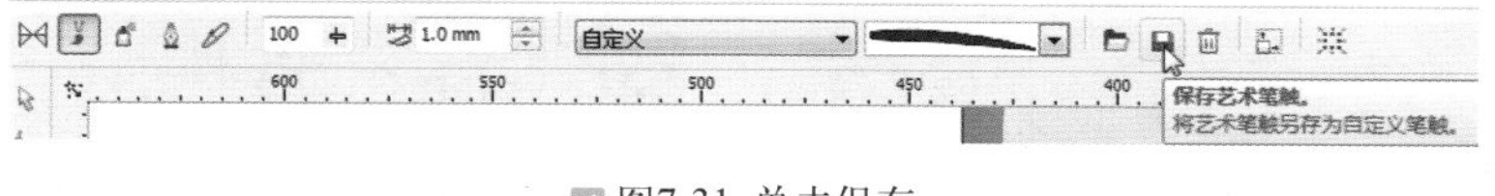

图7-31 单击保存

STEP31 单击（保存艺术笔触）按钮后，系统会弹出如图7-32所示的“另存为”对话框。

STEP32 设置完毕单击“保存”按钮，使用（艺术笔工具）中的（笔刷）按钮，设置“类别”为“自定义”，在竹竿上绘制竹叶，如图7-33所示。

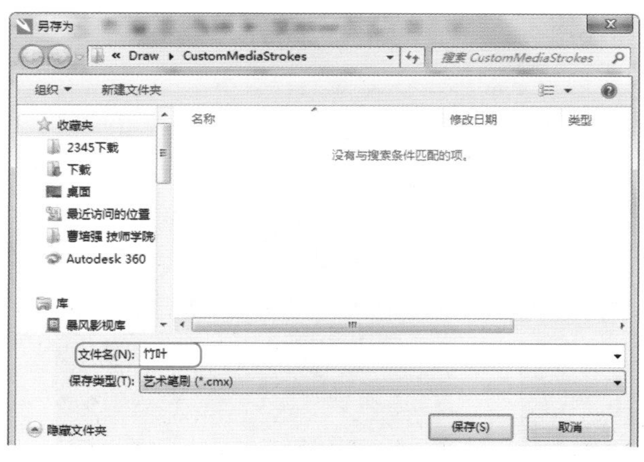

图7-32 另存为

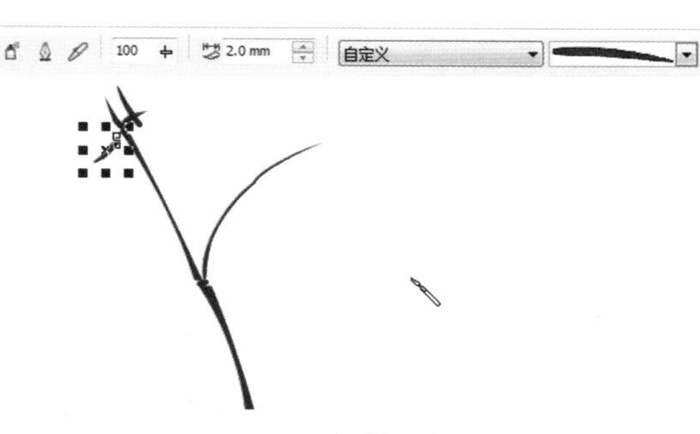

图7-33 绘制竹叶

STEP33 在绘制的同时，要根据竹叶大小调整“画笔宽度”参数值，效果如图7-34所示。

STEP34 框选所有竹竿和竹叶，按Ctrl+G键将其群组，复制群组后，对象得到一个副本，将其缩小，如图7-35所示。

图7-34 绘制竹叶

图7-35 复制并缩小

STEP35 框选所有的竹子，单击（水平镜像）按钮，将其镜像，之后再移动到背景上，效果如图7-36所示。

STEP36 复制一个竹子并缩小，移动到大竹子的边上并进行水平镜像，至此竹子部分制作完毕，效果如图7-37所示。

图7-36 变换并移动

图7-37 竹子部分

制作自行车部分

STEP37 执行菜单中的“文本/插入字符符号”命令，打开“插入字符”泊坞窗，其中的参数设置如图7-38所示。

STEP38 在“插入字符”泊坞窗中，拖动自行车图形到背景图形上，如图7-39所示。

STEP39 单击“颜色”泊坞窗中的“黑色”，为其填充黑色，完成本例的制作，效果如图7-40所示。

图7-38 设置插入字符

图7-39 插入自行车图形

图7-40 最终效果

实例39 步步高

实例 目的

本实例的目的是让大家了解在CorelDRAW中使用各个工具以及命令相结合制作步步高插画的方法，如图7-41所示的效果即为插画设计过程。

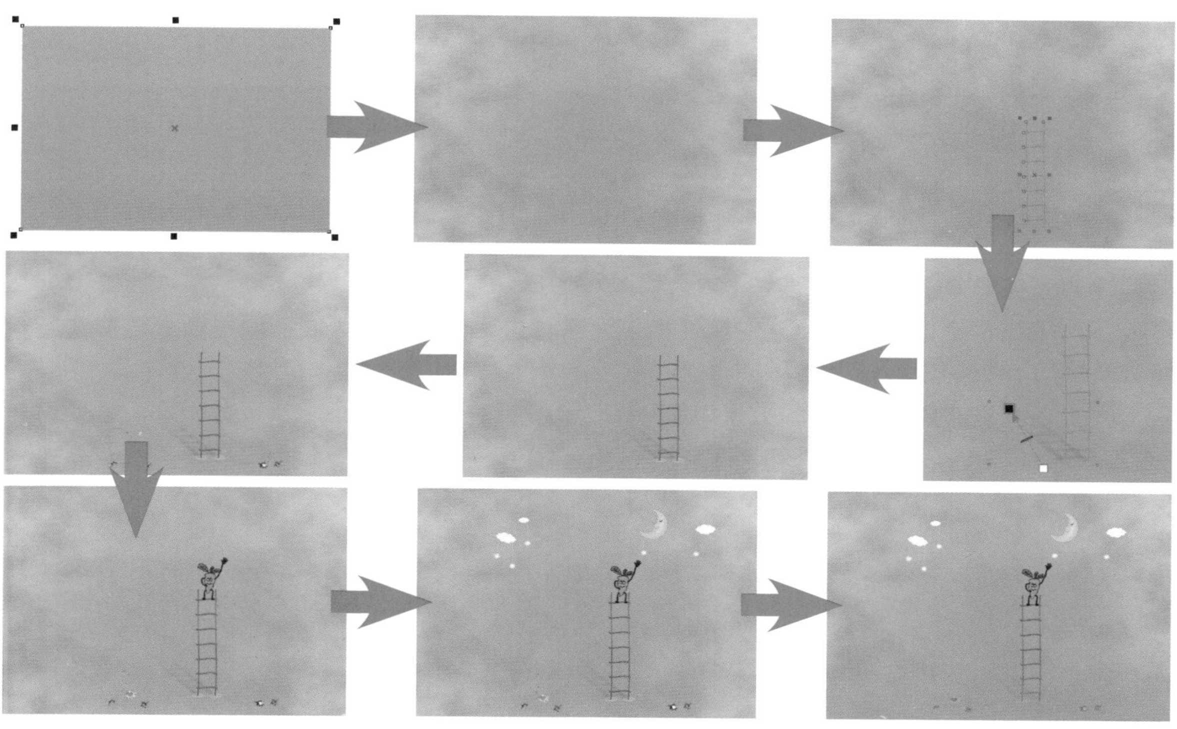

图7-41 制作流程图

实例 重点

- 交互式填充
- 填充底纹
- 椭圆形渐变透明度
- 插入字符
- 艺术笔
- 轮廓图工具

实例 步骤

制作插画背景

STEP 1 执行菜单中的“文件/新建”命令，新建一个空白文档，使用（矩形工具）在文档中绘制一个“宽度”为285mm、“高度”为195mm的矩形，选择绘制的矩形，选择工具箱中的（交互式填充工具），打开“编辑填充”对话框，其中的参数设置如图7-42所示。

STEP 2 设置完毕单击“确定”按钮，取消矩形的轮廓效果如图7-43所示。

STEP 3 按Ctrl+C键复制，再按Ctrl+V键粘贴，得到一个矩形副本，选择（交互式填充工具），打开“编辑填充”对话框，设置参数如图7-44所示。

图7-42 “编辑填充”对话框　　图7-43 渐变填充　　图7-44 设置“底纹填充”

STEP 4 设置完毕单击“确定”按钮，效果如图7-45所示。

STEP 5 选择（透明度工具），在属性栏中设置“透明度类型”为“椭圆形渐变透明度”、“合并模式”为“常规”、“透明度”为50，效果如图7-46所示。

STEP 6 此时背景部分制作完毕，效果如图7-47所示。

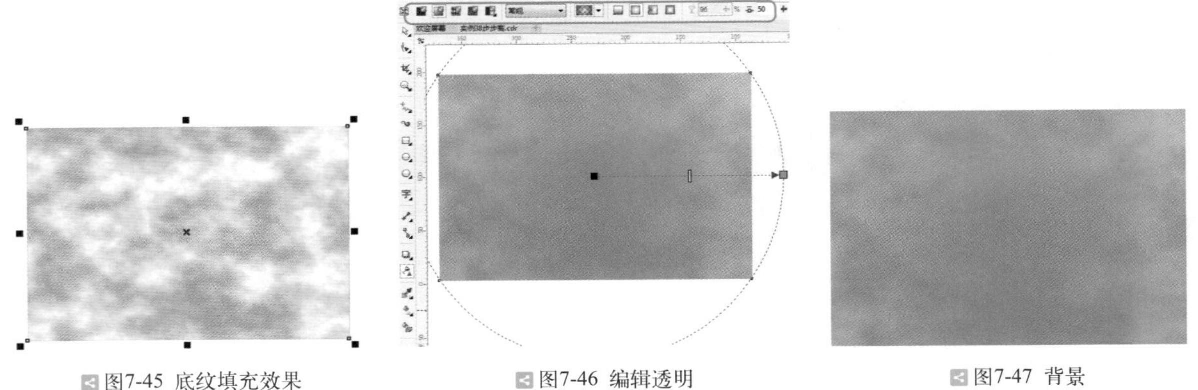

图7-45 底纹填充效果　　图7-46 编辑透明　　图7-47 背景

制作插画梯子

STEP 7 使用（贝塞尔工具）绘制梯子一侧的主干，绘制完成后将对象变窄，如图7-48所示。

STEP 8 复制对象并移到另一面，效果如图7-49所示。

STEP 9 再复制对象缩小后旋转移动到相应位置，如图7-50所示。

STEP10 使用（调和工具）在两个对象之间拖动使其产生调和效果，设置“步长数”为5，效果如图7-51所示。

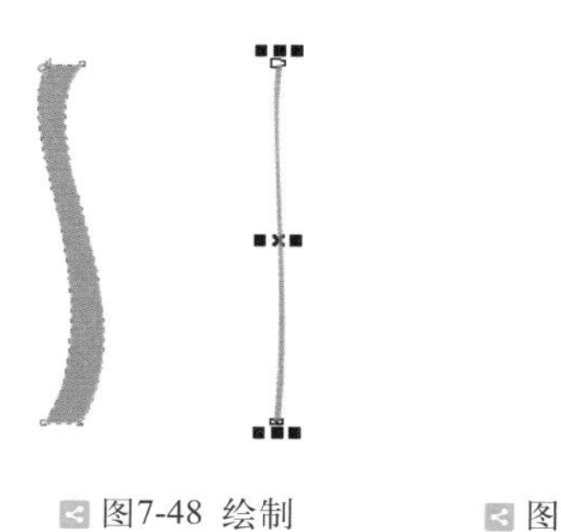
图7-48 绘制

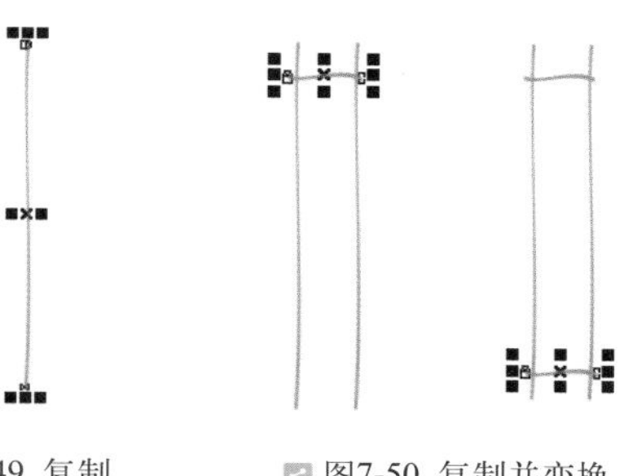
图7-49 复制　　图7-50 复制并变换

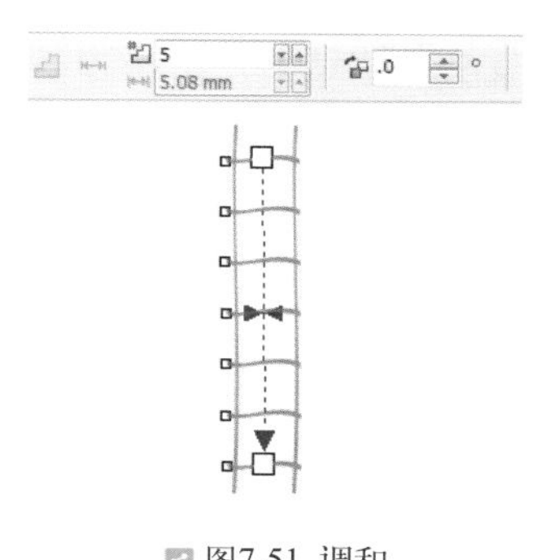

图7-51 调和

STEP11 框选梯子，按Ctrl+G键群组，将群组后的对象移动到背景上，如图7-52所示。

STEP12 使用（阴影工具）在梯子底部向左上角拖动制作阴影，效果如图7-53所示。

STEP13 按Ctrl+K键打散阴影群组，再执行菜单中的“位图/转换为位图”命令，打开“转换为位图”对话框，设置“分辨率”为150，勾选“光滑处理”和“透明背景”复选框，单击“确定”按钮，将阴影转换为位图，再执行菜单中的“位图/模糊/高斯式模糊”命令，打开“高斯式模糊”对话框，其中的参数设置如图7-54所示。

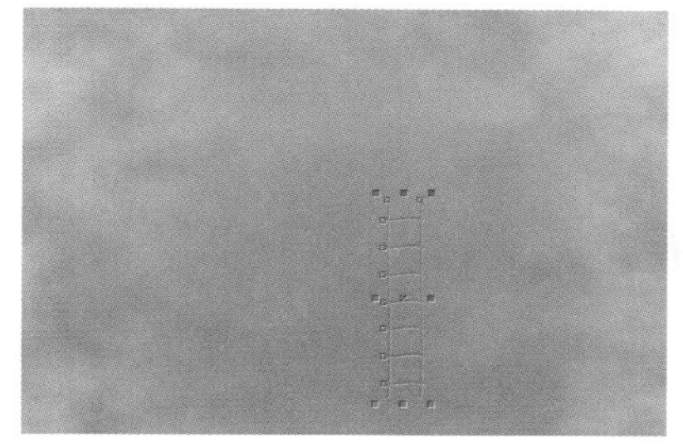
图7-52 移动

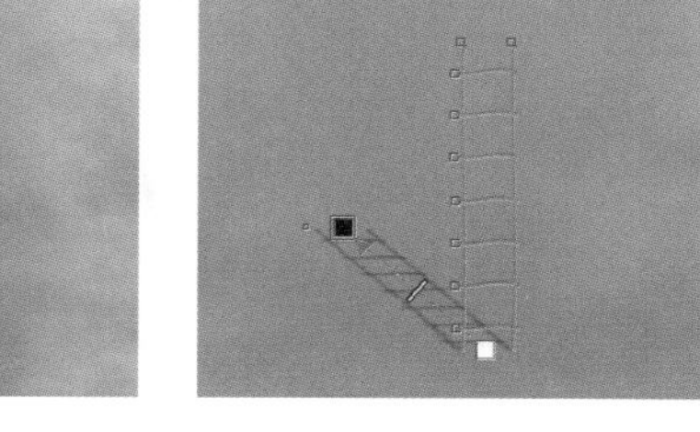
图7-53 制作阴影

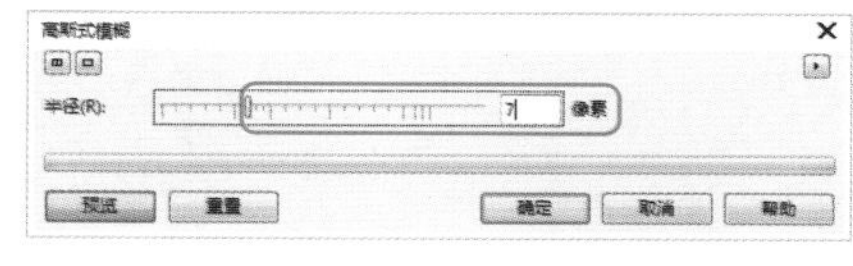
图7-54 “高斯式模糊”对话框

STEP14 设置完毕单击“确定”按钮，效果如图7-55所示。

STEP15 使用（透明度工具）在阴影底部向上拖动，创建线性渐变透明，效果如图7-56所示。

STEP16 选择梯子，复制一个副本，使用（位图图样填充工具），单击“填充挑选器”按钮，打开“填充挑选器”面板，其中的参数设置如图7-57所示。

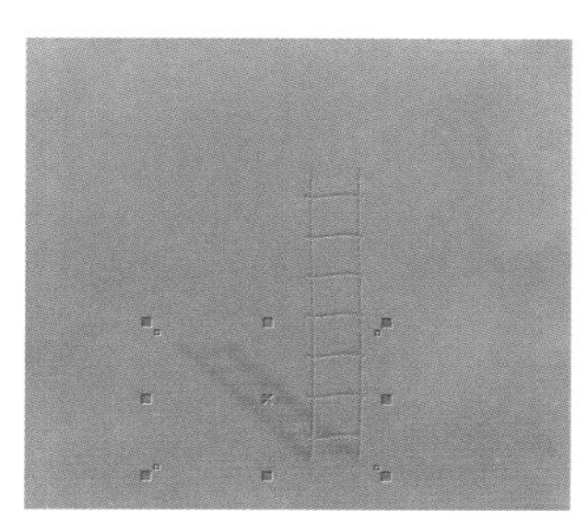
图7-55 模糊效果

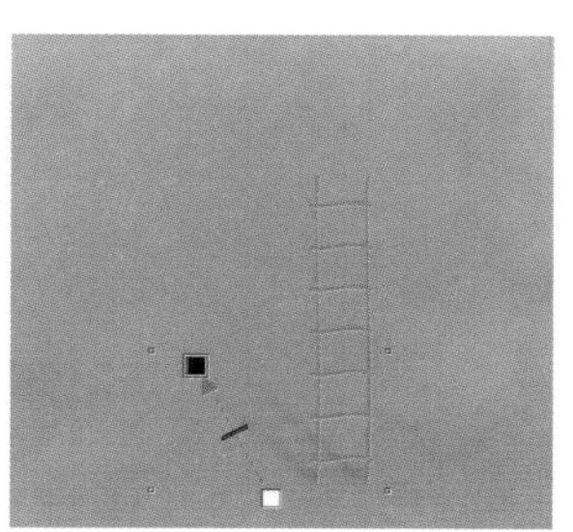
图7-56 添加透明度

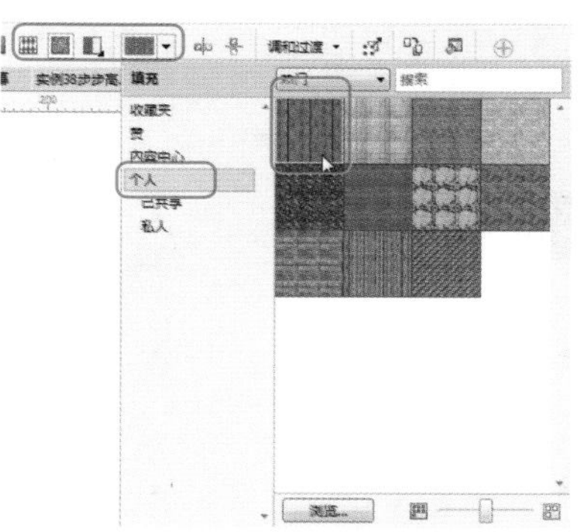
图7-57 图样填充

STEP17 双击选择木纹为其填充，再将对象向下移动，效果如图7-58所示。

STEP18 使用（螺纹工具）在梯子底部绘制两个旋涡，此时梯子部分制作完毕，效果如图7-59所示。

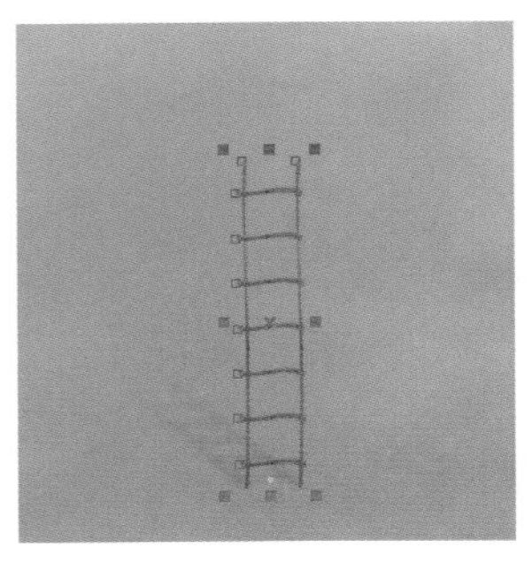

图7-58 图样填充

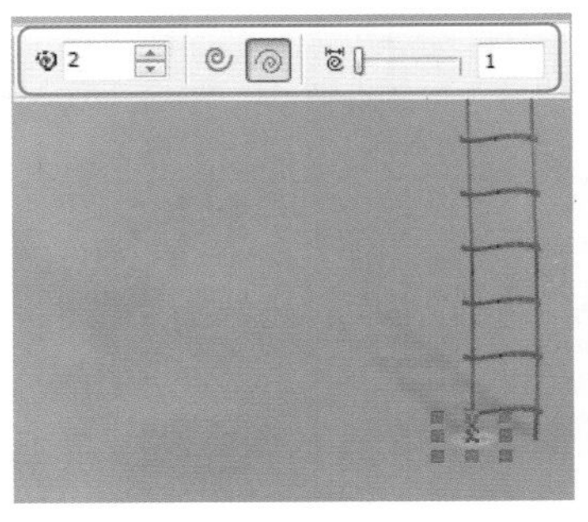

图7-59 绘制螺线完成梯子部分

制作插画水面部分

STEP19 选择工具箱中的（艺术笔工具），单击属性栏中的（喷涂）按钮，设置“类别”为“其它”，在下拉列表中选择“金鱼”，如图7-60所示。

STEP20 在文档中拖动鼠标绘制金鱼，得到如图7-61所示的效果。

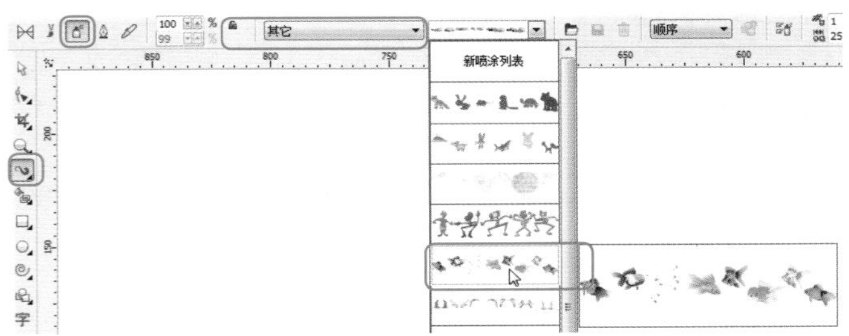

图7-60 选择金鱼

图7-61 绘制金鱼

STEP21 按Ctrl+K键打散艺术笔群组，选择分离出来的路径，如图7-62所示。

STEP22 按Delete键删除路径，选择金鱼后按Ctrl+U键曲线群组，选择其中的几个金鱼和气泡移动到背景中并将对象缩小，至此金鱼部分制作完毕，效果如图7-63所示。

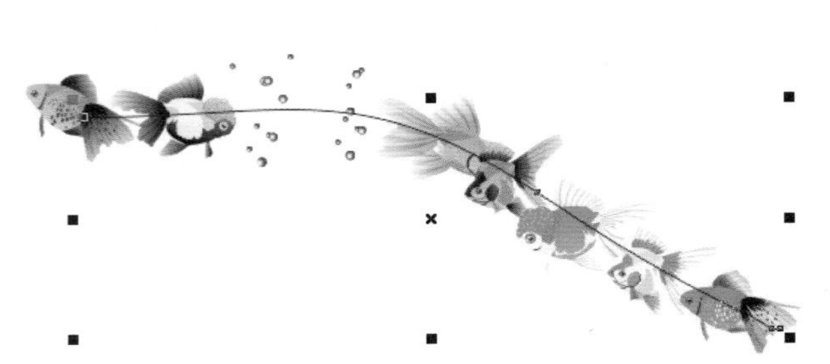
图7-62 选择打散后的路径

图7-63 移动金鱼和气泡

制作插画胡萝卜人部分

STEP23 导入附赠资源中的“素材/第7章/胡萝卜”素材，如图7-64所示。

STEP24 选择工具箱中的（艺术笔工具），单击属性栏中的（压力）按钮，在胡萝卜素材上绘制手脚，如图7-65所示。

图7-64 导入素材

图7-65 绘制胡萝卜

STEP25 此时胡萝卜人部分制作完毕，效果如图7-66所示。

图7-66 胡萝卜人

制作插画天空部分

STEP26 执行菜单中的“文本/插入字符符号”命令，打开“插入字符”泊坞窗，拖动月亮到文档中，填充白色和黄色轮廓，如图7-67所示。

STEP27 按Ctrl+K键打散对象，选择前面大的月亮，如图7-68所示。

STEP28 将小的月亮删除，将大月亮移动到背景上，如图7-69所示。

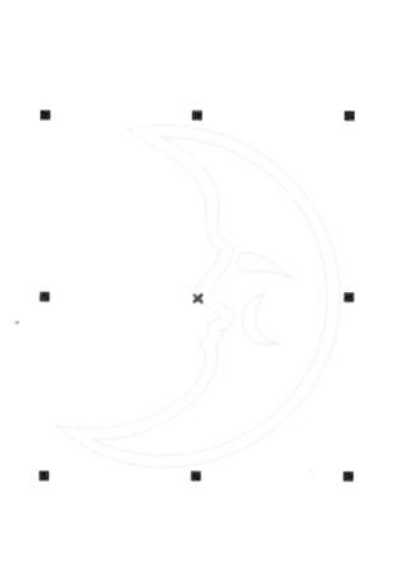

图7-67 月亮

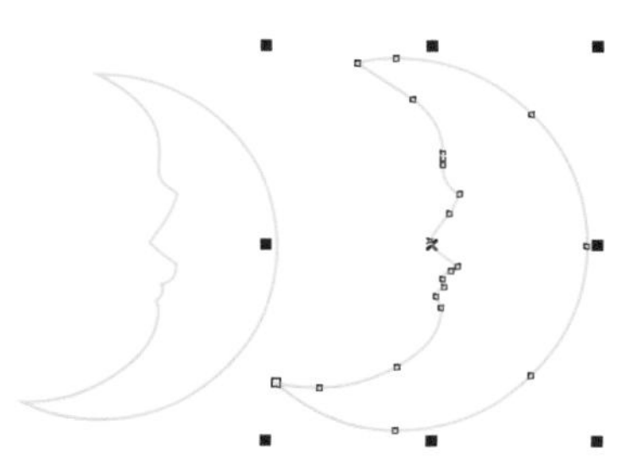

图7-68 打散对像

图7-69 移动

STEP29 使用（轮廓图工具）在轮廓上向内拖动创建轮廓，在属性栏中设置参数，效果如图7-70所示。

STEP30 使用（贝塞尔工具）在月亮上绘制黑色的眼睛和橘色的嘴巴，效果如图7-71所示。

图7-70 创建轮廓

图7-71 设置轮廓图

STEP31 使用（椭圆工具）在天空处绘制白色云彩，如图7-72所示。

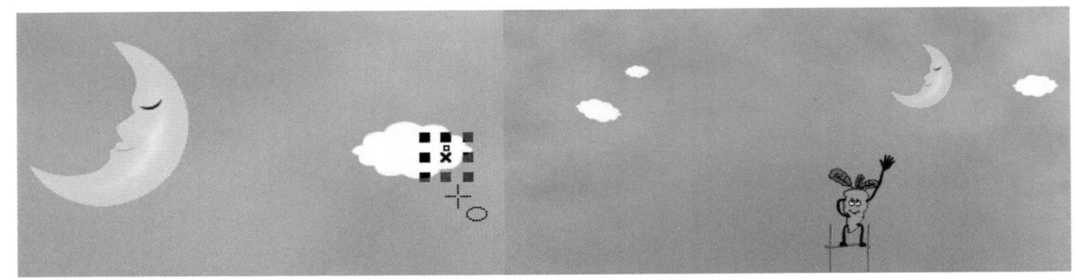
图7-72 白色云彩

STEP32 使用（手绘工具）在云彩和月亮下绘制白色虚线轮廓线，如图7-73所示。

STEP33 使用（复杂星形工具）在轮廓线下绘制白色星形，至此天空部分制作完毕，效果如图7-74所示。

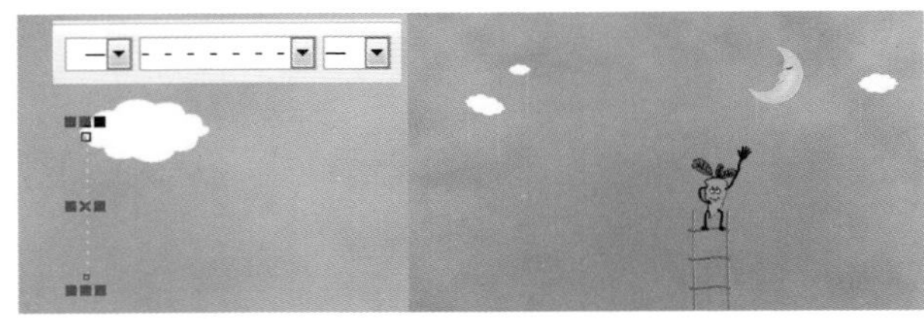
图7-73 绘制轮廓

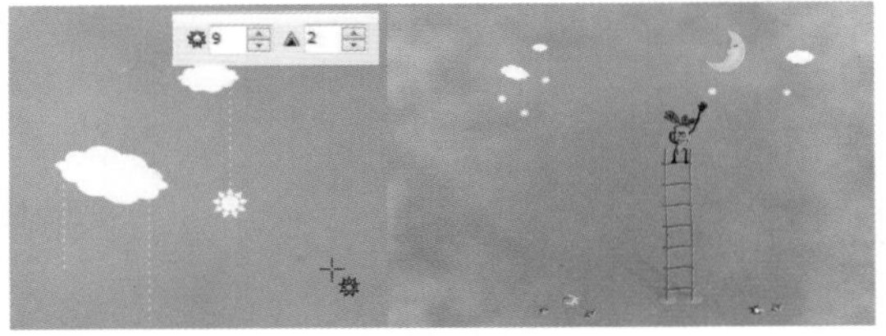
图7-74 星形

制作插画蒙版部分

STEP34 插画制作到现在基本就算完成了，但是水中的鱼给人的感觉有一点太清晰了，下面就为其制作与背景相融合的效果，方法是复制背景填充青色，效果如图7-75所示。

STEP35 使用（透明度工具）在底部向上拖动创建透明，效果如图7-76所示。

STEP36 至此本例制作完毕，效果如图7-77所示。

图7-75　复制

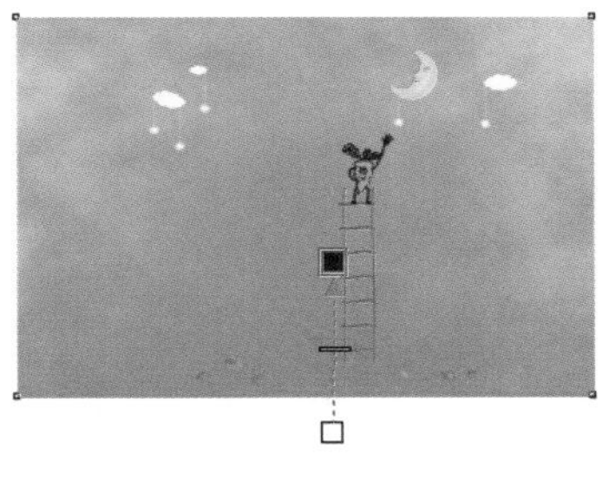
图7-76　创建透明

图7-77　最终效果

实例40　初秋

实例目的

本实例的目的是让大家了解在CorelDRAW中使用各个工具以及命令相结合制作初秋插画的方法，如图7-78所示的效果即为该插画的设计过程。

图7-78　制作流程图

实例重点

- 交互式填充
- 形状工具
- 智能填充
- 艺术笔工具
- 涂抹工具
- 图框精确剪裁

实例步骤

制作插画背景

STEP 1　执行菜单中的“文件/新建”命令，新建一个空白文档，使用□（矩形工具）在文档中绘制一个“宽度”为280mm、“高度”为195mm的矩形，填充为水粉色，如图7-79所示。

STEP 2 复制一个矩形副本，选择（交互式填充工具）后，在属性栏上单击（向量图案填充）按钮，再在打开的向量图案填充挑选器中选择一个图案，如图7-80所示。

STEP 3 设置完毕单击“确定”按钮，效果如图7-81所示。

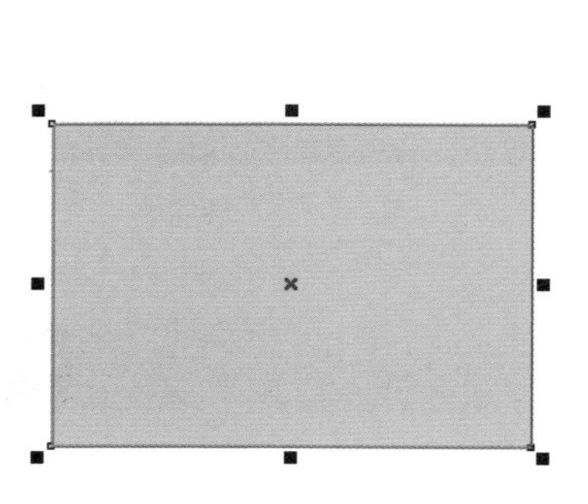

图7-79 绘制矩形

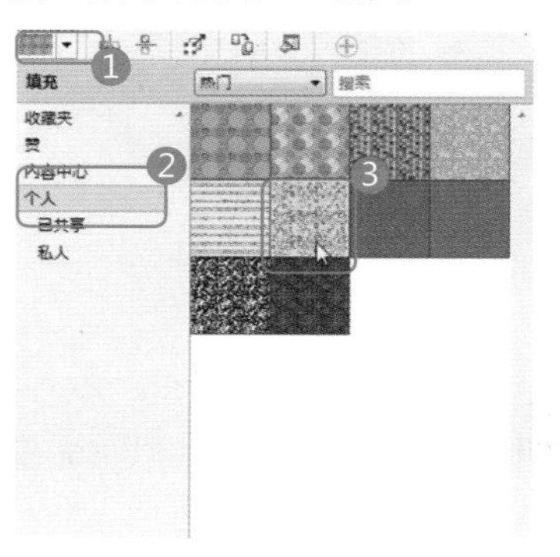

图7-80 “图样填充”对话框

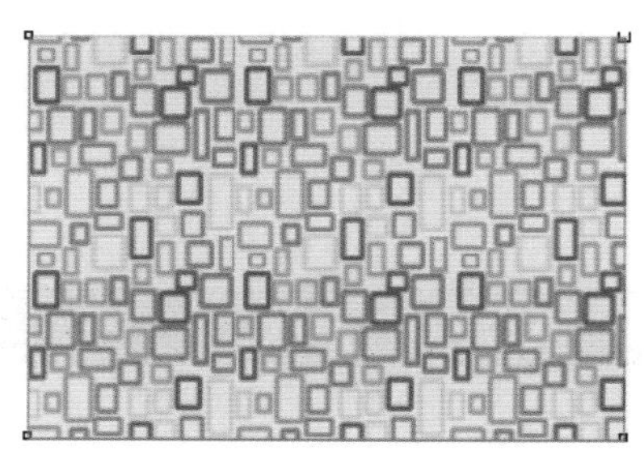

图7-81 图样填充

STEP 4 选择（透明度工具），在属性栏中设置“透明度类型”为“均匀透明度”、“合并模式”为“常规”、“透明度”为91，至此背景部分制作完毕，效果如图7-82所示。

图7-82 设置透明

制作插画中的修饰场景

STEP 5 首先完成林间小路的制作，使用（贝塞尔工具）在文档中绘制封闭的曲线路径，如图7-83所示。

STEP 6 使用（交互式填充工具）从上向下拖动鼠标填充渐变色，设置“从”的颜色为“春绿”、“到”的颜色为“鳄梨绿”，效果如图7-84所示。

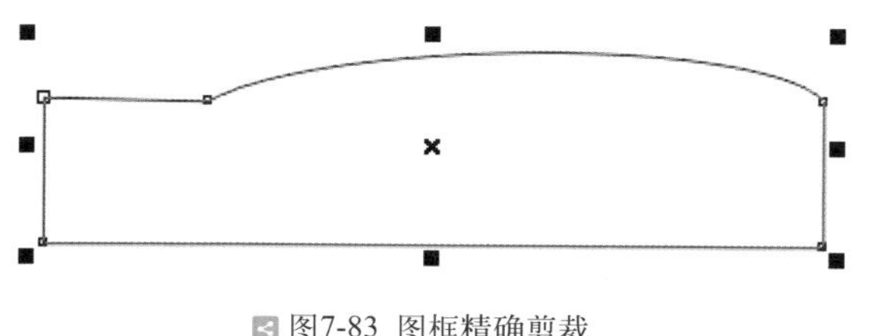

图7-83 图框精确剪裁

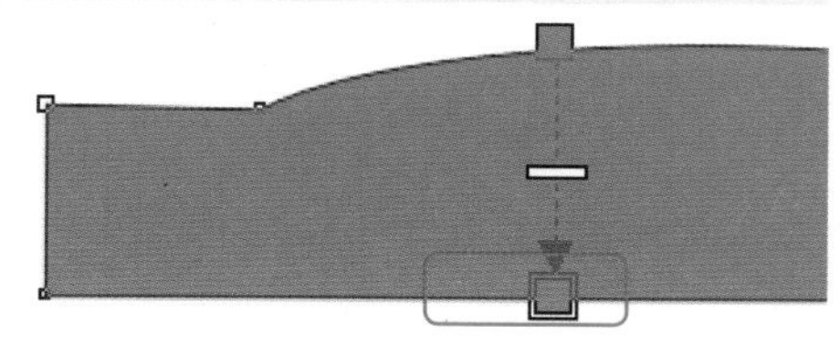

图7-84 填充渐变色

STEP 7 使用（贝塞尔工具）在对象上面绘制封闭曲线，填充“橄榄色”，效果如图7-85所示。

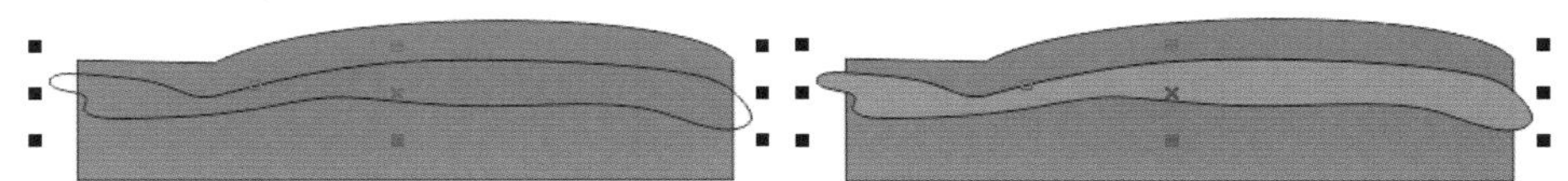

图7-85 填充小路

STEP 8 取消小路的轮廓。选择工具箱中的（艺术笔工具），单击属性栏中的（喷涂）按钮，设置“类别”为“对象”，在下拉列表中选择“彩石”，在小路上绘制石头，如图7-86所示。

STEP 9 选择工具箱中的（艺术笔工具），单击属性栏中的（喷涂）按钮，设置“类别”为“植物”，在下拉列表中选择“草”，在小路上、地下绘制小草，如图7-87所示。

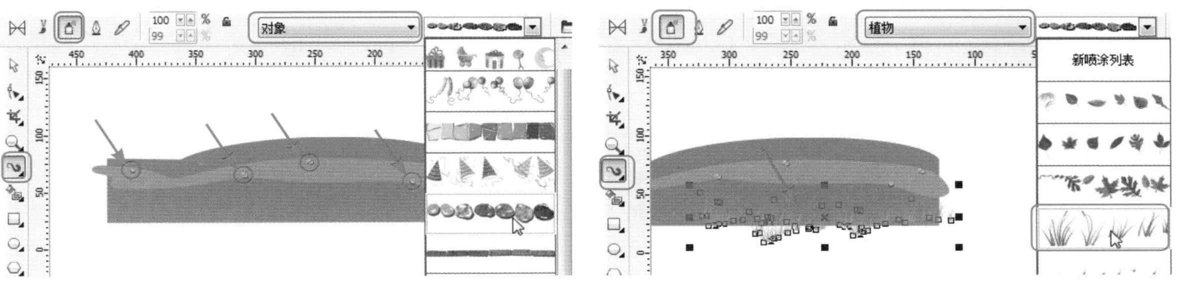

图7-86 绘制石头　　图7-87 绘制小草

STEP10 下面绘制小路上的树，使用（贝塞尔工具）绘制小路上树干的轮廓，并填充棕色，如图7-88所示。

STEP11 使用（涂抹工具）在树干、树枝上按住鼠标左键拖动涂抹出树枝，如图7-89所示。

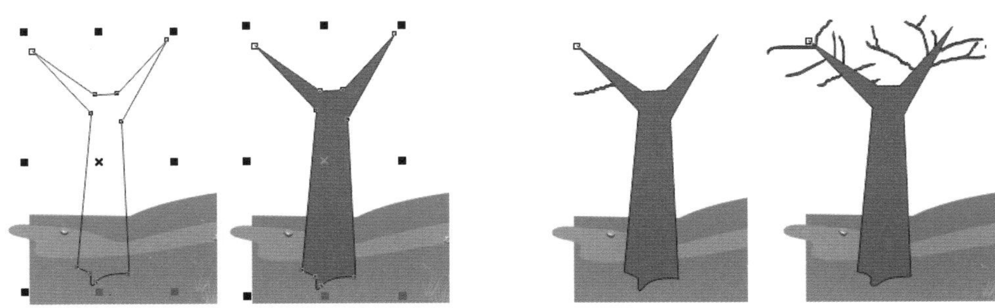

图7-88 绘制树干并填充　　图7-89 涂抹出树枝

提 示

使用（涂抹工具）可以使曲线轮廓变得扭曲，并且会在扭曲的部分生成若干个节点，方便用户对曲线扭曲的形状进行编辑和调整。

STEP12 下面绘制树叶。选择工具箱中的（艺术笔工具），单击属性栏中的（喷涂）按钮，设置“类别”为“植物”，在下拉列表中选择“树叶”，在文档上绘制树叶，如图7-90所示。

STEP13 按Ctrl+K键打散，将路径删除，再按Ctrl+U键，选择其中的一个树叶移动到树枝上，如图7-91所示。

STEP14 复制多个树枝上的树叶，将其放置到树冠上，如图7-92所示。

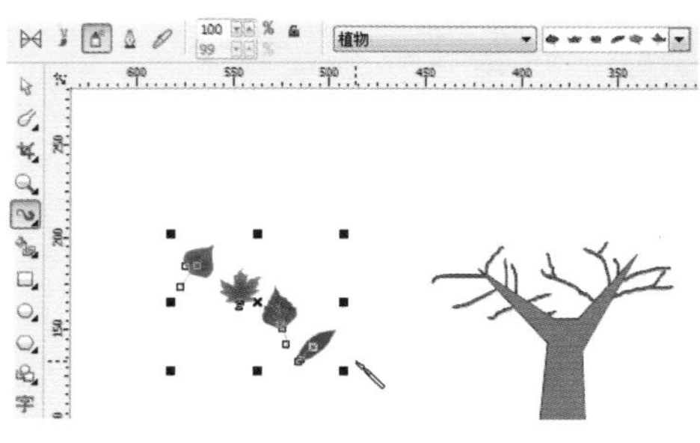

图7-90 绘制树叶

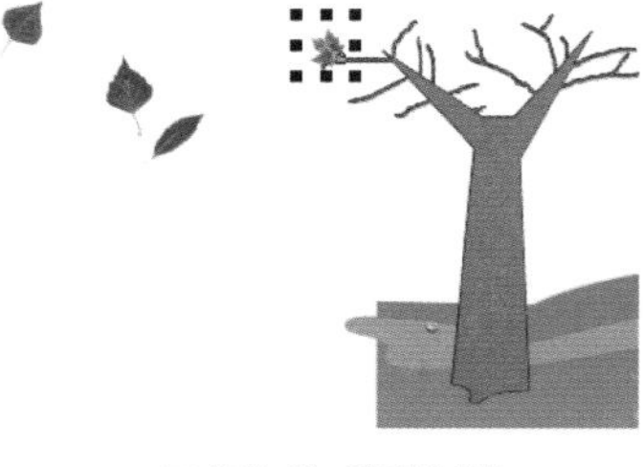

图7-91 移动树叶

图7-92 复制

STEP15 将树冠上的树叶全部选取，按Ctrl+G键将其群组，按Ctrl+PgDn键将其调整到树干后面，效果如图7-93所示。

STEP16 再使用（椭圆工具）和（贝塞尔工具）制作树干上的高光与树杈间的阴影，如图7-94所示。

STEP17 下面制作树根边缘的蘑菇和小动物效果。选择工具箱中的（艺术笔工具），单击属性栏中的（喷涂）按钮，设置“类别”为“植物”，在下拉列表中选择“蘑菇”，在树根处绘制蘑菇，如图7-95所示。

图7-93 改变顺序

图7-94 绘制高光与阴影

图7-95 绘制蘑菇

STEP18 选择工具箱中的（艺术笔工具），单击属性栏中的（喷涂）按钮，设置“类别”为“其它”，在下拉列表中选择“小动物”，在树根处和树杈上绘制两个小动物，如图7-96所示。

STEP19 使用（贝塞尔工具）在树根处绘制曲线并填充灰色，再使用（阴影工具）在曲线上拖动创建投影，效果如图7-97所示。

图7-96 绘制小动物

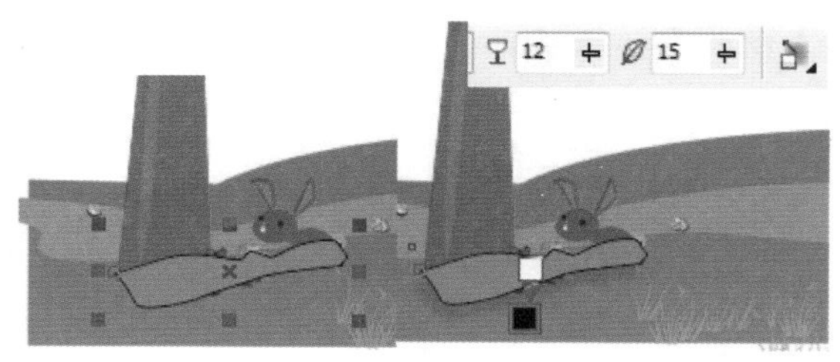

图7-97 制作投影

STEP20 按Ctrl+K键将其打散，选择绘制的曲线对象将其删除，再按Ctrl+PgDn键调整顺序，效果如图7-98所示。

STEP21 全部选取绘制的场景对象，按Ctrl+G键将其群组，按住鼠标右键拖动场景对象到背景上，效果如图7-99所示。

图7-98 调整顺序

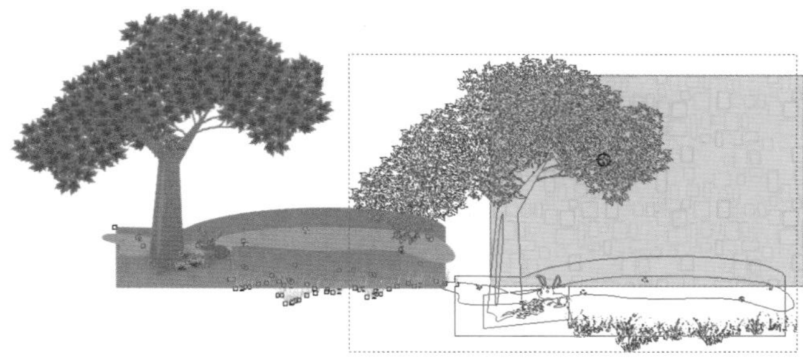

图7-99 使用右键拖动

STEP22 松开鼠标后，在弹出的菜单中选择“图框精确剪裁内部”命令，如图7-100所示。

STEP23 选择“图框精确剪裁内部”命令后，系统会将场景放置到背景框内，效果如图7-101所示。

STEP24 按住Ctrl键在背景容器内单击鼠标，此时会进入编辑状态，调整场景位置，如图7-102所示。

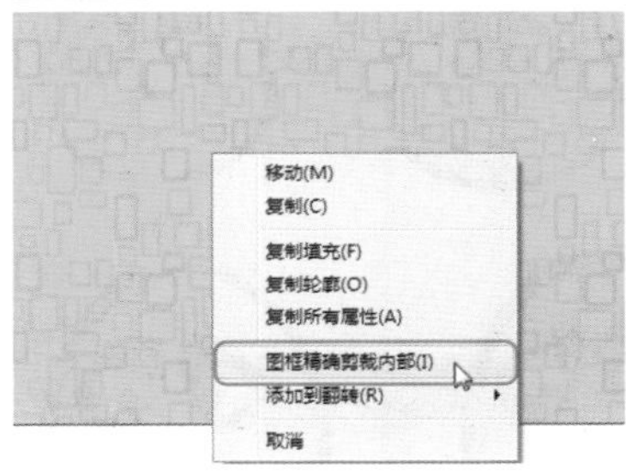

图7-100 选择命令

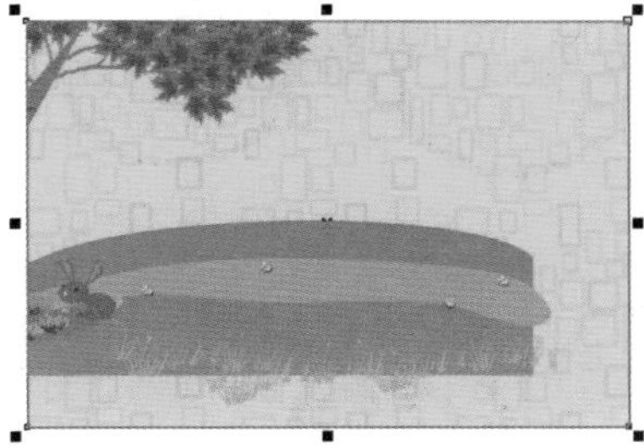

图7-101 容器内部

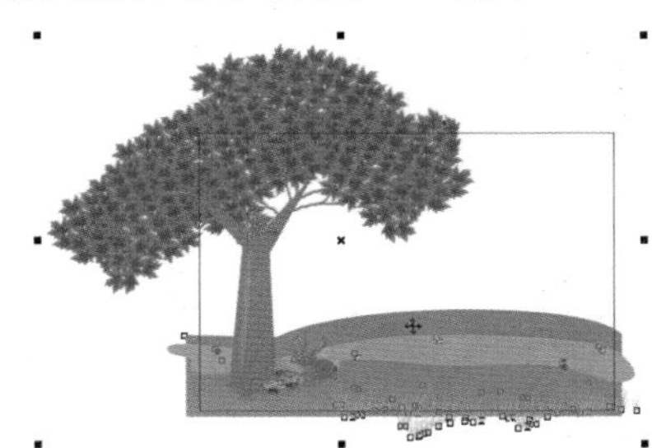

图7-102 调整位置

STEP25 按住Ctrl键在空白文档处单击，完成图框精确剪裁，此时背景与场景制作完毕，效果如图7-103所示。

图7-103 完成编辑

制作插画中的主角部分

STEP26 在文档中使用（椭圆工具）绘制正圆轮廓，按Ctrl+Q键将曲线转换为曲线，使用（形状工具）拖动控制点调整曲线形状，如图7-104所示。

STEP27 执行菜单中的“效果/艺术笔”命令，打开“艺术笔”泊坞窗，先选择画笔笔触，再单击选择所需笔触，效果如图7-105所示。

STEP28 按Ctrl+K键打散对象，选择打散出来的曲线填充灰色，如图7-106所示。

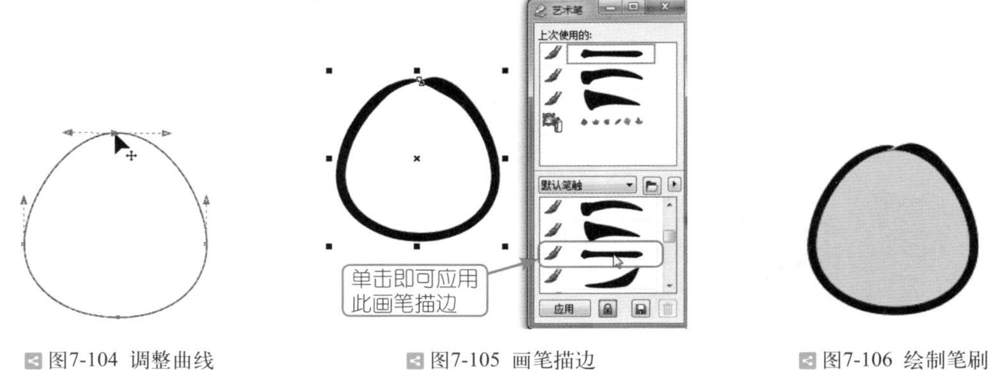

图7-104 调整曲线　　图7-105 画笔描边　　图7-106 绘制笔刷

STEP29 再使用（椭圆工具）结合（贝塞尔工具）绘制眼睛、鼻子、嘴和耳朵，如图7-107所示。

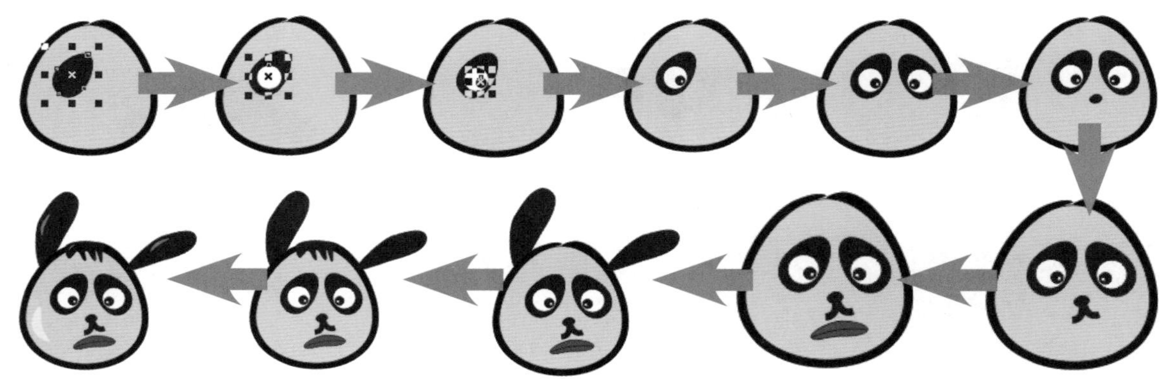

图7-107 绘制

STEP30 使用与绘制头部一样的方法绘制小狗身体，如图7-108所示。

STEP31 再使用（贝塞尔工具）绘制小狗的手脚和身上的高光，如图7-109所示。

图7-108 绘制身体　　图7-109 绘制过程

STEP32 在小狗的脚底绘制一个椭圆，调整顺序到小狗的后面，如图7-110所示。

STEP33 使用（阴影工具）在椭圆上向下拖动创建投影，效果如图7-111所示。

图7-110 绘制椭圆

图7-111 绘制阴影

STEP34 按Ctrl+K键将阴影与椭圆分离，选择椭圆将其删除，效果如图7-112所示。

STEP35 使用（贝塞尔工具）绘制围巾外形并将其填充为白色，效果如图7-113所示。

图7-112 删除椭圆

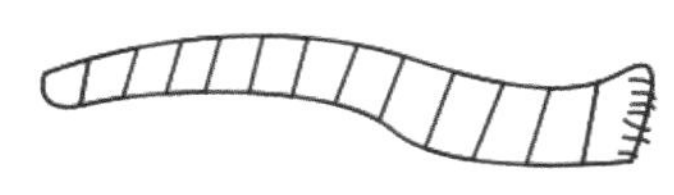

图7-113 绘制轮廓外形

STEP36 使用（智能填充工具）在围巾轮廓内相隔的位置上填充铁红色，效果如图7-114所示。

图7-114 填充

STEP37 将围巾移动到小狗脖子上，复制一个围巾并缩小，在脖子上制作一个绕脖的围巾，效果如图7-115所示。

STEP38 将小狗拖动到背景上，效果如图7-116所示。

图7-115 围巾

图7-116 移动

STEP39 选择（艺术笔工具），单击属性栏中的（喷涂）按钮，设置“类别”为“植物”，在下拉列表中选择“树叶”，在背景上绘制树叶，效果如图7-117所示。

STEP40 在整个插画上键入文字“初秋”，至此本例制作完毕，效果如图7-118所示。

图7-117 绘制树叶

图7-118 最终效果

本章练习

练习

练习为《童话大王》杂志绘制一个卡通插画，要求大小为180mm×135mm，选择一个适合童话故事的卡通形象作为主体，绘制与之相对应的插画效果。

第8章

CorelDRAW X7

| 企业形象设计

CIS简称CI，全称为Corporate Identity System，译称企业识别系统，意译为“企业形象统一战略”，CI设计又称企业形象设计。这是指一个企业为了获得社会的理解与信任，将企业的宗旨和产品包含的文化内涵传达给公众，从而建立自己的视觉体系形象系统。

| 本章重点

- Logo标志设计
- VI设计

学习企业形象设计应对以下几点进行了解：

- 设计理念与作用
- CI的具体组成部分
- 企业标志的概念
- 企业标志的表现形式
- VI欣赏

设计理念与作用 

将企业文化与经营理念统一设计，利用整体表达体系（尤其是视觉表达系统），传达给企业内部与公众，使其对企业产生一致的认同感，以形成良好的企业印象，最终促进企业产品和服务的销售。CI的作用主要分为对内与对外两部分。

对内

企业可通过CI设计对其办公系统、生产系统、管理系统以及营销、包装、广告等宣传形象形成规范设计和统一管理，由此调动企业每个职员的积极性和归属感、认同感，使各职能部门能各行其职、有效合作。

对外

通过一体化的符号形式来形成企业的独特形象，便于公众辨别、认同企业形象，促进企业产品或服务的推广。

CI的具体组成部分 

CI系统是由MI（理念识别Mind Identity）、BI（行为识别Behavior Identity）、VI（视觉识别Visual Identity）三方面组成的。其核心是MI，它是整个CI的最高决策层，给整个系统奠定了理论基础和行为准则，并通过BI与VI表达出来。所有的行为活动与视觉设计都是围绕着MI这个中心展开的，成功的BI与VI就是将企业的独特精神准确地表达出来。

MI(理念识别)

企业理念，对内影响企业的决策、活动、制度、管理等，对外影响企业的公众形象、广告宣传等。所谓MI，是指确立企业自己的经营理念，企业对目前和将来一定时期的经营目标、经营思想、经营方式和营销状态进行总体规划和界定。

主要内容包括：企业精神、企业价值观、企业文化、企业信条、经营理念、经营方针、市场定位、产业构成、组织体制、管理原则、社会责任和发展规划等。

BI(行为识别)

BI直接反映企业理念的个性和特殊性，包括对内的组织管理和教育、对外的公共关系、促销活动、资助社会性的文化活动等。

VI(视觉识别)

VI是企业的视觉识别系统，包括基本要素（企业名称、企业标志、标准字、标准色、企业造型等）和应用要素（产品造型、办公用品、服装、招牌、交通工具等），通过具体符号的视觉传达设计，直接进入人脑，留下对企业的视觉影像。

企业标志的概念

企业标志承载着企业的无形资产，是企业综合信息传递的媒介。标志作为企业CI战略的最主要部分，在企业形象传递过程中，是应用最广泛、出现频率最高，同时也是最关键的元素。企业强大的整体实力、完善的管理机制、优质的产品和服务，都被涵盖于标志中，通过不断的刺激和反复刻画，深深地留在受众心中。企业标志可分为企业自身的标志和商品标志。

企业标志的表现形式

标志的设计形式主要由文字、图形两大要素构成。运用不同的要素或由二者相结合是组成标志的基础，并由此派生出标志的不同种类。文字类标志包括汉字类标志与拉丁字母类标志；图形类标志包括具象图形标志和抽象图形标志；由文字和图相结合又构成了表现形式众多的综合类标志。

VI欣赏

实例41 Logo标志设计

实例目的

本实例的目的是让大家了解在CorelDRAW中使用各个工具以及命令相结合制作企业Logo标志的方法，如图8-1所示的效果即为Logo标志设计过程。

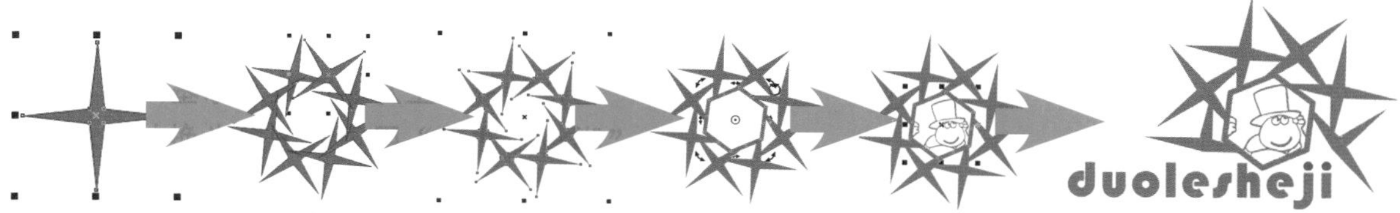

图8-1 制作流程图

实例重点

- 绘制星形
- 旋转变换
- 轮廓描图之剪贴画
- 图框精确剪裁
- 智能颜色填充

实例 步骤

制作旋转星形

STEP 1 执行菜单中的“文件/新建”命令，新建一个空白文档，使用（星形工具）在文档中绘制一个四角星，绘制完毕后设置“锐角”为80，效果如图8-2所示。

STEP 2 选择星形，在工具箱中选择（交互式填充工具），在属性栏中选择（均匀填充），在填充色拾色器中设置颜色参数如图8-3所示。

STEP 3 设置完毕填充颜色效果如图8-4所示。

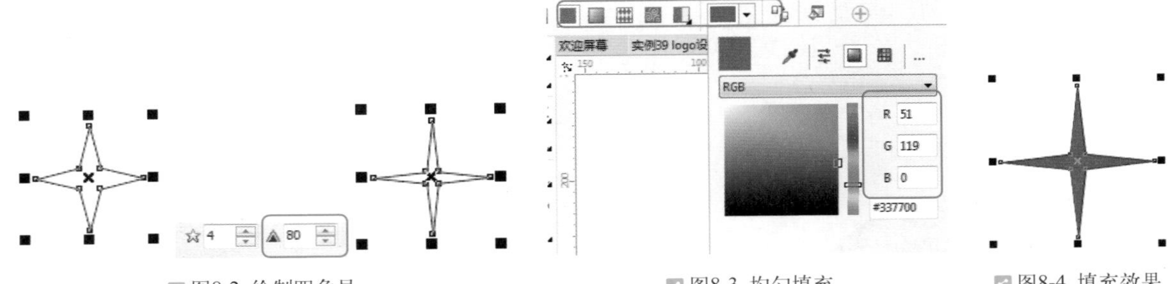

图8-2 绘制四角星　　图8-3 均匀填充　　图8-4 填充效果

STEP 4 使用（选择工具）在星形上单击调出旋转与斜切变换框，拖动控制点将星形旋转，效果如图8-5所示。

STEP 5 将旋转中心点移动到右下角，如图8-6所示。

STEP 6 执行菜单中的“对象/变换/旋转”命令，打开“旋转”转换泊坞窗，其中的参数设置如图8-7所示。

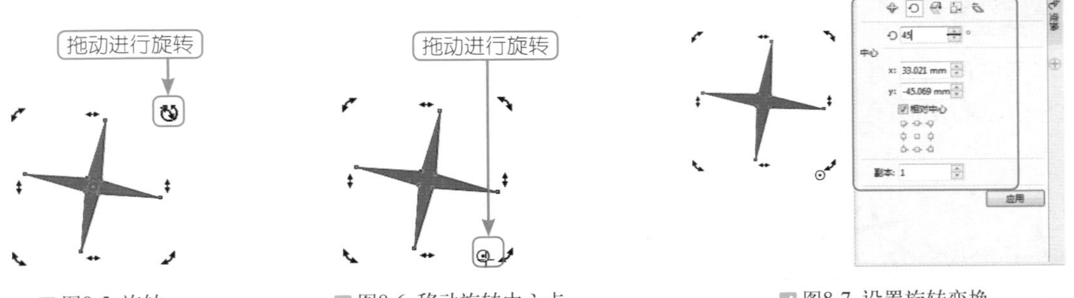

图8-5 旋转　　图8-6 移动旋转中心点　　图8-7 设置旋转变换

STEP 7 单击“应用”按钮，此时会发现星形会按照旋转中心点进行旋转复制，单击数次直到旋转一周为止，效果如图8-8所示。

STEP 8 框选所有星形，执行菜单中的“对象/造型/合并”命令，将星形接合为一个整体，如图8-9所示。

STEP 9 右击“颜色”泊坞窗中的⊠（无填充）按钮，取消轮廓，此时旋转星形制作完毕，效果如图8-10所示。

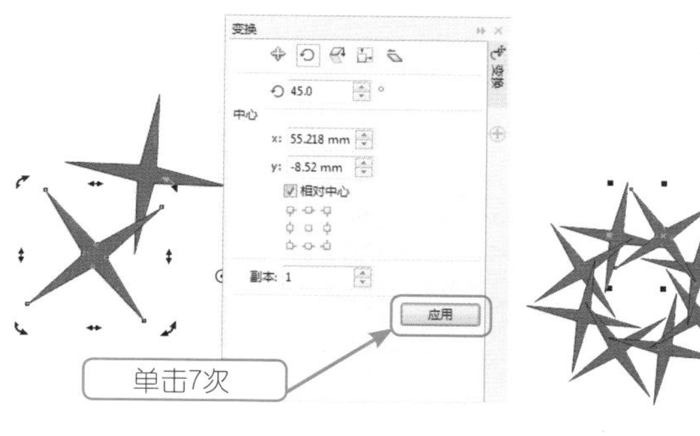

图8-8 旋转复制

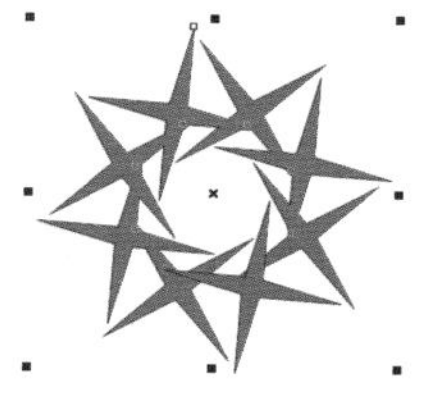

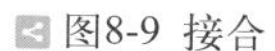

图8-9 接合

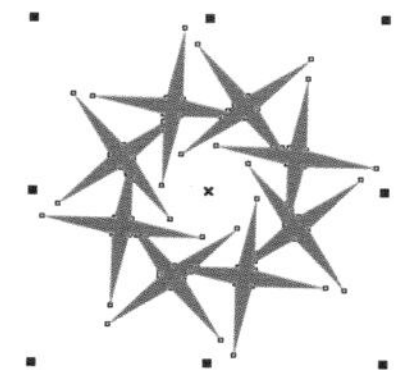

图8-10 取消轮廓

制作六边形

STEP10 使用（多边形工具）在文档中绘制六边形，设置“轮廓宽度”为4mm，如图8-11所示。

图8-11 六边形

STEP11 按F12键打开“轮廓笔”对话框，单击“轮廓颜色”图标设置轮廓色，其中的参数设置如图8-12所示。

STEP12 设置完毕单击“确定”按钮，效果如图8-13所示。

STEP13 将多边形填充为“白色”，单击调出旋转与斜切变换框，拖动控制点将六边形旋转并移动到旋转星形上，此时六边形制作完毕，效果如图8-14所示。

图8-12 设置轮廓颜色

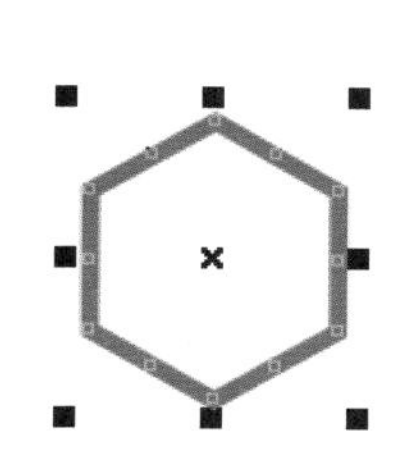

图8-13 填充轮廓色

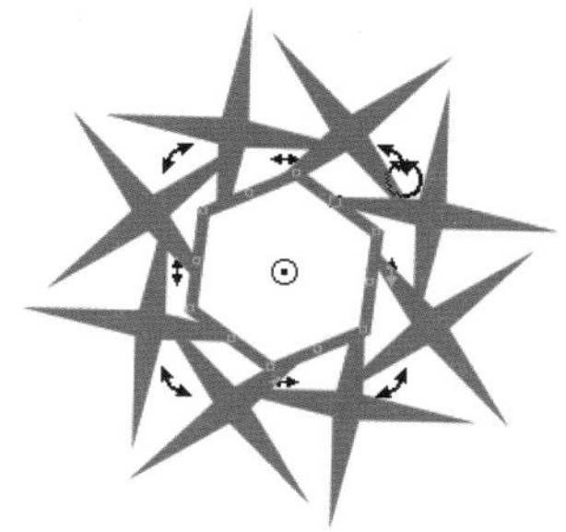

图8-14 六边形

制作矢量卡通图形

STEP14 导入附赠资源中的“素材/第8章/卡通小动物”素材，如图8-15所示。

STEP15 选择导入的素材，执行菜单中的“位图/轮廓描摹/剪贴画”命令，打开PowerTRACE对话框，其中的参数设置如图8-16所示。

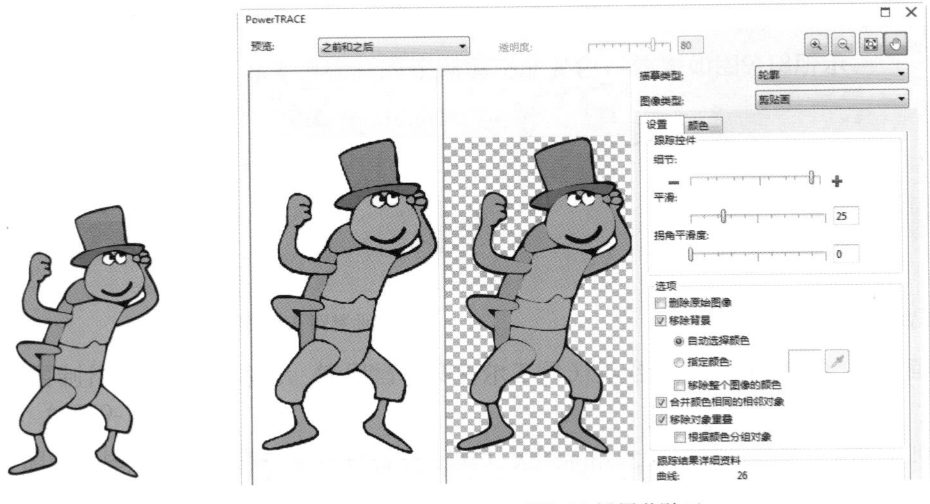

图8-15 素材　　图8-16 设置剪贴画

STEP16 设置完毕单击“确定”按钮，此时会将位图转换为矢量图，并将白色背景删除，按Ctrl+U键将曲线群组，如图8-17所示。

STEP17 选择（智能填充工具），在属性栏中设置“填充色”为“白色”、“轮廓色”为“无”，如图8-18所示。

图8-17 转换为矢量图后取消群组　　图8-18 设置智能填充

STEP18 使用（智能填充工具）在小动物的身上单击，为其相应部位填充白色，填充过程如图8-19所示。

图8-19 智能填充过程

STEP19 设置（智能填充工具）的“填充色”为“绿色”、“轮廓色”为“无”，在黑色上单击将其变为绿色，效果如图8-20所示。

STEP20 使用鼠标右键拖动小动物到六边形内，如图8-21所示。

图8-20 智能填充　　图8-21 移动

STEP21 松开鼠标，系统会弹出菜单，在菜单中选择“图框精确剪裁内部”命令，如图8-22所示。

STEP22 此时会将小动物放置到六边形内，如图8-23所示。

STEP23 按住Ctrl键单击六边形内的小动物，进入编辑状态，将头部移到六边形内，效果如图8-24所示。

STEP24 编辑完毕按住Ctrl键在文档外部单击，完成图框精确剪裁，此时矢量卡通制作完成，效果如图8-25所示。

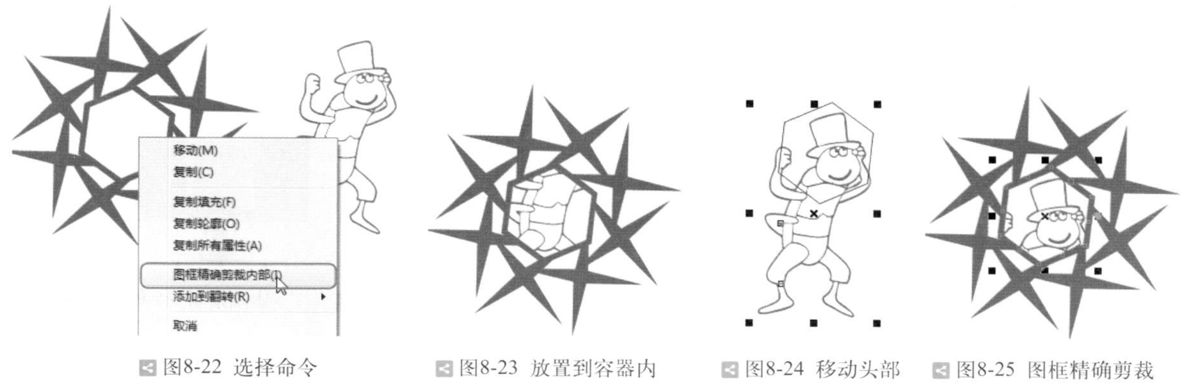

图8-22 选择命令　　图8-23 放置到容器内　　图8-24 移动头部　　图8-25 图框精确剪裁

修整对象部分

STEP25 使用（贝塞尔工具）沿旋转星形边缘底部创建一个封闭轮廓，效果如图8-26所示。

STEP26 将绘制的轮廓与旋转星形一同选取，在属性栏中单击（简化）按钮，效果如图8-27所示。

STEP27 将绘制的轮廓删除，效果如图8-28所示。

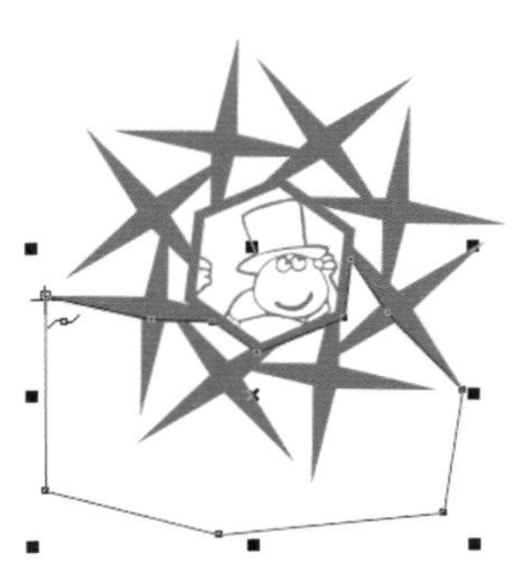

图8-26 绘制轮廓

图8-27 简化

图8-28 删除绘制的轮廓

STEP28 使用字（文本工具）在下面键入合适大小的文字，字体为bauhaus93，如图8-29所示。

STEP29 使用（智能填充工具）将文字填充为绿色，两个小点填充为蓝色，至此该实例制作完毕，效果如图8-30所示。

图8-29 键入文字

图8-30 最终效果

知识拓展

对绘制对象进行整形处理

绘制两个对象后，可以为其进行整形处理，分别为接合、修剪、相交、简化、移除后面的对象、移除前面的对象和创建边界。

- 接合：是将两个或两个以上的对象组合在一起，形成一个新对象。接合后的对象是一个独立的对象，其填充、轮廓属性和指定的目标对象相同，接合效果如图8-31所示。

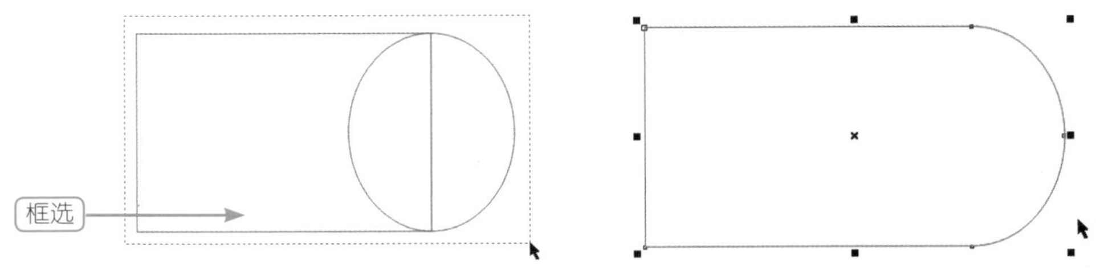

图8-31 接合

★ 修剪：可以去掉与其他对象的相交部分，从而达到更改对象形状的目的。对象被修剪后，填充和轮廓属性保持不变，修剪效果如图8-32所示。

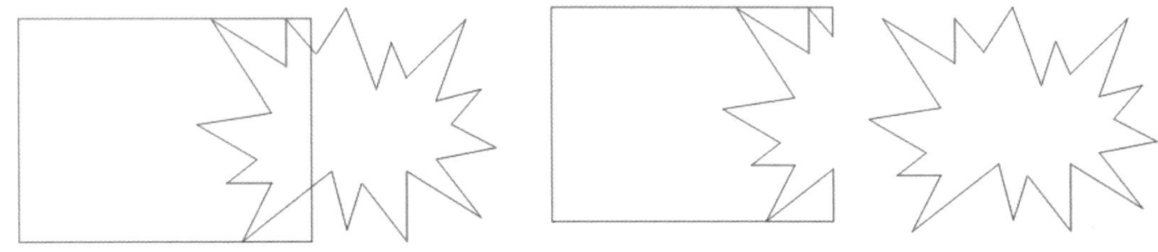

图8-32 修剪

★ 相交：可以创建一个以对象重叠区域为内容的新对象。新对象的尺寸和形状与重叠区域完全相同，其颜色和轮廓属性取决于目标对象，相交效果如图8-33所示。

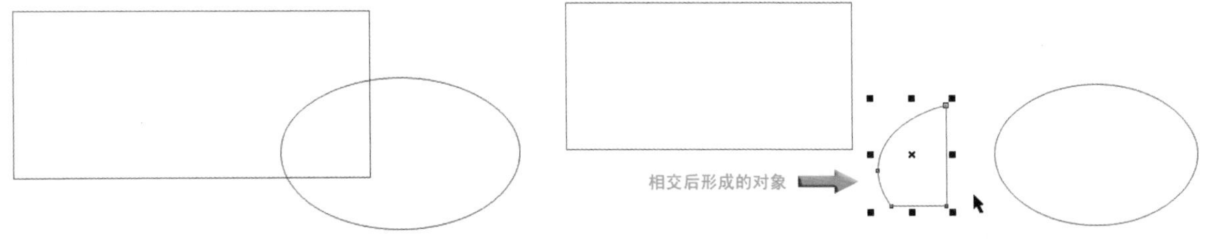

图8-33 相交

★ 简化：可以减去后面对象和前面对象重叠的部分，并保留前面对象和后面对象的状态。对于复杂的绘图作品，使用该功能可以有效减小文件的大小，而不影响作品的外观，简化效果如图8-34所示。

★ 移除后面的对象：可以减去对象后面的对象，并减去前后对象的重叠区域，仅保留前面对象的非重叠区域，移除后面的对象效果如图8-35所示。

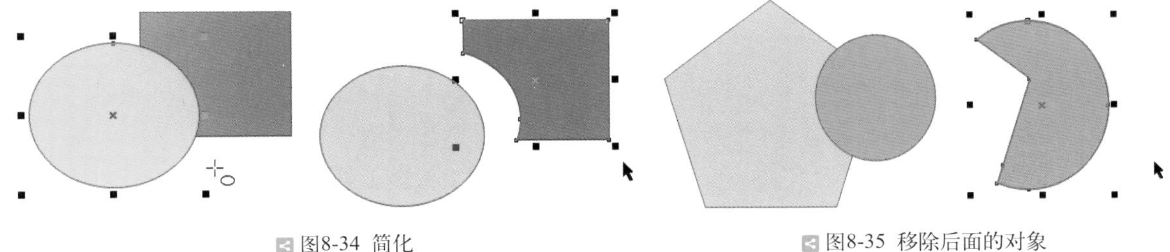

图8-34 简化

图8-35 移除后面的对象

★ 移除前面的对象：可以减去前面的对象，并减去前后对象的重叠部分，仅保留后面对象的非重叠区域，移除前面的对象效果如图8-36所示。

★ 创建边界：可以自动在选择的对象周围创建轮廓边界，创建边界效果如图8-37所示。

图8-36 移除前面的对象

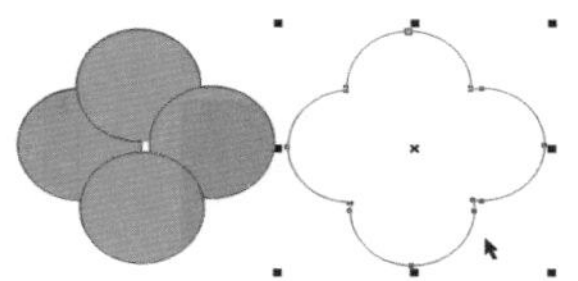

图8-37 创建边界

实例42 VI设计

实例目的

本实例的目的是让大家了解在CorelDRAW中使用各个工具以及命令相结合制作VI的方法，如图8-38所示的效果即为VI设计过程。

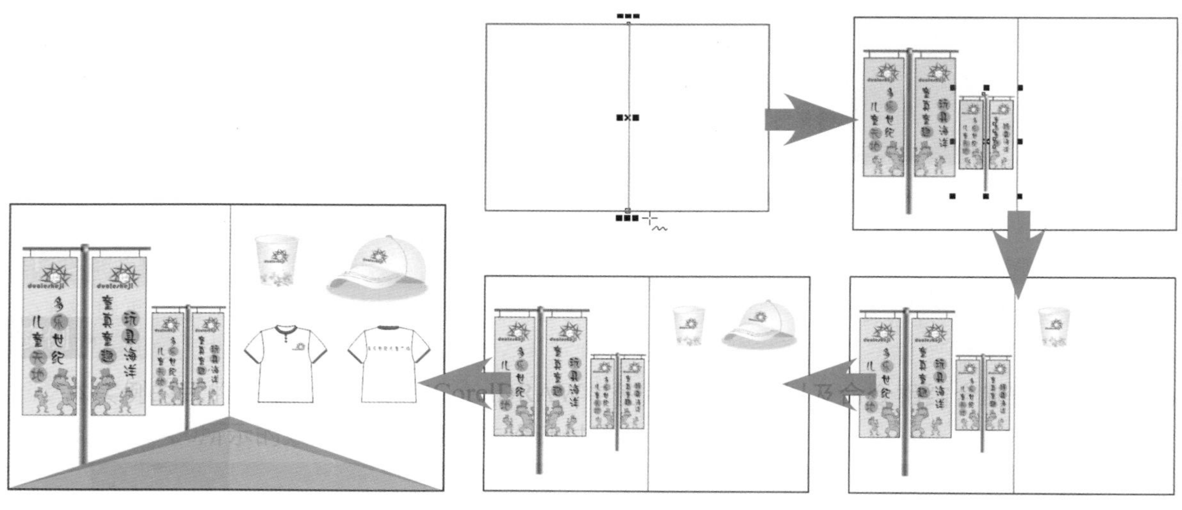

图8-38 制作流程图

实例重点

- 交互式填充
- 贝塞尔工具
- 形状工具
- 艺术笔
- 阴影工具
- 图框精确剪裁

实例步骤

制作VI背景版面

STEP 1 执行菜单中的“文件/新建”命令，新建一个空白文档，使用（矩形工具）在文档中绘制一个“宽度”为274mm、“高度”为188mm的矩形，设置“轮廓宽度”为1，效果如图8-39所示。

STEP 2 使用（手绘工具）在矩形的中间绘制一条从上向下的竖线轮廓，将矩形一分为二，此时背景版面绘制完毕，效果如图8-40所示。

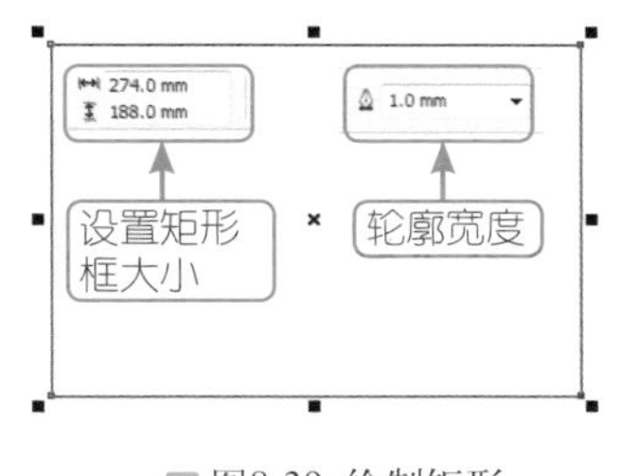

图8-39 绘制矩形

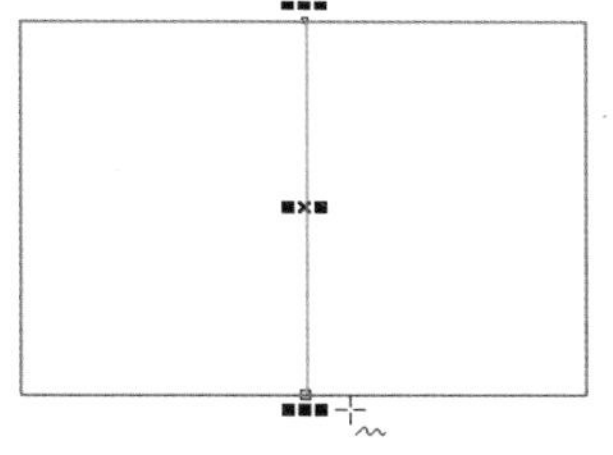
图8-40 绘制轮廓线

制作道旗

STEP 3 使用□（矩形工具）在刚才绘制的矩形的左半部分绘制一个矩形，如图8-41所示。

STEP 4 选择绘制的矩形，在工具箱中选择◪（交互式填充工具），打开“编辑填充”对话框，其中的参数设置如图8-42所示。

STEP 5 设置完毕单击“确定”按钮，右击☒（无填充）色块取消矩形的轮廓效果，效果如图8-43所示。

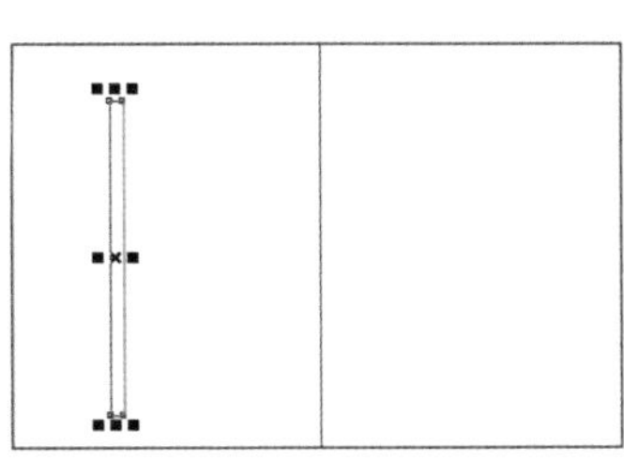
图8-41 绘制矩形

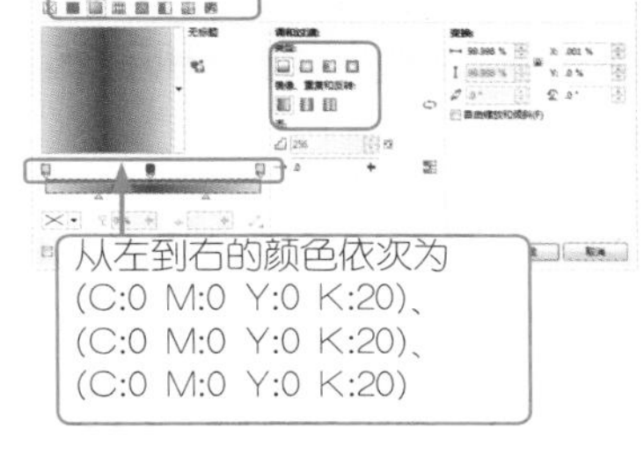

图8-42 “编辑填充”对话框

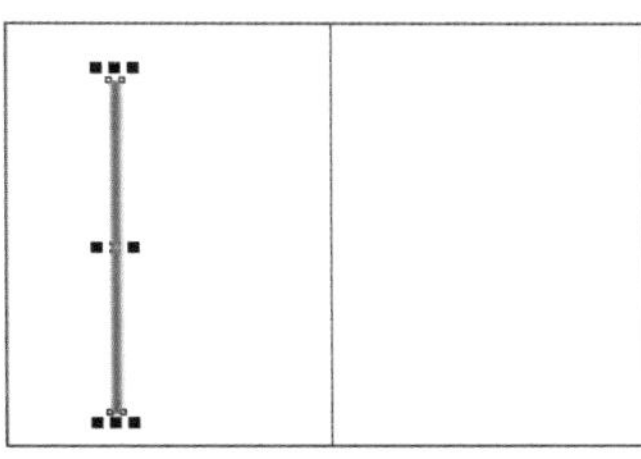
图8-43 填充渐变色取消轮廓

STEP 6 拖动渐变矩形的同时右击鼠标，系统会复制一个矩形副本，设置“旋转”为90，拖动控制点将矩形副本缩小，效果如图8-44所示。

STEP 7 使用○（椭圆工具）在两个矩形相交的位置绘制一个正圆，如图8-45所示。

STEP 8 选择绘制的矩形，在工具箱中选择◪（交互式填充工具），打开“编辑填充”对话框，其中的参数设置如图8-46所示。

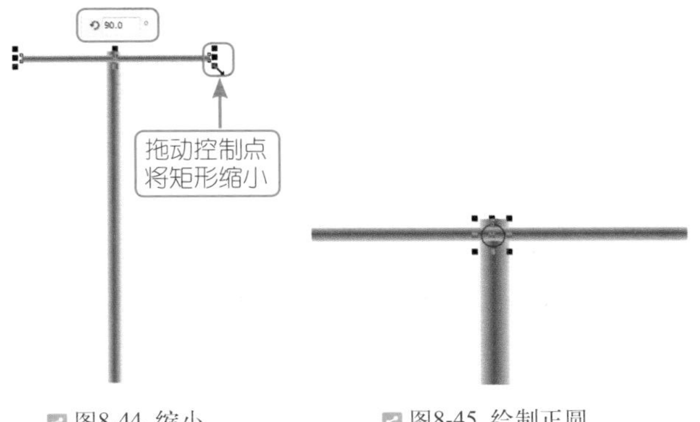

图8-44 缩小

图8-45 绘制正圆

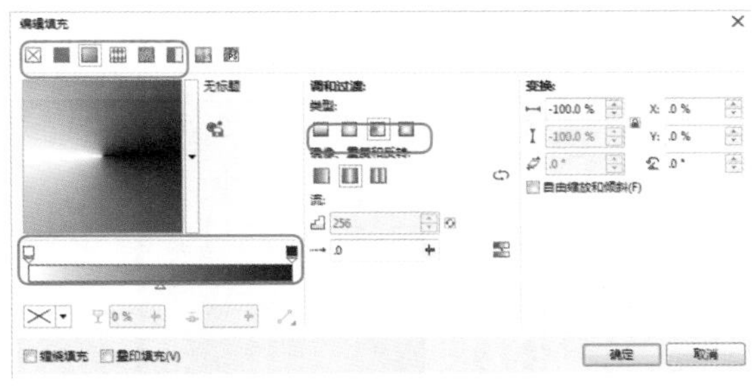

图8-46 “编辑填充”对话框

STEP 9 设置完毕单击“确定”按钮，右击⊠（无填充）色块取消圆形的轮廓，效果如图8-47所示。

STEP10 使用□（矩形工具）绘制一个矩形，填充“淡粉色”，效果如图8-48所示。

STEP11 导入附赠资源中的“素材/第8章/卡通小动物和Logo标志”，将导入的素材移到相应位置上，如图8-49所示。

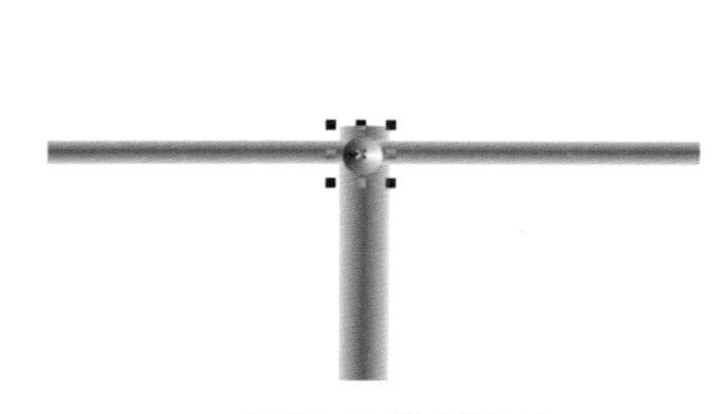
图8-47 填充渐变色

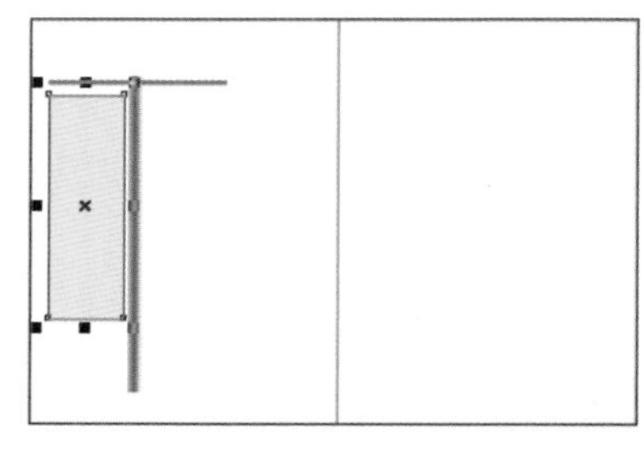
图8-48 绘制矩形

图8-49 移动素材

STEP12 选择卡通小动物素材，执行菜单中的“效果/图框精确剪裁/放置到容器内”命令，使用箭头在淡粉色的矩形上单击，将小动物放置到矩形内，如图8-50所示。

STEP13 执行菜单中的“效果/图框精确剪裁/编辑内容”命令，进入编辑状态调整图像位置，选择（透明度工具），设置“透明度类型”为“均匀透明度”、“合并模式”为“减少”，效果如图8-51所示。

STEP14 复制小动物得到一个副本，将副本缩小，效果如图8-52所示。

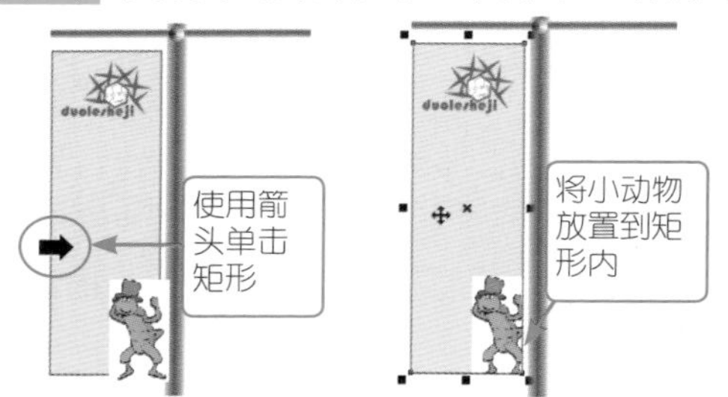

图8-50 放置到容器内

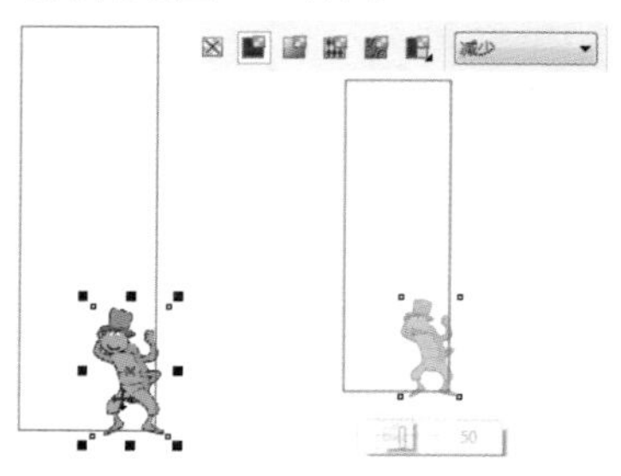
图8-51 编辑

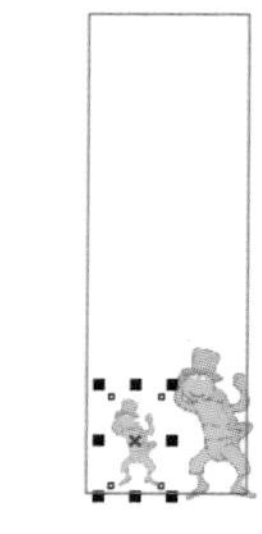
图8-52 缩小

STEP15 执行菜单中的“效果/图框精确剪裁/结束编辑”命令，效果如图8-53所示。

STEP16 使用字（文本工具）在矩形上键入文字，并选择单个文字将其填充为绿色，如图8-54所示。

STEP17 使用○（椭圆工具）在文字上绘制三个粉色圆形，效果如图8-55所示。

STEP18 按Ctrl+PgDn键几次向下调整顺序，直到调整到文字后面为止，效果如图8-56所示。

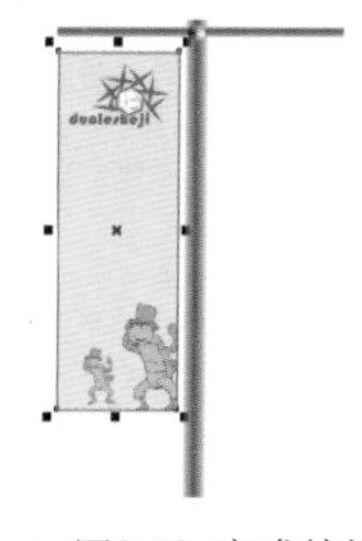
图8-53 完成编辑

图8-54 键入文字

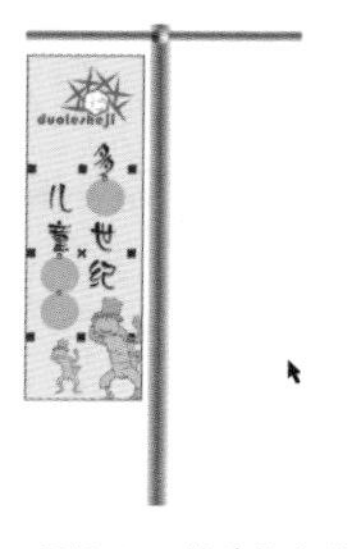
图8-55 绘制圆形

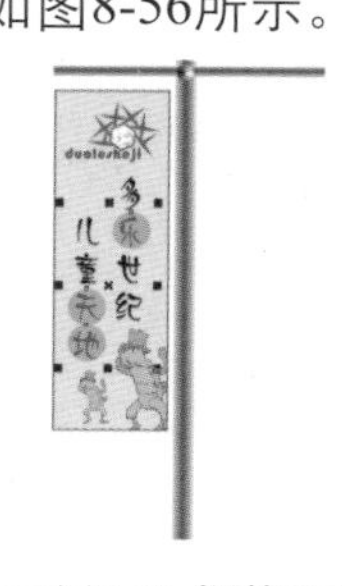
图8-56 调整顺序

STEP19 使用（手绘工具）再绘制两条连接线，如图8-57所示。

STEP20 选择矩形并进行复制，移动到另一面后单击（水平镜像）按钮，得到如图8-58所示的效果。

STEP21 选择标志后单击（水平镜像）按钮将标志镜像回来，再键入其他文字并制作粉色圆形字底，效果如图8-59所示。

STEP22 框选道旗复制一个副本，将其缩小并移到相应位置，至此道旗部分制作完毕，效果如图8-60所示。

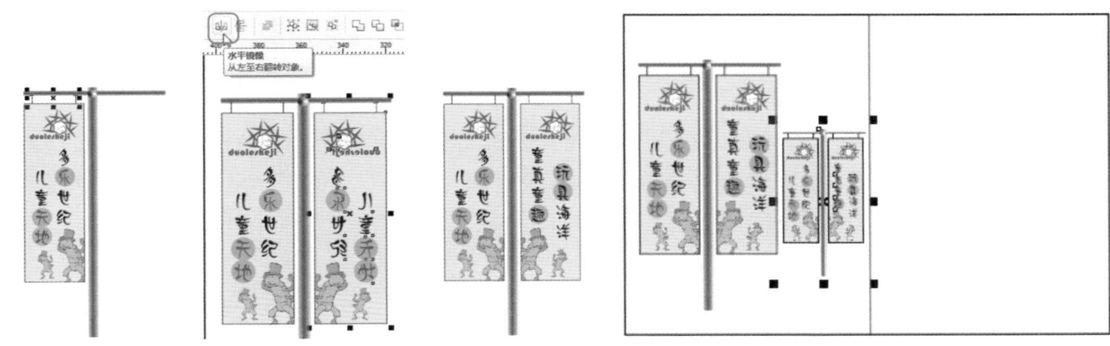

图8-57 绘制连接线　图8-58 镜像　图8-59 制作另一面　图8-60 复制并缩小

制作纸杯

STEP23 使用（贝塞尔工具）在文档中绘制杯身轮廓，如图8-61所示。

STEP24 选择绘制的轮廓，在工具箱中选择（交互式填充工具），打开“编辑填充”对话框，其中的参数设置如图8-62所示。

STEP25 设置完毕单击“确定”按钮，右击☒（无填充）色块取消矩形的轮廓效果，如图8-63所示。

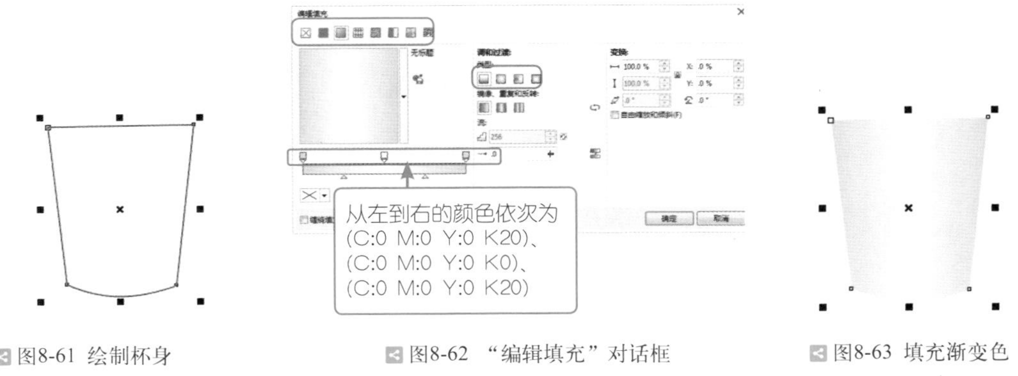

图8-61 绘制杯身　图8-62 “编辑填充”对话框　图8-63 填充渐变色

STEP26 使用（贝塞尔工具）在杯身上绘制灰色的轮廓线，如图8-64所示。

STEP27 选择工具箱中的（艺术笔工具），单击属性栏中的（喷涂）按钮，设置“类别”为“植物”，在下拉列表中选择需要的植物，在文档上绘制小花，如图8-65所示。

STEP28 按Ctrl+K键打散曲线，选择路径将其删除，如图8-66所示。

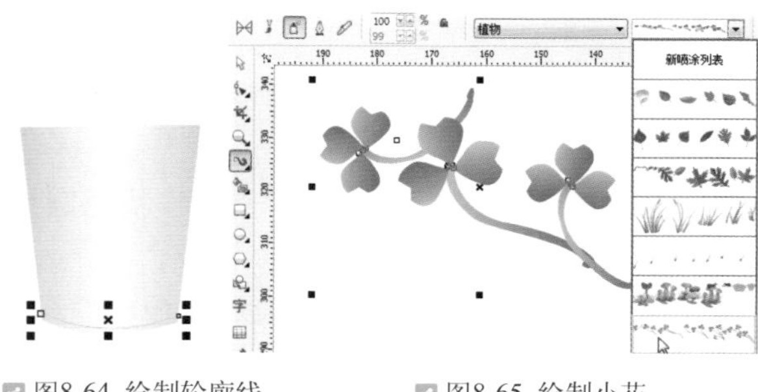

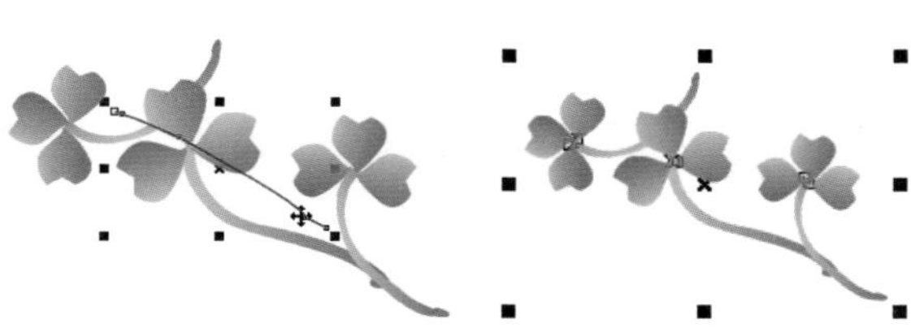

图8-64 绘制轮廓线　　图8-65 绘制小花　　图8-66 选择路径

STEP29 使用（透明度工具）在小花上拖动，创建线性透明，如图8-67所示。

STEP30 使用本例中与步骤12至步骤15相同的方法将小花放置到杯身内，效果如图8-68所示。

STEP31 使用（椭圆工具）在杯身处绘制椭圆轮廓，如图8-69所示。

STEP32 选择绘制的轮廓，在工具箱中选择（交互式填充工具），打开“编辑填充”对话框，其中的参数设置如图8-70所示。

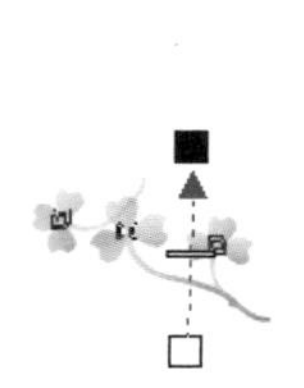

图8-67 渐变透明

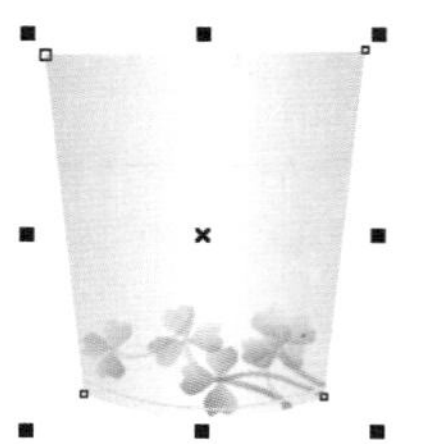

图8-68 图框精确剪裁

图8-69 绘制轮廓

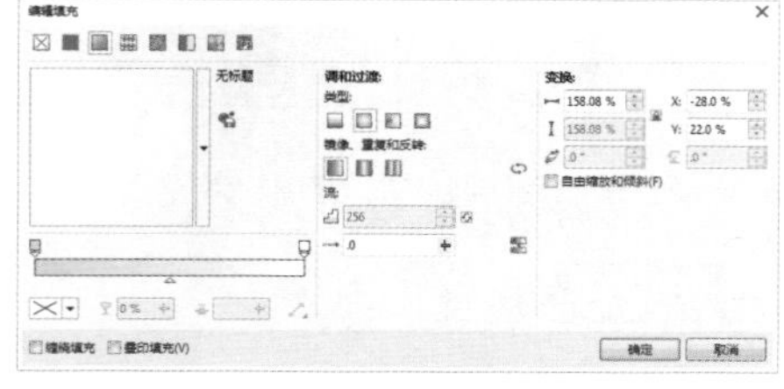

图8-70 “编辑填充”对话框

STEP33 设置完毕单击“确定”按钮，将轮廓填充为淡灰色，效果如图8-71所示。

STEP34 使用（轮廓图工具）在轮廓上向外拖动，添加轮廓，设置属性如图8-72所示。

STEP35 将导入的标志移到杯子上，完成杯子的制作，效果如图8-73所示。

图8-71 星形

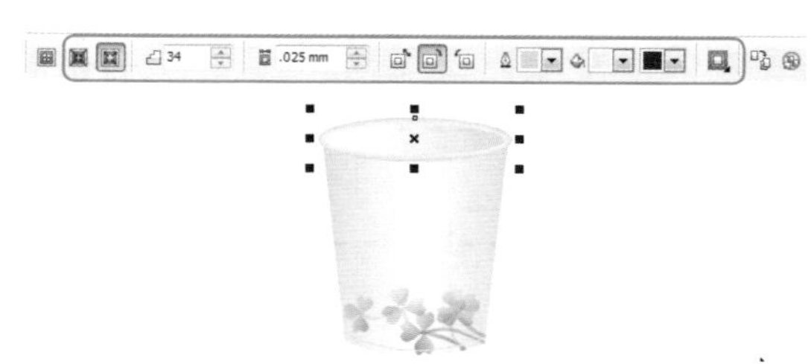

图8-72 设置轮廓图

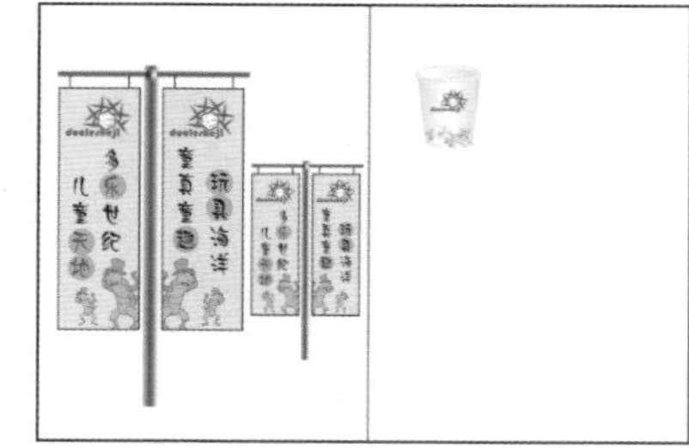

图8-73 杯子

制作棒球帽

STEP36 使用（贝塞尔工具）在文档中绘制帽子的轮廓路径，填充渐变色，效果如图8-74所示。

STEP37 使用（贝塞尔工具）在帽顶处绘制轮廓，填充灰色，效果如图8-75所示。

STEP38 使用（贝塞尔工具）绘制帽檐，填充白色，效果如图8-76所示。

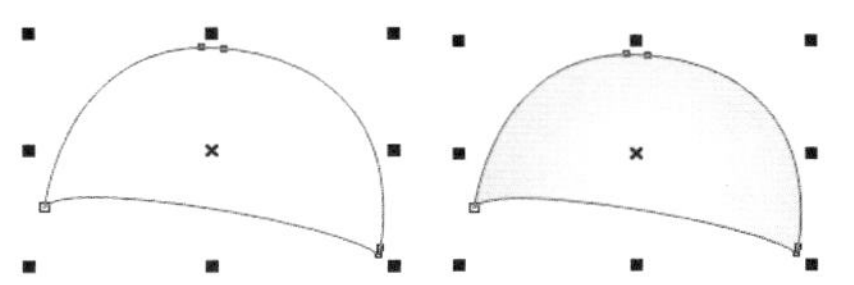

图8-74 绘制并填充轮廓

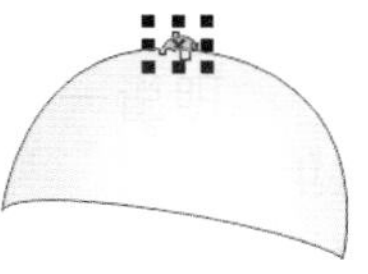

图8-75 帽顶

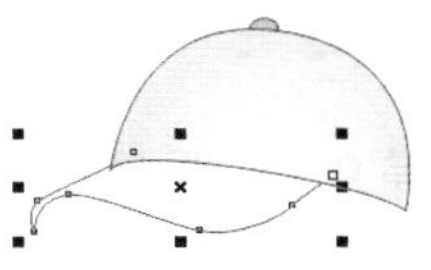

图8-76 帽檐

STEP39 复制帽檐并移动，使帽檐产生立体效果，如图8-77所示。

STEP40 使用（贝塞尔工具）绘制路径，设置“样式”为虚线，如图8-78所示。

STEP41 绘制帽子内侧的图形并填充灰色，调整顺序到后面，效果如图8-79所示。

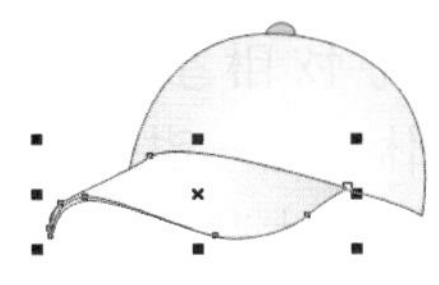

图8-77 帽檐

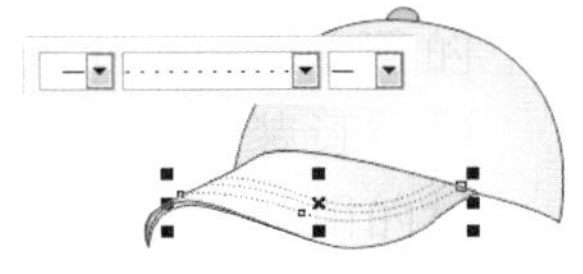

图8-78 帽檐上的纹理

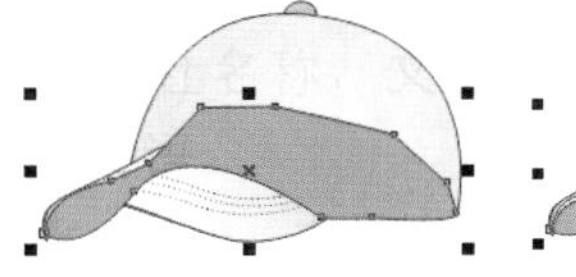

图8-79 帽子内侧

STEP42 使用（贝塞尔工具）绘制帽子上的阴影，并填充灰色，使用（透明度工具）在上面拖动创建透明效果，如图8-80所示。

STEP43 框选整个帽子，右击⊠（无填充）色块取消轮廓，再绘制一条轮廓曲线，效果如图8-81所示。

STEP44 将导入的标志移动到帽子前面，效果如图8-82所示。

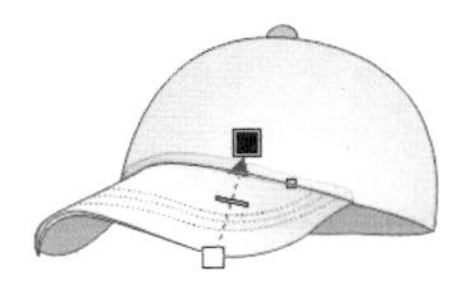

图8-80 帽子上的阴影

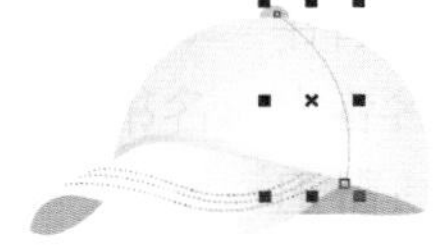

图8-81 帽子上的轮廓

图8-82 帽子的标志

STEP45 绘制一个椭圆，效果如图8-83所示。

STEP46 使用（阴影工具）在椭圆上向下拖动，产生阴影效果，如图8-84所示。

STEP47 按Ctrl+K键打散阴影，选择椭圆将其删除，效果如图8-85所示。

STEP48 按Ctrl+PgDn键几次向下调整顺序，直到调整到帽子后面位置，此时帽子绘制完毕，效果如图8-86所示。

图8-83 椭圆

图8-84 阴影

图8-85 删除

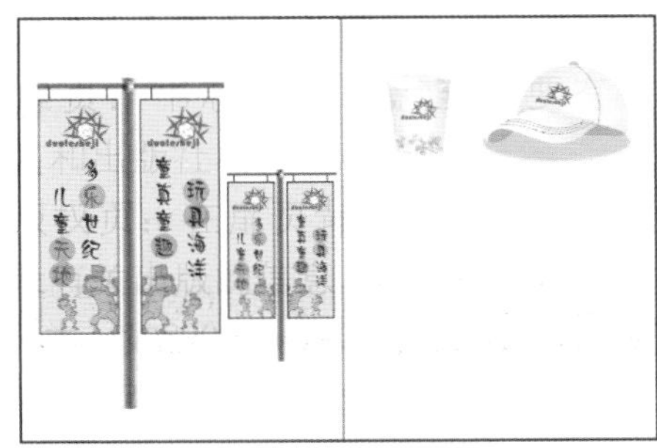

图8-86 帽子

制作T恤衫

STEP49 使用（贝塞尔工具）在文档上绘制T恤主身轮廓，如图8-87所示。

STEP50 再绘制衣领，效果如图8-88所示。

STEP51 再绘制衣袖，效果如图8-89所示。

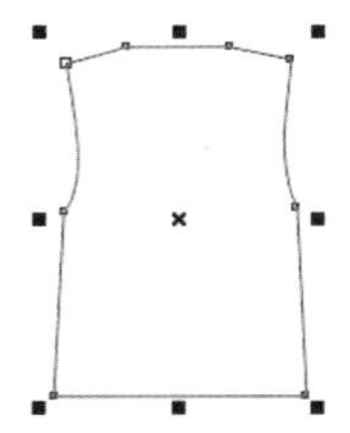

图8-87 绘制轮廓

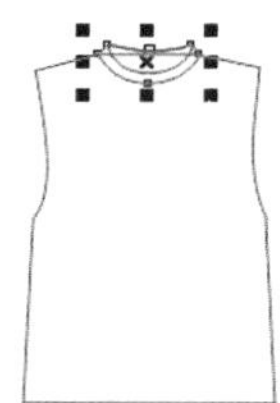

图8-88 绘制衣领

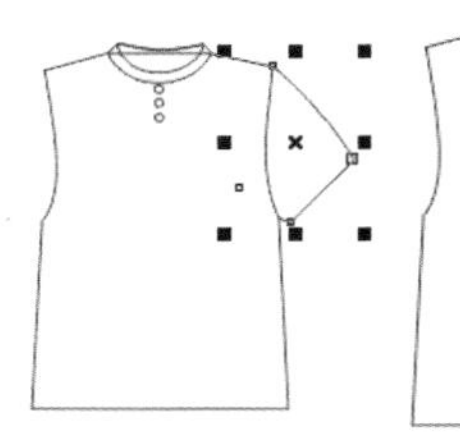

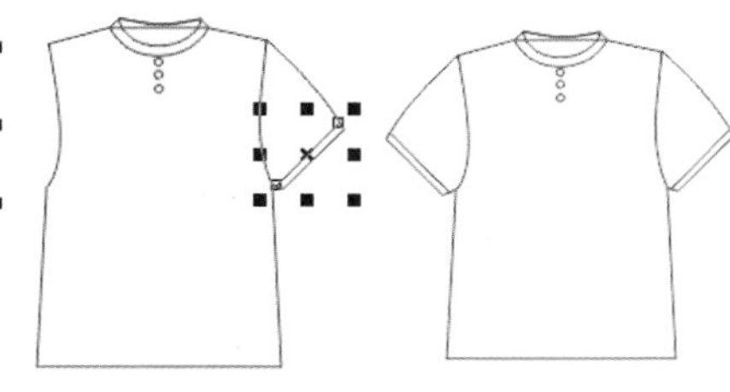

图8-89 绘制衣袖

STEP52 使用同样的方法绘制衣服背面，效果如图8-90所示。

STEP53 为对象填充绿色，效果如图8-91所示。

图8-90 绘制背面

图8-91 填充绿色

STEP54 将标志移到衣服前面，在背面键入文字，完成本例的制作，效果如图8-92所示。

图8-92 最终效果

本章练习

练习

自己虚拟一个企业，设计一个与之相对应的Logo，规格不限。

第9章

CorelDRAW X7

| 广告设计

广告设计是在计算机平面设计技术应用的基础上，随着广告行业发展所形成的一个新职业。该职业的主要特征是对图像、文字、色彩、版面、图形等表达广告的元素，结合广告媒体的使用特征，在计算机上通过相关设计软件为实现表达广告目的和意图所进行平面艺术创意的一种设计活动或过程。

所谓广告设计是指从创意到制作的这个中间过程。广告设计是广告的主题、创意、语言文字、形象、衬托五个要素构成的组合安排。广告设计的最终目的就是通过广告来达到吸引人们眼球的目的。

| 本章重点

- 香水广告
- 手机广告

学习广告设计应对以下几点进行了解：

- 广告设计的3I要求
- 设计形式
- 广告分类
- 设计要求
- 广告设计欣赏

广告设计的3I要求

Impact(冲击力)

从视觉表现喜欢的角度来衡量，视觉效果是吸引受众并用他们喜欢的语言来传达产品的利益点。一则成功的平面广告在画面上应该有非常强的吸引力，例如科学运用、合理搭配色彩，准确运用图片等。

Information(信息内容)

一则成功的平面广告是通过简单、清晰的信息内容准确传递利益要点。广告信息内容要能够系统化地融合消费者的需求点、利益点和支持点等沟通要素。

Image(品牌形象)

从品牌的定位策略高度来衡量，一则成功的平面广告画面应该符合稳定、统一的品牌个性和符合品牌定位策略；在同一宣传主题下面的不同广告版本，其创作表现的风格和整体表现应该能够保持一致和连贯性。

设计形式

广告设计包括所有的广告形式，如二维广告、三维广告、媒体广告、展示广告等诸多广告形式。

作为广告形式的载体，主要通过报刊、广播、电视、电影、路牌、橱窗、印刷品、霓虹灯等媒介或形式。

广告分类

广告设计一般是根据传播媒介、投放地点、广告内容、广告目的、表现形式、广告阶段性等分类。

设计要求

若从空间概念界定，平面广告泛指现有的以长、宽两维形态传达视觉信息的各种广告；若从制作方式界定，可分为印刷类、非印刷类和光电类三种形态；若从使用场所界定，又可分为户外、户内及可携带式三种形态；若从设计的角度来看，它包含着文案、图形、线条、色彩、编排诸要素。平面广告因为传达信息简洁明了，能瞬间扣住人心，从而成为广告的主要表现手段之一。

广告设计欣赏

实例43 香水广告

实例 目的

本实例的目的是让大家了解在CorelDRAW中使用各个工具以及命令相结合制作香水广告的方法，如图9-1所示的效果即为香水广告设计过程。

图9-1 制作流程图

实例 重点

- 交互式填充
- 贝塞尔工具与形状工具相结合
- 转换为位图并应用“高斯式模糊”
- 插入字符
- 艺术笔

实例 步骤

制作背景

STEP 1 执行菜单中的“文件/新建”命令，新建一个空白文档，使用（矩形工具）在文档中绘制一个“宽度”为292mm、“高度”为205mm的矩形。在工具箱中选择（交互式填充工具），打开“编辑填充”对话框，其中的参数设置如图9-2所示。

STEP 2 设置完毕单击“确定”按钮，效果如图9-3所示。

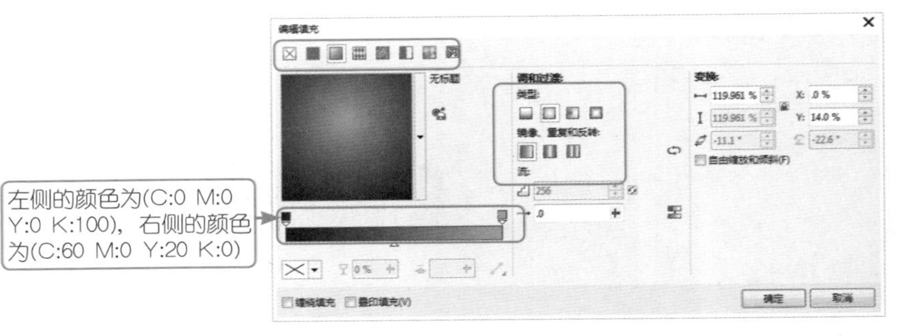

图9-2 “编辑填充”对话框

图9-3 渐变填充效果

STEP 3 使用（矩形工具）在背景下面绘制一个小一点的矩形，如图9-4所示。

STEP 4 在工具箱中选择（交互式填充工具），打开“编辑填充”对话框，其中的参数设置如图9-5所示。

STEP 5 设置完毕单击“确定”按钮，右击⊠（无填充）色块，取消矩形的轮廓效果，至此背景部分制作完毕，效果如图9-6所示。

图9-4 绘制矩形

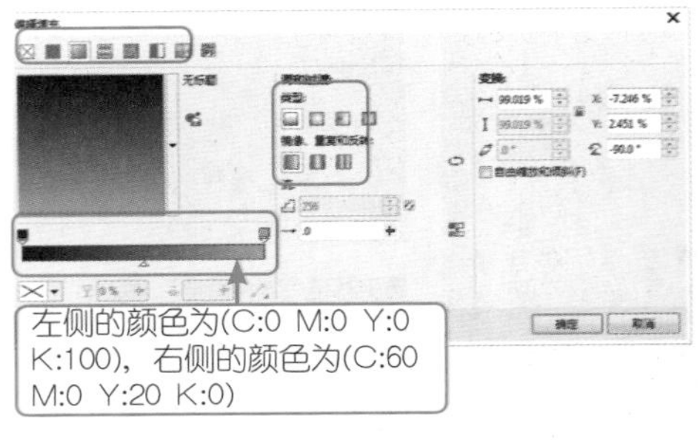

图9-5 “编辑填充”对话框

图9-6 背景

绘制香水瓶

STEP 6 使用（贝塞尔工具）结合（形状工具）在文档空白处绘制香水瓶的底部轮廓，如图9-7所示。

STEP 7 选择底部轮廓，在工具箱中选择（交互式填充工具），打开“编辑填充”对话框，其中的参数设置如图9-8所示。

STEP 8 设置完毕单击“确定”按钮，效果如图9-9所示。

图9-7 绘制轮廓

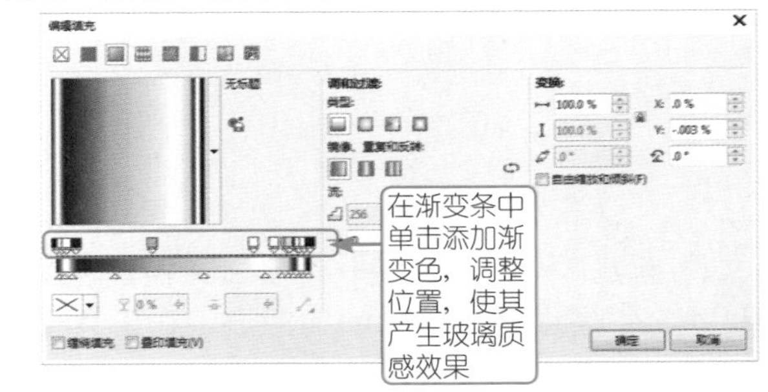

图9-8 “编辑填充”对话框

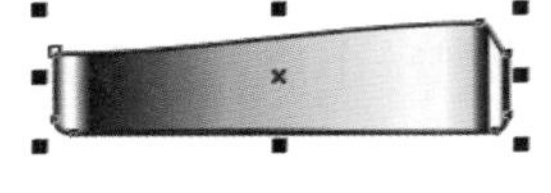

图9-9 渐变填充效果

STEP 9 使用（贝塞尔工具）结合（形状工具）在瓶底上面绘制瓶身轮廓，如图9-10所示。

STEP10 选择瓶身轮廓，在工具箱中选择（交互式填充工具），打开“编辑填充”对话框，其中的参数设置如图9-11所示。

STEP11 设置完毕单击“确定”按钮，效果如图9-12所示。

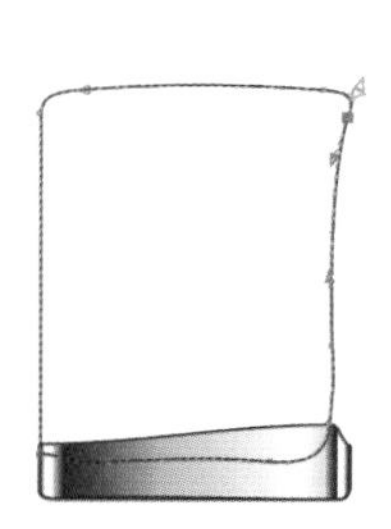

图9-10 绘制轮廓

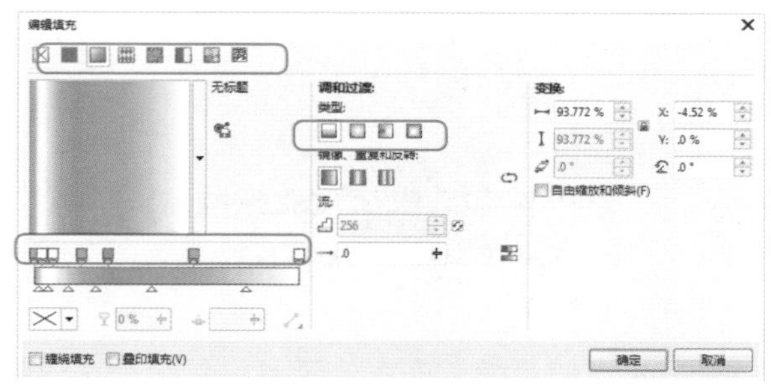

图9-11 “编辑填充”对话框

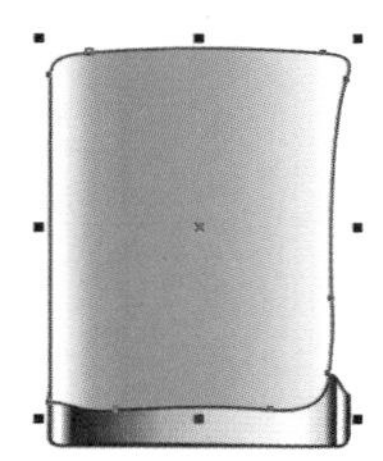

图9-12 填充渐变色

STEP12 使用（贝塞尔工具）结合（形状工具）绘制瓶身上的其他轮廓，过程如图9-13所示。

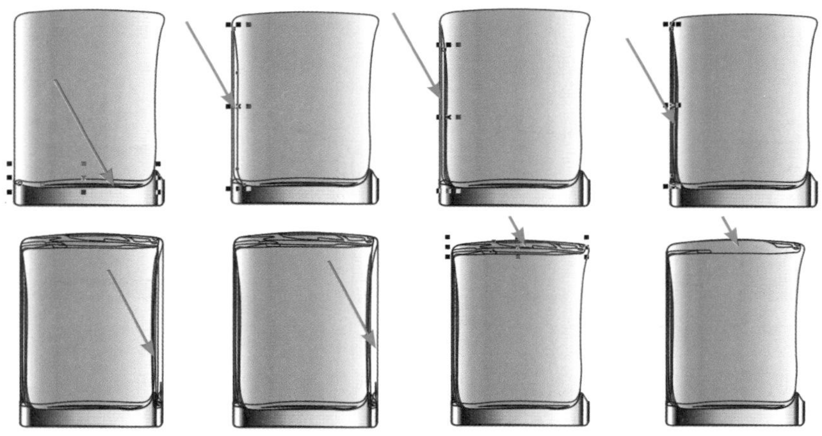

图9-13 绘制过程

STEP13 绘制完毕后，使用（交互式填充工具）为其填充与瓶身颜色相对应的渐变色，效果如图9-14所示。

STEP14 使用（贝塞尔工具）结合（形状工具）在页面中绘制瓶身顶部的对象轮廓，如图9-15所示。

STEP15 使用（交互式填充工具）为绘制的轮廓填充与瓶底相对应的渐变色，如图9-16所示。

图9-14 填充渐变色

图9-15 绘制轮廓

图9-16 填充渐变色

STEP16 选择（矩形工具），在属性栏中设置矩形的边角圆滑度都为30，在瓶身的上边绘制一个圆角矩形轮廓，按Ctrl+Q键或单击（转换为曲线）按钮，将轮廓转换成曲线，使用（形状工具）调整一下形状，如图9-17所示。

STEP17 使用（交互式填充工具）为绘制的轮廓填充渐变色，效果如图9-18所示。

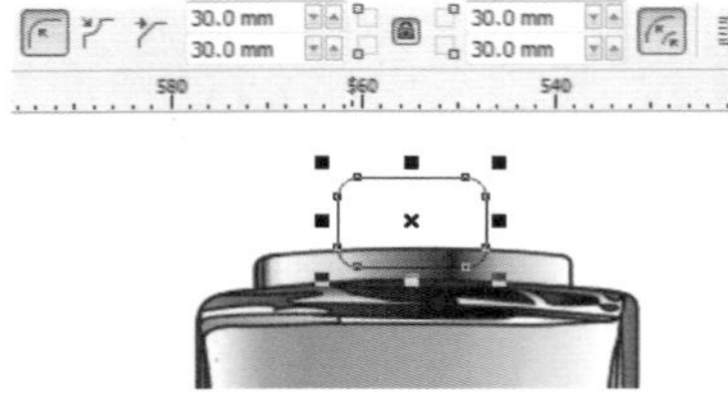

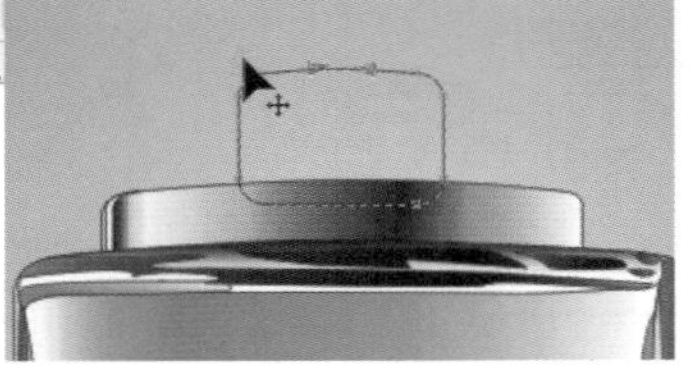

图9-17 调整曲线

图9-18 设置智能填充

STEP18 下面再制作图形上的高光，使用（贝塞尔工具）结合（形状工具）在页面中绘制高光对象轮廓，如图9-19所示。

STEP19 曲线调整完毕后，使用（交互式填充工具）为绘制的轮廓填充渐变色，如图9-20所示。

STEP20 选择瓶身上面的玻璃，执行菜单中的“对象/顺序/向前一层”命令，调整一下顺序，再运用相同的方法制作香水瓶颈部分的圆角部分以及瓶头，如图9-21所示。

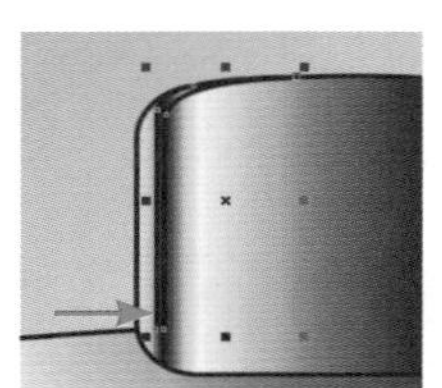

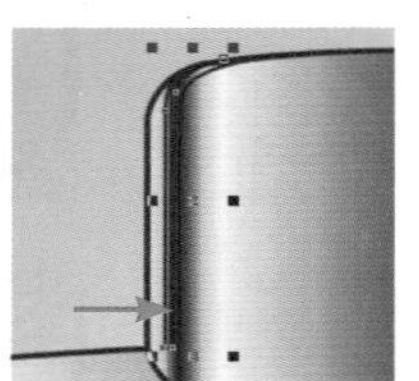

图9-19 绘制

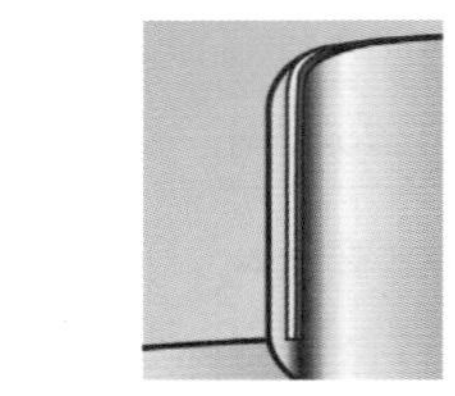

图9-20 填充

图9-21 喷头底部

STEP21 下面制作喷嘴，使用（椭圆工具）绘制正圆轮廓，如图9-22所示。

STEP22 为正圆填充渐变色，效果如图9-23所示。

STEP23 将绘制完毕的香水瓶移到背景上，使用（透明度工具），设置“透明度类型”为“均匀透明度”、“合并模式”为“常规”、“透明度”为24，效果如图9-24所示。

图9-22 绘制正圆

图9-23 填充

图9-24 添加透明

STEP24 下面制作香水瓶内的导管，使用（矩形工具）绘制一个矩形，如图9-25所示。

STEP25 使用（交互式填充工具）填充导管，取消矩形的轮廓，效果如图9-26所示。

STEP26 按Ctrl+PgDn键将导管向后移动改变其顺序，按Ctrl+PgDn键多次直到移到瓶身后为止，此时香水瓶制作完毕，效果如图9-27所示。

图9-25 绘制矩形

图9-26 渐变填充

图9-27 改变顺序

制作香水瓶倒影

STEP27 框选整个香水瓶，按Ctrl+C键复制，再按Ctrl+V键粘贴，得到一个香水瓶副本，单击（垂直镜像）按钮，将副本镜像，效果如图9-28所示。

STEP28 选择副本，执行菜单中的“位图/转换为位图”命令，打开“转换为位图”对话框，设置“分辨率”为150，勾选“透明背景”和“光滑处理”复选框，设置完毕单击“确定”按钮，将副本转换为位图，如图9-29所示。

STEP29 使用（透明度工具）在位图上从上向下拖动添加透明效果，此时倒影制作完毕，效果如图9-30所示。

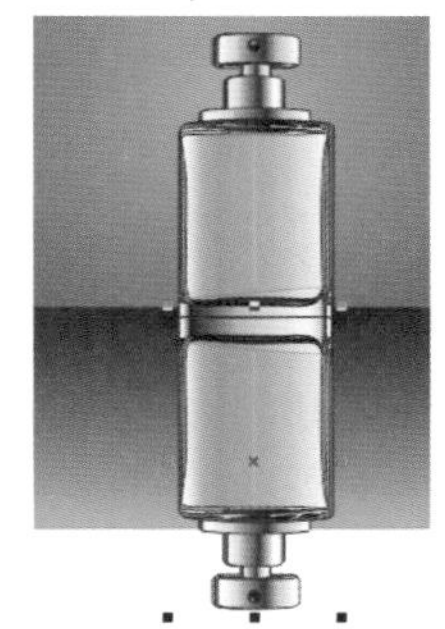

图9-28 镜像副本

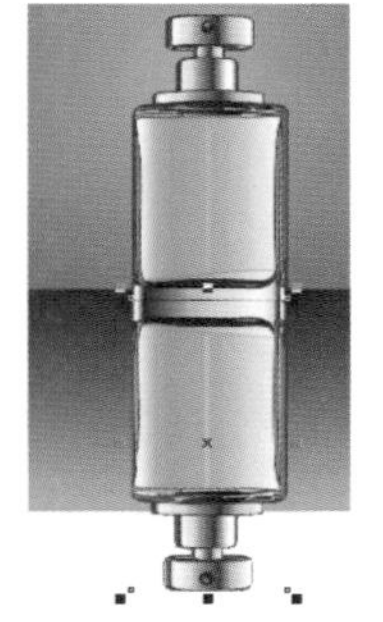

图9-29 转换为位图

图9-30 添加倒影

制作香水瓶绕光图形

STEP30 使用（钢笔工具）绘制围绕香水瓶的轮廓路径，效果如图9-31所示。

STEP31 右击“白色”色标，将轮廓填充为白色，设置“轮廓宽度”为2，效果如图9-32所示。

STEP32 执行菜单中的“对象/将轮廓转换为对象”命令或按Ctrl+Shift+Q键，将绘制的轮廓转换为对象，如图9-33所示。

STEP33 按Ctrl+C键复制对象，再按Ctrl+V键粘贴，得到一个曲线对象副本，选择副本，执行菜单中的“位图/转换为位图”命令，打开“转换为位图”对话框，设置“分辨率”为150，勾选“透明背景”和“光滑处理”复选框，设置完毕单击“确定”按钮，将副本转换为位图，再执行菜单中的“位图/模糊/高斯式模糊”命令，打开“高斯式模糊”对话框，其中的参数设置如图9-34所示。

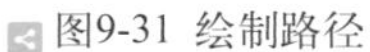
图9-31 绘制路径

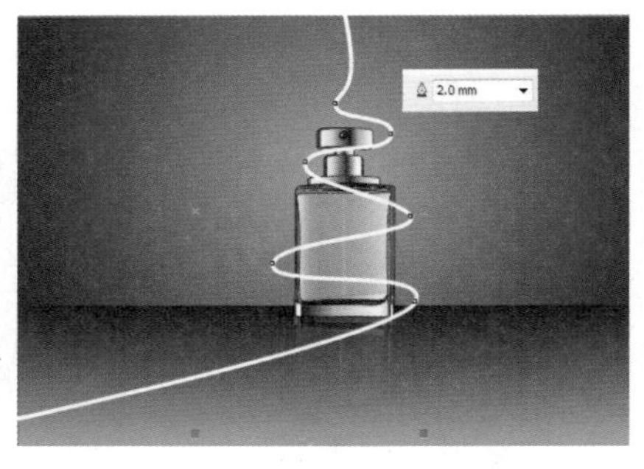

图9-32 填充白色轮廓并设置宽度

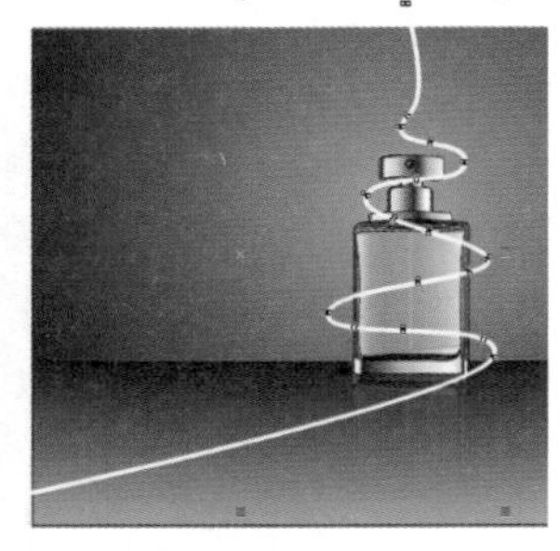
图9-33 转换轮廓为对象

STEP34 设置完毕单击“确定”按钮，效果如图9-35所示。

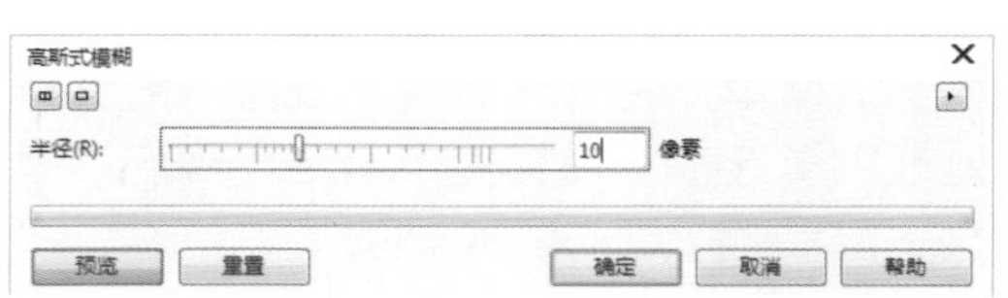

图9-34 “高斯式模糊”对话框

图9-35 模糊效果

STEP35 按Ctrl+PgDn键向下调整顺序，将模糊后的位图放置到曲线对象的后面，选择对象，使用（透明度工具），设置“透明度类型”为“均匀透明度”、“合并模式”为“常规”、“透明度”为24，如图9-36所示。

STEP36 将曲线与模糊后的位图一同选取，按Ctrl+PgDn键向下调整顺序，将其调整到香水瓶的后面，如图9-37所示。

STEP37 使用（贝塞尔工具）在香水瓶与绕光相交的区域绘制轮廓，如图9-38所示。

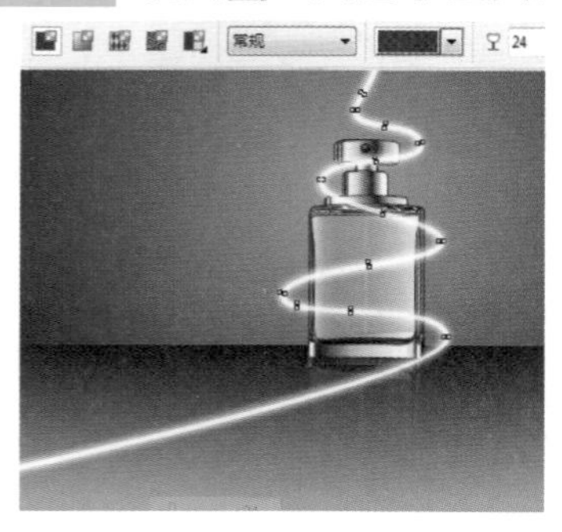

图9-36 调整透明度

图9-37 改变顺序

图9-38 绘制轮廓

STEP38 将轮廓与绕光一同选取，单击属性栏中的（相交）按钮，再按Shift+PgUp键将其放置到最顶层，效果如图9-39所示。

STEP39 将轮廓删除，使用同样的方法在香水喷嘴处制作相交，使绕光区域放置到香水瓶前，至此绕光部分制作完毕，效果如图9-40所示。

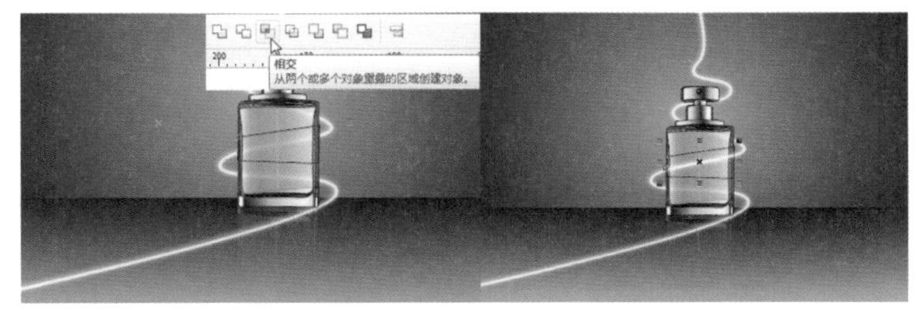

图9-39 相交改变顺序

图9-40 绕光

制作香水修饰部分

STEP40 选择工具箱中的（艺术笔工具），单击属性栏中的（喷涂）按钮，设置“类别”为“植物”，在下拉列表中选择“叶子”，在文档上绘制树叶，效果如图9-41所示。

STEP41 按Ctrl+K键打散路径，选择绘制的路径将其删除，再按Ctrl+U键取消群组，选择其中的一个树叶移到香水瓶底部，效果如图9-42所示。

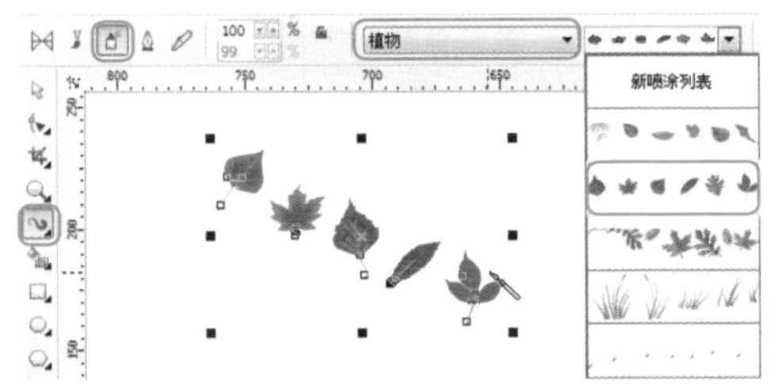

图9-41 绘制树叶

图9-42 移动树叶

STEP42 复制树叶并移到另一位置，将树叶旋转并放大，效果如图9-43所示。

STEP43 选择工具箱中的（艺术笔工具），单击属性栏中的（喷涂）按钮，设置“类别”为“其它”，在下拉列表中选择有鲸鱼的选项，在文档上绘制鲸鱼，效果如图9-44所示。

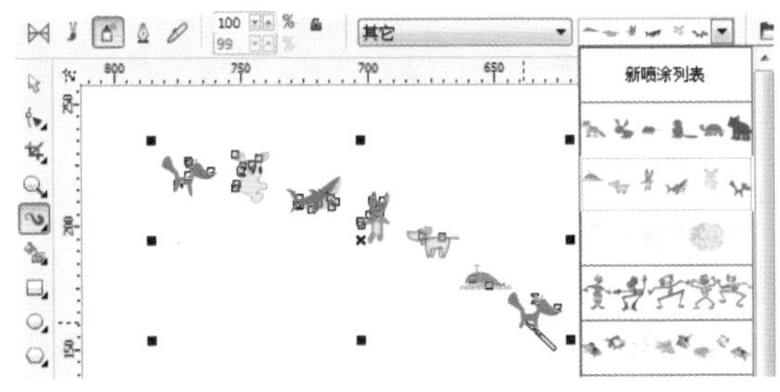

图9-43 复制树叶

图9-44 绘制

STEP44 按Ctrl+K键打散路径，选择绘制的路径将其删除，再按Ctrl+U键取消群组，选择其中的鲸鱼，调整大小后，放置到背景上，效果如图9-45所示。

STEP45 执行菜单中的“文本/插入字符符号”命令，打开“插入字符”泊坞窗，其中的参数设置如图9-46所示。

STEP46 使用（阴影工具）在花上拖动创建阴影，在属性栏中设置参数值，效果如图9-47所示。

图9-45 调整鲸鱼图形

图9-46 插入字符

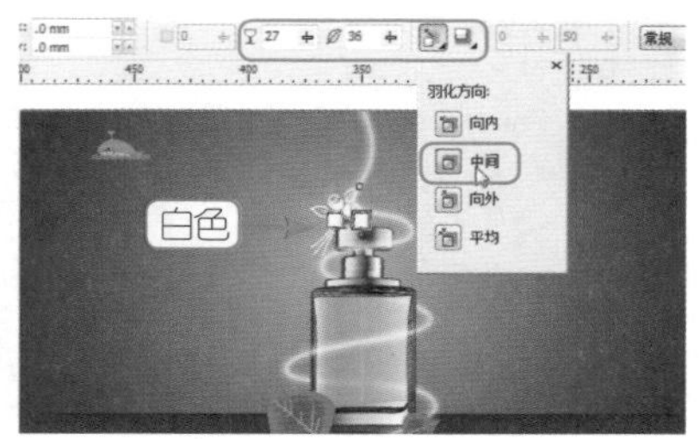

图9-47 添加阴影

STEP47 在背景底部绘制一个矩形并填充黑色，复制鲸鱼图形移动到黑色矩形上，并填充白色，效果如图9-48所示。

STEP48 在图形内键入相应文字，完成本例的制作，效果如图9-49所示。

图9-48 复制

图9-49 最终效果

实例44 手机广告

实例 目的

本实例的目的是让大家了解在CorelDRAW中使用各个工具以及命令相结合制作手机广告的方法，如图9-50所示的效果即为手机广告设计过程。

图9-50 制作流程图

实例 重点

- 交互式填充
- 底纹填充
- 透明度工具
- 钢笔工具
- 图框精确剪裁

实例 步骤

制作手机广告背景

STEP 1 执行菜单中的“文件/新建”命令，新建一个空白文档，使用（矩形工具）在文档中绘制一个“宽度”为292mm、“高度”为205mm的矩形，在工具箱中选择（交互式填充工具），打开“编辑填充”对话框，其中的参数设置如图9-51所示。

STEP 2 设置完毕单击“确定”按钮，效果如图9-52所示。

STEP 3 按Ctrl+C键复制，再按Ctrl+V键粘贴得到一个矩形副本，在工具箱中选择（交互式填充工具），打开“编辑填充”对话框，其中的参数设置如图9-53所示。

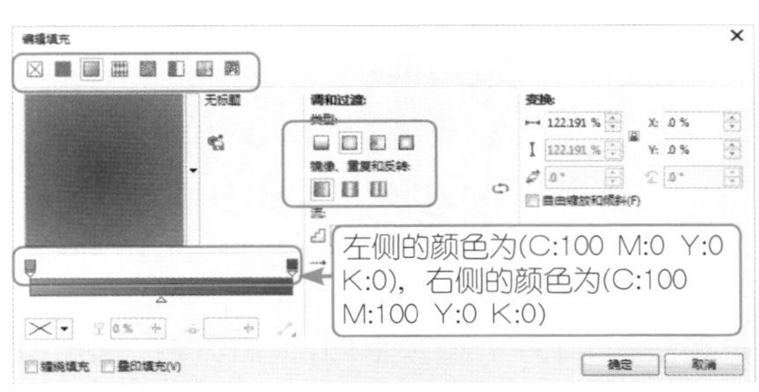

图9-51 “编辑填充”对话框

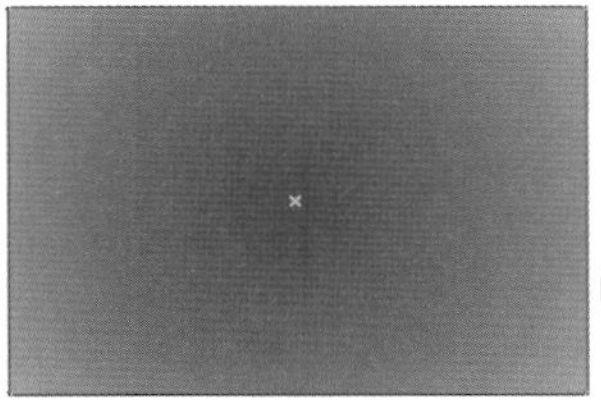

图9-52 填充渐变色

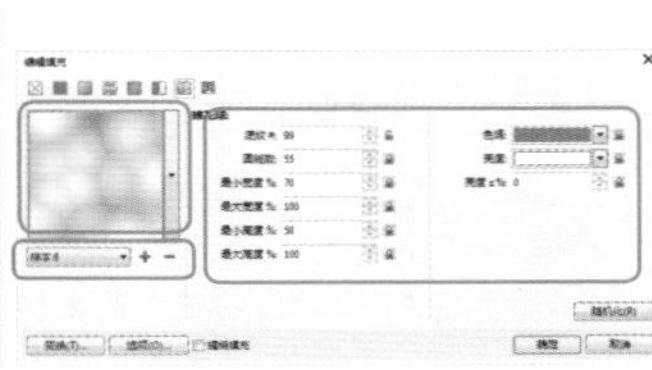

图9-53 设置底纹填充

STEP 4 设置完毕单击“确定”按钮，效果如图9-54所示。

STEP 5 使用（透明度工具），设置“透明度类型”为“椭圆形渐变透明度”，效果如图9-55所示。

STEP 6 单击（编辑透明度）按钮，进入“编辑透明度”对话框，其中的参数设置如图9-56所示。

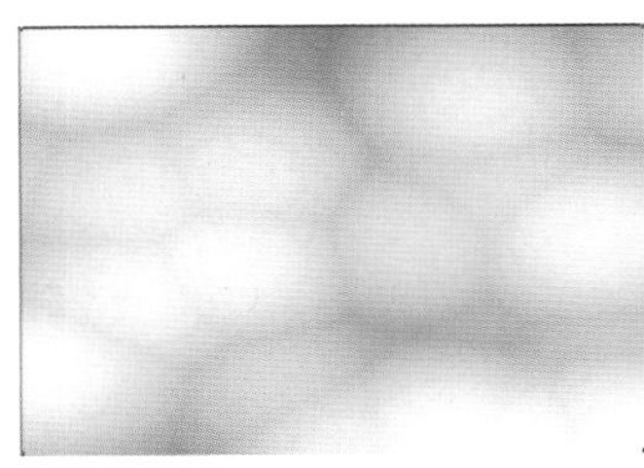

图9-54 底纹填充

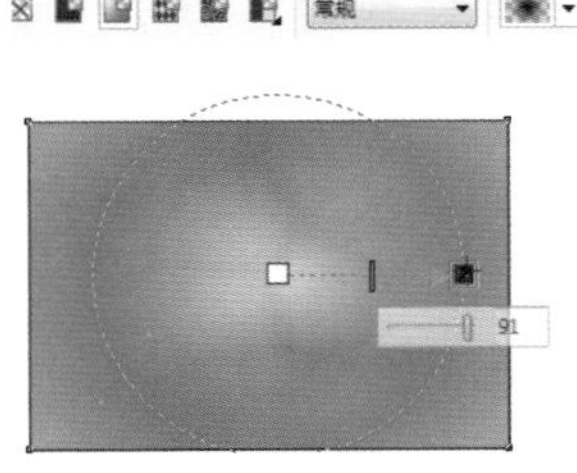

图9-55 椭圆形渐变透明

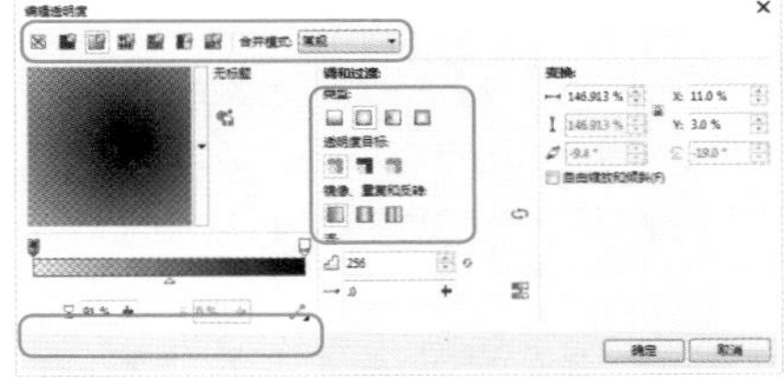

图9-56 “编辑透明度”对话框

STEP 7 设置完毕单击“确定”按钮，此时背景制作完毕，效果如图9-57所示。

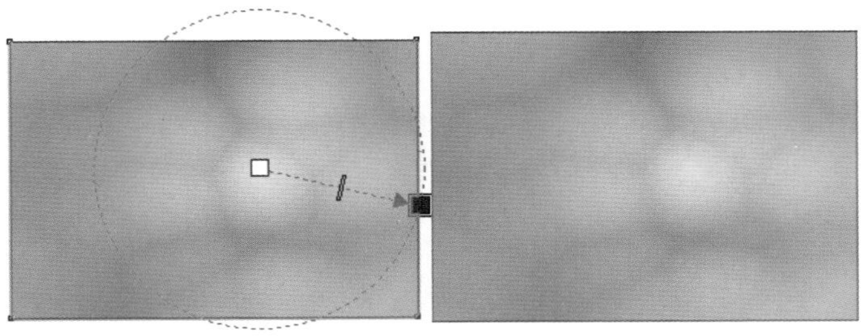

图9-57 渐变透明

制作广告中的人物部分

STEP 8 导入附赠资源中的“素材/第9章/跳高”素材，如图9-58所示。

STEP 9 单击（水平镜像）按钮，水平镜像素材后移动到背景右上角，使用（透明度工具），设置“透明度类型”为“椭圆形渐变透明度”、“合并模式”为“乘”，如图9-59所示。

STEP10 单击（编辑透明度）按钮，进入“编辑透明度”对话框，其中的参数设置如图9-60所示。

图9-58 导入素材

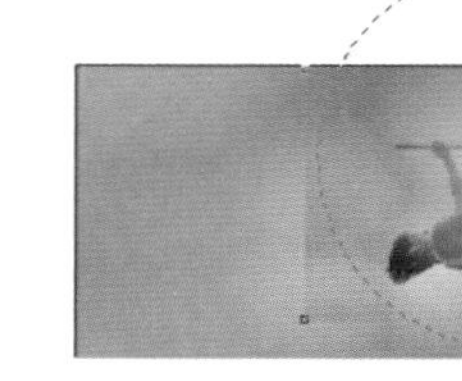

图9-59 水平镜像并移动

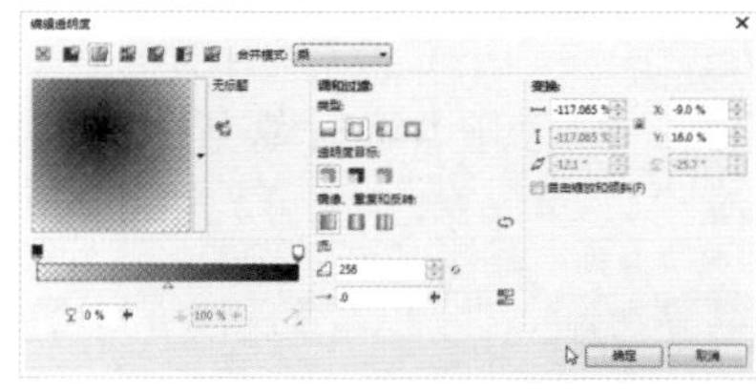

图9-60 “编辑透明度”对话框

STEP11 设置完毕单击“确定”按钮，效果如图9-61所示。

STEP12 选择“跳高”素材，执行菜单中的“效果/图框精确剪裁/置于图文框内部”命令，使用箭头在背景矩形上单击，将人物放置到矩形内，此时人物部分制作完成，如图9-62所示。

图9-61 渐变透明

图9-62 放置到容器内

制作手机与修饰部分

STEP13 导入附赠资源中的“素材/第9章/手机”素材，效果如图9-63所示。

STEP14 将手机移到背景处并将其进行缩小，复制一个副本并移动到相应位置，效果如图9-64所示。

STEP15 使用（钢笔工具）在背景上绘制曲线轮廓，按Ctrl+Shift+Q键将轮廓转换为对象，效果如图9-65所示。

图9-63 手机素材

图9-64 移动

图9-65 绘制轮廓并转换为对象

STEP16 复制轮廓线，得到如图9-66所示的效果。

STEP17 框选轮廓，按Ctrl+L键结合轮廓，效果如图9-67所示。

图9-66 复制

图9-67 结合

STEP18 使用（透明度工具）从左向右拖动鼠标添加线性渐变透明效果，如图9-68所示。

STEP19 旋转左面的手机，复制一个副本，单击（垂直镜像）按钮，将副本镜像，如图9-69所示。

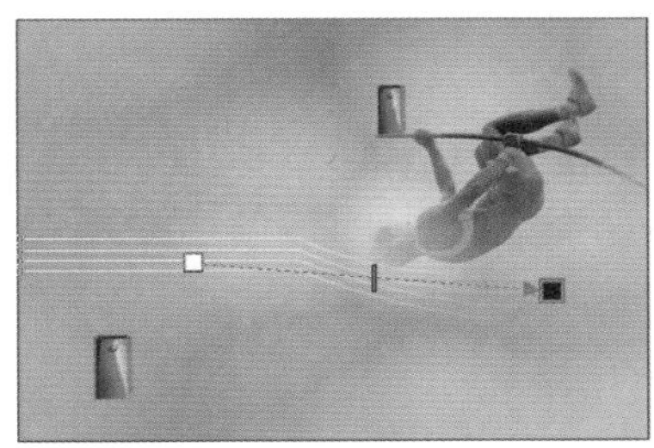

图9-68 透明效果

图9-69 镜像

STEP20 使用（透明度工具）从镜像的手机底部向下拖动，创建线性渐变透明，效果如图9-70所示。

STEP21 使用（文本工具）在相应位置键入与广告对应的文字，至此本例制作完毕，效果如图9-71所示。

图9-70 透明效果

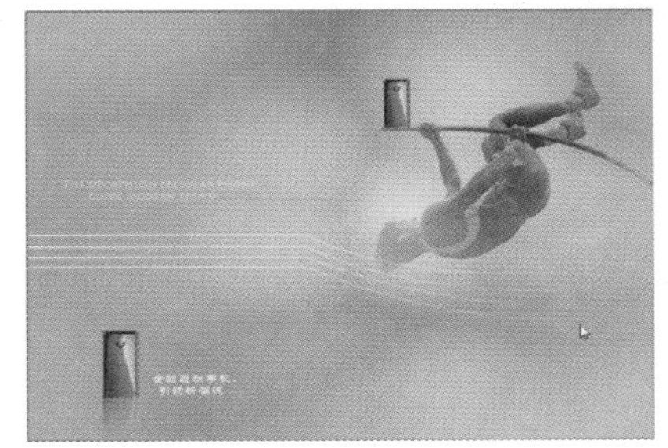

图9-71 最终效果

本章练习

练习

设计一个酒类广告，要求大小为180mm×135mm，设计时一定要围绕酒主题进行制作。

第10章

CorelDRAW X7

| 书籍装帧设计

书籍装帧设计是指从书籍文稿到成书出版的整个设计过程，也是完成从书籍形式的平面化到立体化的过程，它包含了艺术思维、构思创意和技术手法的系统设计，包括书籍的开本、装帧形式、封面、腰封、字体、版面、色彩、插图，以及纸张材料、印刷、装订及工艺等各个环节的艺术设计。在书籍装帧设计中，只有从事整体设计的才能称之为装帧设计或整体设计。只有完成封面或版式等部分设计的，才能称作封面设计或版式设计。

| 本章重点

- 杂志封面设计
- 技术类图书封面设计

学习书籍装帧设计应对以下几点进行了解：

- 装帧构成
- 设计要素
- 装帧形式

装帧构成 

一般装帧设计的装订技术分为平装和精装两种。

平装是相对于精装来说的，所谓的“平”是指一般、朴素和普通。在装订结构上平装与精装大致相同，只是装帧时用的材料和设计形式不同。

精装书籍是相对于平装书籍来说的，它们内页的装订基本相同，但是在装订使用的材料上与平装有着很大的区别，例如精装会用坚固的材料作为封面，以便更好地保护书页，同时大量使用精美的材料装帧书籍，例如在封面材料上使用羊皮、绒、漆布、绸缎、亚麻等。

书籍的结构有多种术语，下面就对此逐一说明。

- 书芯：由扉页、目录、正文等部分构成的阅读主体，这是书中用纸量最大的部分。
- 书封：套在书芯外面起保护和装饰作用的部分，包括封面、封底、勒口、书背。书封通常用较厚的纸，但不能厚得在折叠或压槽时开裂。
- 封面：书封的首页，有书名、作者名、出版社名称，文艺类书籍通常还会有简单的宣传语。
- 封底：书封的末页，有条形码、书号、定价。条形码必须印在一个白色的方块上。
- 勒口：封面或封底在开口处向内折的部分。并不是每本书都有勒口，但勒口可以加固开口处的边角，并丰富书封的内容，勒口处常有内容简介、作者简介、书评等书的介绍。
- 书脊：封面和封底相连的地方，这里有书名、作者名、出版社名称或其他信息。
- 压槽：在封面上，距离书脊大约1厘米有一条折线，这使读者在打开封面时不会把底下的书芯带起来。
- 腰封：在书封外另套的一层可拆卸的装饰纸，可用铜版纸或特种纸，上面印有宣传语。
- 衬纸：夹在书封和书芯之间的装饰页。
- 插页：一些重要的图标或插图，夹在正文中，或放在正文的前面。
- 扉页：书芯的首页，至少要有书名、作者名和出版社名称。
- 版权页：在扉页背面或书芯的最后一页，记录有关出版的信息。
- 开本：如890mm×1230mm，意思是该书的书芯使用全张纸尺寸是890mm×1230mm，最终的成品尺寸是32开。
- 字数：内文的行数乘以每行的字

数，是图书的版面字数。

✸ 版心：页面中主要内容所在的区域。

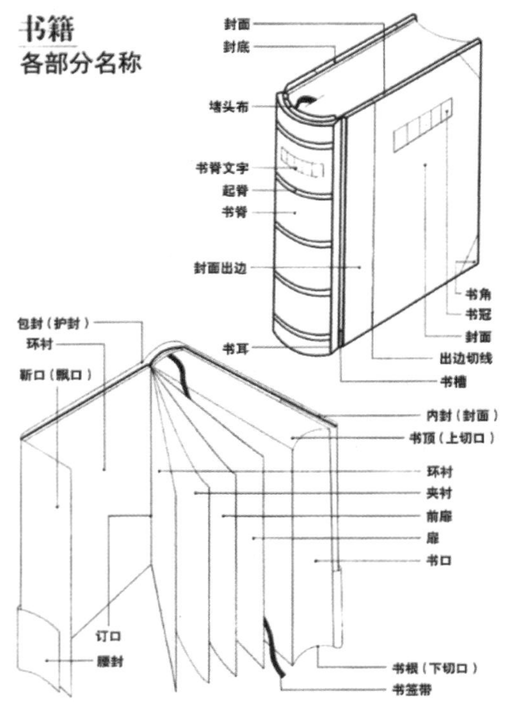

设计要素

文字

封面上简练的文字，主要是书名（包括从书名、副书名）、作者名和出版社名。这些留在封面上的文字信息，在设计中起着举足轻重的作用。

图形

包括摄影、插图和图案，有写实的、有抽象的，还有写意的。

色彩

色彩是最容易打动读者的书籍设计语言，虽然个人对色彩的感觉有差异，但对色彩的感官认识是有共同之处的。因此，色调的设计要与书籍内容的基本情调相呼应。

构图

构图的形式有垂直、水平、倾斜、曲线、交叉、向心、放射、三角、叠合、边线、散点、底纹等。

装帧形式

✸ 卷轴装：这是中国一种古老的装帧形式，特点是长篇卷起来后方便保存，比如隋唐时期的经卷。

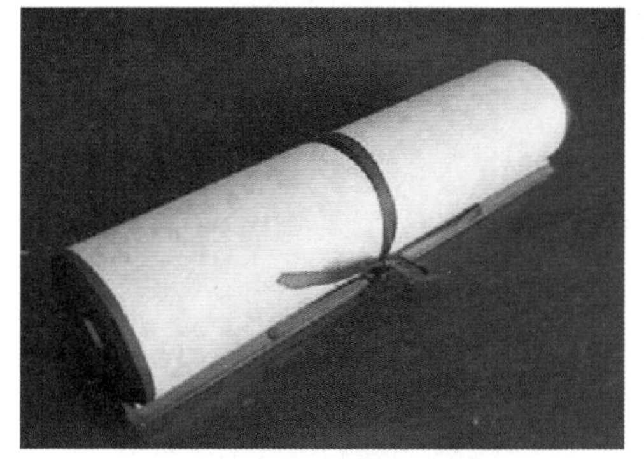

✸ 经折装：是在卷轴装的形式上改进而来的，特点是一反一正地翻阅，非常方便。

★ 旋风装：是在经折装的基础上改进的，特点是像贴瓦片那样叠加纸张，也需要卷起来收存。

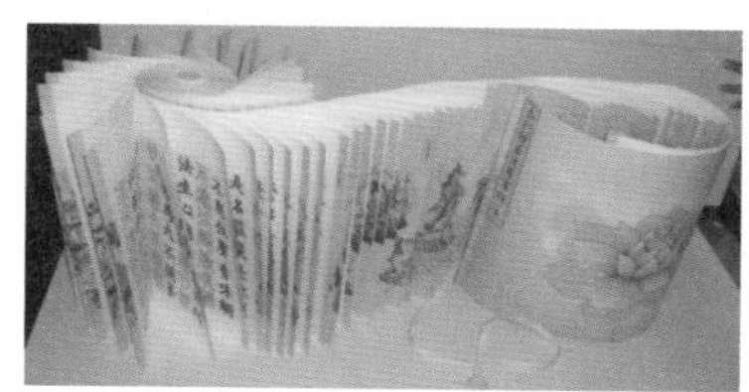

★ 蝴蝶装：是将书籍页面对折后粘连在一起，像蝴蝶的翅膀一样，不用线却很牢固。

实例45 杂志封面设计

实例目的

本实例的目的是让大家了解在CorelDRAW中使用各个工具以及命令相结合制作杂志封面的方法，如图10-1所示的效果即为杂志封面设计过程。

图10-1 制作流程图

实例 重点

- 透明度工具
- 打散文字
- 造型
- 图框精确剪裁

实例 步骤

制作背景

STEP 1 执行菜单中的“文件/新建”命令，新建一个空白文档，使用（矩形工具）在文档中绘制一个“宽度”为185mm、“高度”为260mm的矩形，如图10-2所示。

STEP 2 将刚刚绘制的矩形先放置到一边，导入附赠资源中的“素材/第10章/登山和月空”素材，效果如图10-3所示。

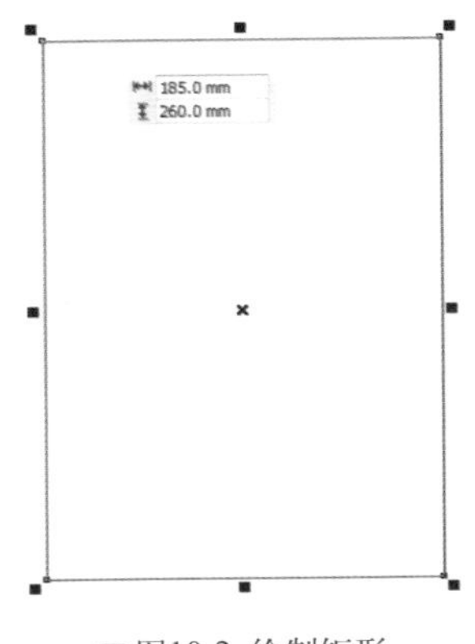

图10-2 绘制矩形

图10-3 导入素材

STEP 3 使用（选择工具）选择素材，按住Shift键拖动控制点，将素材等比例缩小，将“宽度”设置为200mm，再将“月空”素材移动到“登山”上方，如图10-4所示。

STEP 4 使用（透明度工具）在月空的顶部向下拖动，为位图创建线性透明效果，至此背景制作完毕，如图10-5所示。

图10-4 移动

图10-5 添加透明

制作名称文字

STEP 5 使用（文本工具）在文档中键入文字“探险”，按Ctrl+K键将文字打散，如图10-6所示。

STEP 6 选择“探”字，按Ctrl+Q键将文字转换为曲线，再按Ctrl+K键打散曲线，将没有连接的区域删除，如图10-7所示。

STEP 7 使用（贝塞尔工具）在文字曲线中绘制封闭的曲线路径，如图10-8所示。

图10-6 键入文字

图10-7 编辑

图10-8 绘制曲线

STEP 8 框选文字曲线与刚刚绘制的封闭曲线，执行菜单中的“对象/造型/造型”命令，打开“造型”泊坞窗，设置“造型”为“简化”，单击“应用”按钮，将曲线进行简化处理，效果如图10-9所示。

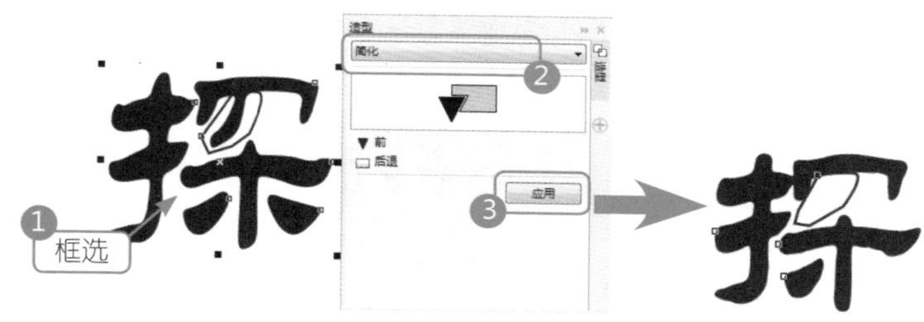

图10-9 造形

STEP 9 选择封闭曲线并按Delete键将其删除，再使用（椭圆工具）绘制椭圆作为眼睛，过程如图10-10所示。

图10-10 绘制眼睛

STEP10 再使用（椭圆工具）绘制两个正圆轮廓，如图10-11所示。

STEP11 将两个正圆一同选取，在“造型”泊坞窗中，设置“造型”为“简化”，单击“应用”按钮，将正圆进行简化处理，效果如图10-12所示。

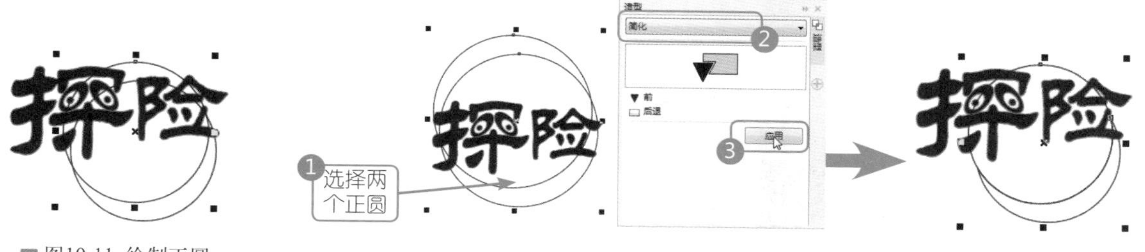

图10-11 绘制正圆

图10-12 简化造型

STEP12 将上面的正圆删除，为月牙填充黑色，如图10-13所示。

STEP13 将制作的名称文字移到背景上，为其填充灰色轮廓，至此该部分制作完毕，效果如图10-14所示。

图10-13 填充

图10-14 名称文字

制作修饰文字

STEP14 使用字（文本工具）在背景上键入相应文字，字体按照自己的喜好进行选择，改变文字颜色，过程如图10-15所示。

图10-15 键入文字

图框精确剪裁部分

STEP15 框选上面的文字，执行菜单中的“效果/图框精确剪裁/置于图文框内部”命令，此时使用黑色箭头在之前绘制的矩形框内单击，如图10-16所示。

STEP16 执行菜单中的“效果/图框精确剪裁/编辑PowerClip”命令，此时会进入容器框内进行编辑，将图像移动到蓝色矩形框内，效果如图10-17所示。

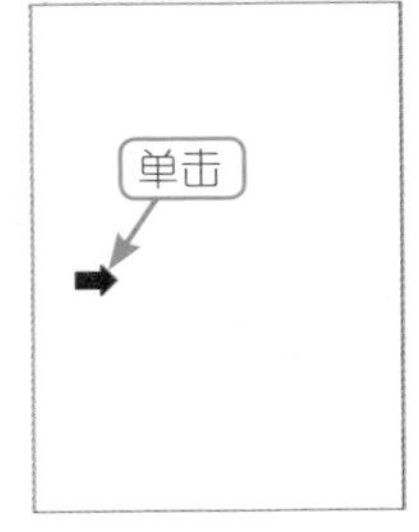

图10-16 放置到容器内

图10-17 编辑

STEP17 执行菜单中的“效果/图框精确剪裁/结束编辑”命令，此时杂志封面制作完毕，效果如图10-18所示。

STEP18 为封面添加立体效果，如图10-19所示。

图10-18 杂志封面

图10-19 最终效果

实例46 技术类图书封面设计

实例 目的

本实例的目的是让大家了解在CorelDRAW中使用各个工具以及命令相结合制作技术类图书封面的方法，如图10-20所示的效果即为技术类图书封面设计过程。

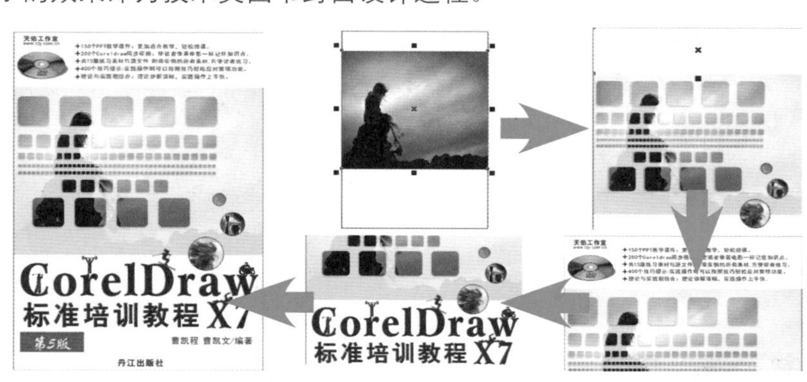
图10-20 制作流程图

实例 重点

- 接合
- 相交
- 阴影工具
- 插入字符

实例 步骤

在该实例的制作过程中，分为制作封面图像合成、封面顶部、封面底部等部分，详细的步骤请扫描右侧的二维码，将电子书推送到自己的邮箱中下载获取，然后进行学习。

本章练习

练习

为自己喜欢的图书设计一个封面和封底。

第11章

CorelDRAW X7

| 包装设计

包装是产品由生产转入市场流通的一个重要环节。包装设计是包装的灵魂，是包装成功与否的重要因素。激烈的市场竞争不但刺激了产品与消费的发展，同时不可避免地推动了企业战略的更新，其中包装设计也被放在市场竞争的重要位置上。这就是近二十多年的包装设计中表现手法和形式越来越具有开拓性和目标性的基本原因。

包装设计包含了设计领域中的平面构成、立体构成、文字构成、色彩构成及插图、摄影等，是一门综合性很强的设计专业学科。包装设计又是和市场流通结合最紧密的设计，设计的成败完全有赖于市场的检验，所以市场学、消费心理学始终贯穿在包装设计之中。

| 本章重点

- 湿纸巾包装
- 酒瓶包装

学习包装设计应对以下几点进行了解：

- 商品包装的分类形式
- 包装设计制作要求

商品包装的分类形式

按形态性质分类，可以将商品包装分为单个包装、内包装、集合包装、外包装等。

按使用机能分类，可以将商品包装分为流通包装、储存包装、保护包装、销售包装等。

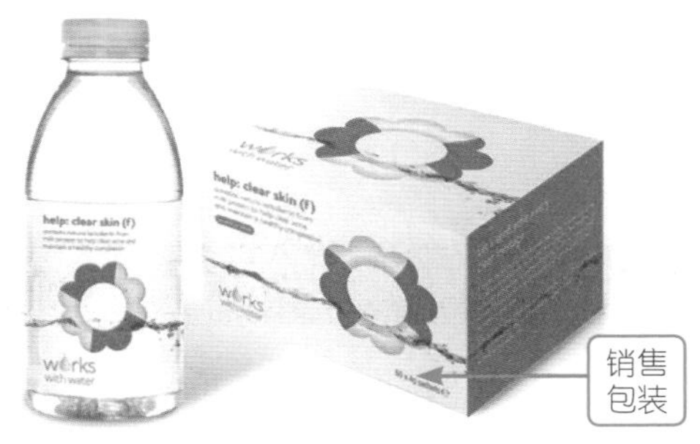

按使用材料分类，可以将商品包装分为木箱包装、瓦楞纸箱包装、塑料类包装、金属类包装、玻璃和陶瓷类包装、软性包装和复合包装等。

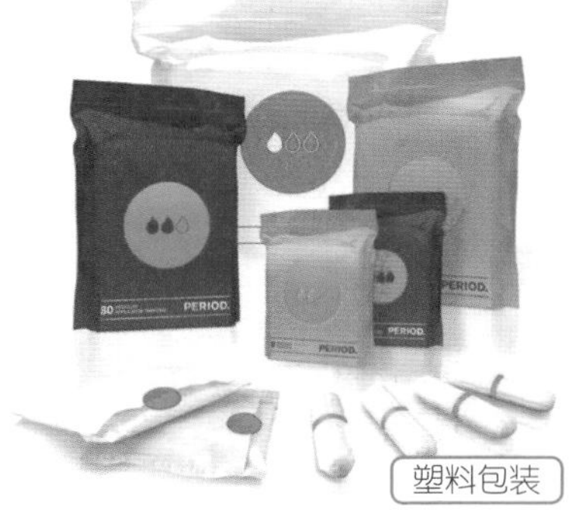

按包装产品分类，可以将商品包装分为食品包装、药品包装、纤维织物包装、机械产品包装、电子产品包装、危险品包装、蔬菜瓜果包装、花卉包装和工艺品包装等。

饮料包装

电子产品包装

按包装方法分类，可以将商品包装分为防水包装、防锈包装、防潮式包装、开放式包装、密闭式包装、真空包装和压缩包装等。

防水包装

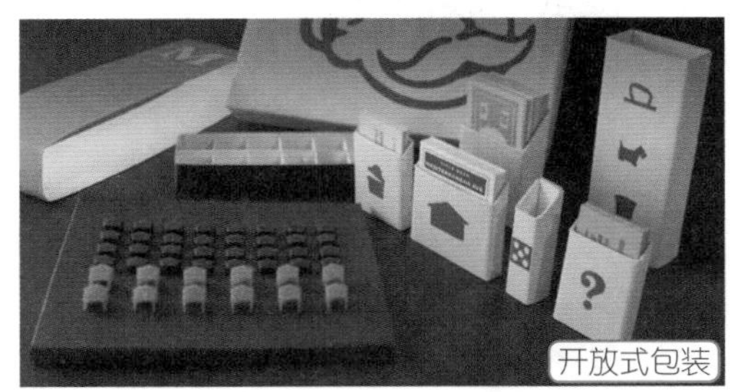
开放式包装

还可以按运输方式分类，可以将商品包装分为铁路运输包装、公路运输包装和航空运输包装等。

包装设计制作要求

商品的包装设计必须要避免与同类商品雷同，设计定位要针对特定的购买人群，要在独创性、新颖性和指向性上下功夫。下面介绍一些商品包装设计的要点和要求。

造型统一

设计同一系列或同一品牌的商品包装，在图案、文字、造型上必须给人以大致统一的印象，以增加产品的品牌感、整体感和系列感，当然也可以采用某些色彩变化来展现内容物的不同性质来吸引相应的顾客群。

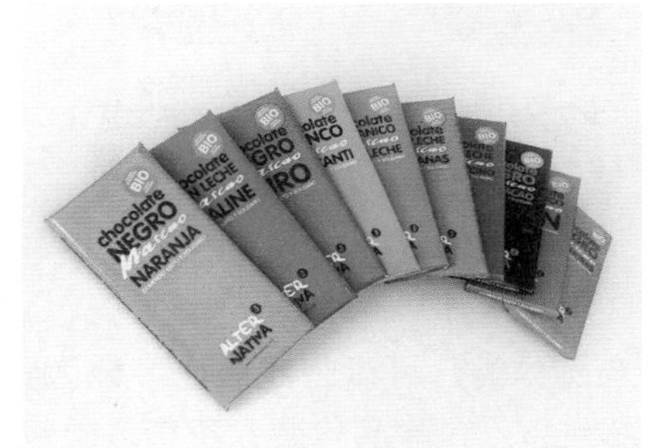

外形设计

包装的外形设计必须根据其内容物的形状和大小、商品文化层次、价格档次和消费者对象等多方面因素进行综合考虑，并做到外包装和内容物品设计形式的统一，力求符合不同层次顾客的购买心理，使他们容易产生商品的认同感。如高档次、高消费的商品要尽量设计得造型独特、品位高雅，大众化的、廉价的商品则应该设计得符合时尚潮流和能够迎合普通大众的消费心理。

图形设计

包装设计采用的图形可以分为具象、抽象与装饰三种类型，图形设计内容可以包括品牌形象、产品形象、应用示意图、辅助性装饰图形等多种形式。

图形设计的信息传达要准确、鲜明、独特，具象图形真实感强，容易使消费者了解商品内容。抽象图形形式感强，其象征性容易使顾客对商品产生联想，装饰性图形则能够出色表现商品的某些特定文化内涵。

文字设计

应该根据商品的销售定位和广告创意要求对包装的字体进行统一设计，同时还要根据国家对有关商品包装设计的规定，在包装上标示出应有的产品说明文字，如商品的成分、性能和使用方法等，还必须附有商品条形码。

色彩设计

商品包装的色彩设计要注意特别针对不同商品的类型和卖点，使顾客可以从日常生活所积累的色彩经验中自然而然地对该商品产生视觉心理认同感，从而达成购买行为。

材料环保

在设计包装时应该从环保的角度出发，尽量采用可以自然分解的材料，或通过减少包装耗材来降低废弃物的数量，还可以从提高包装容器设计制作的精美、实用的角度出发，使包装容器设计向着可被消费者作为日常生活器具加以二次利用的方向发展。

编排构成

必须将上述图形、色彩、文字、材料、外形等包装设计要素按照设计创意进行统一的编排、整合，以形成整体的、系列的包装形象。

实例47 湿纸巾包装

实例目的

本实例的目的是让大家了解在CorelDRAW中使用各个工具以及命令相结合制作湿纸巾包装的方法。如图11-1所示为湿纸巾包装设计过程。

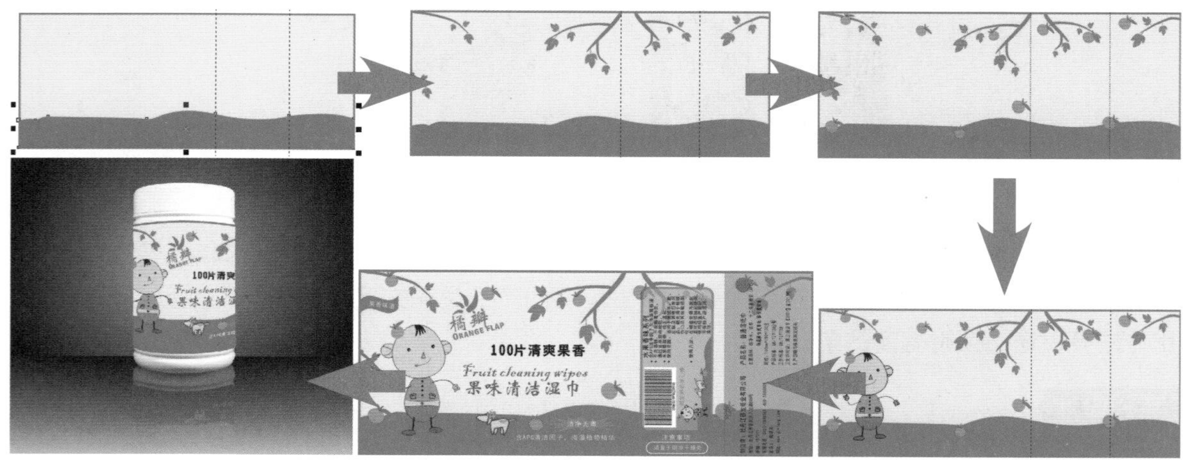

图11-1 制作流程图

实例 重点

- 矩形工具
- 贝塞尔工具
- 形状工具
- 插入条形码
- 透明度工具

实例 步骤

制作背景

STEP 1 执行菜单中的“文件/新建”命令，新建一个空白文档，使用（矩形工具）在文档中绘制一个“宽度”为290mm、“高度”为120mm的矩形，如图11-2所示。

STEP 2 在标尺处水平向矩形上拖动出两条辅助线，用来对包装区域进行划分，如图11-3所示。

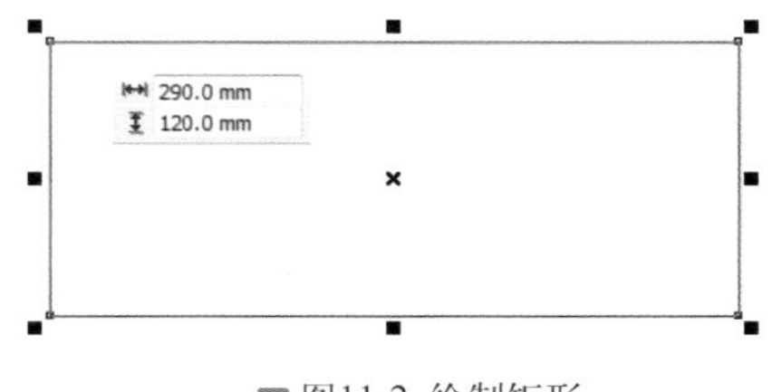

图11-2 绘制矩形

图11-3 创建辅助线

STEP 3 将轮廓色填充为“绿色”、填充为“淡黄色”，设置“轮廓宽度”为1.5mm，如图11-4所示。

STEP 4 使用（贝塞尔工具）在矩形下面绘制一个封闭轮廓，如图11-5所示。

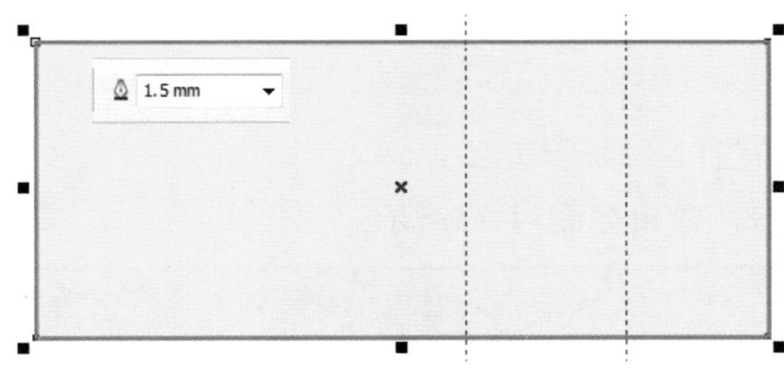

图11-4 设置轮廓宽度并填充颜色

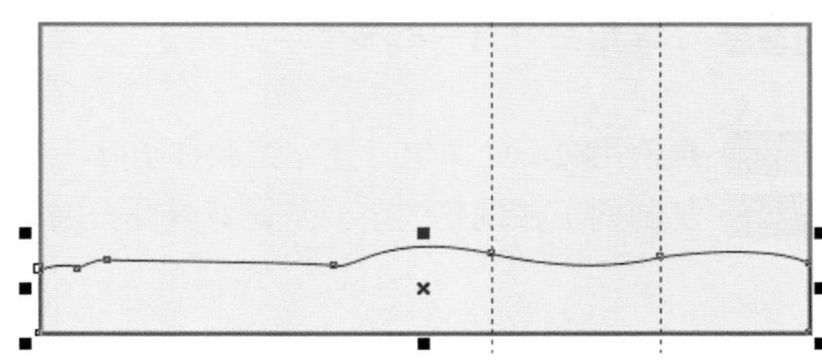

图11-5 绘制轮廓

STEP 5 在“颜色”泊坞窗中单击“绿色”色块、右击“无填充”，为其填充绿色并取消轮廓，如图11-6所示。

STEP 6 使用（贝塞尔工具）在左上角绘制树枝并填充绿色，如图11-7所示。

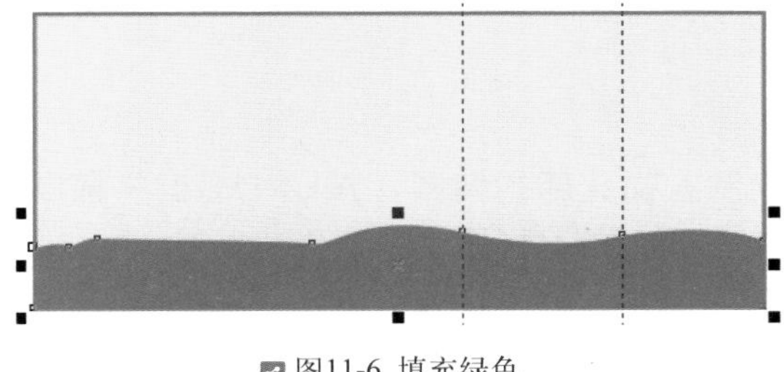

图11-6 填充绿色

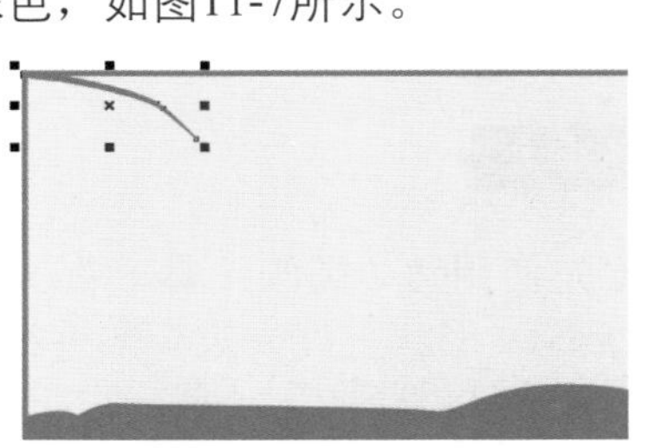

图11-7 绘制树枝

STEP 7 使用（贝塞尔工具）在树枝下面绘制树叶填充绿色，如图11-8所示。

STEP 8 复制树叶并进行旋转和缩放，效果如图11-9所示。

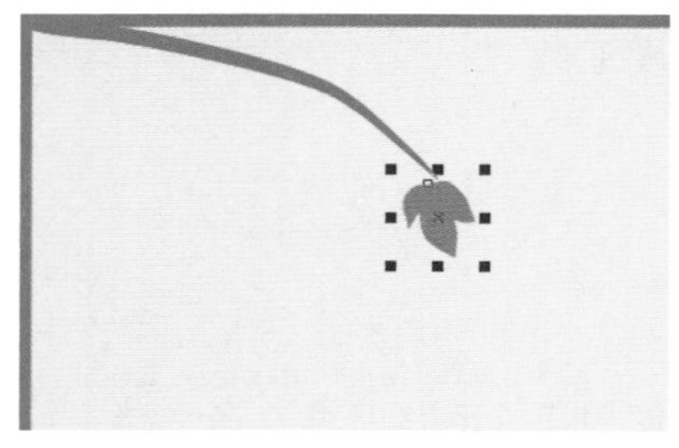

图11-8 绘制树叶

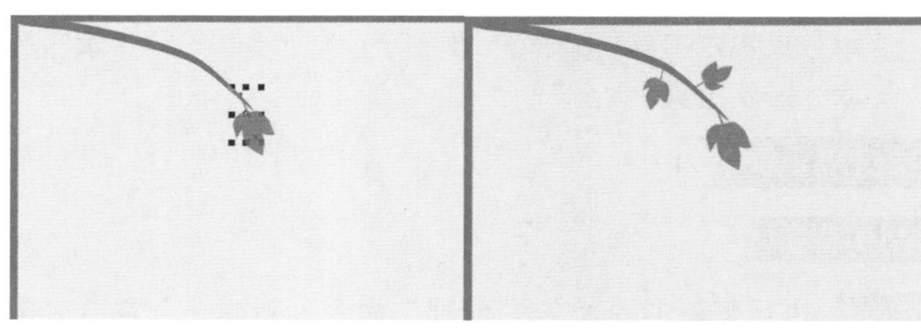

图11-9 复制

STEP 9 使用同样的方法，制作背景中的树叶与树枝，如图11-10所示。

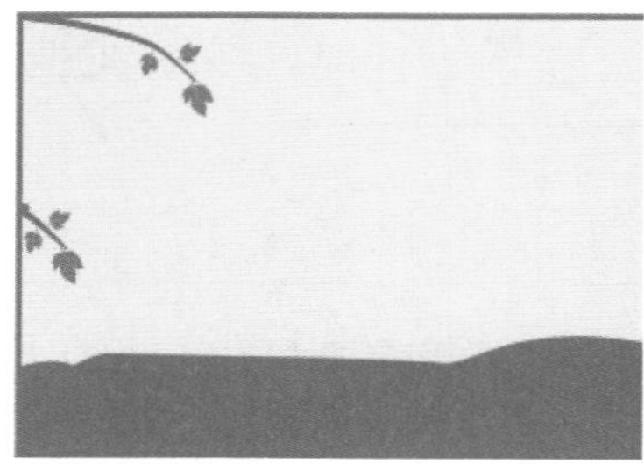

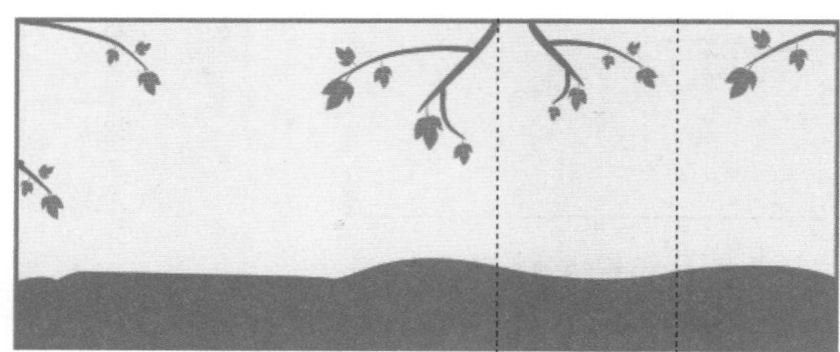

图11-10 绘制树叶与树枝

STEP10 下面绘制背景中的橘子，使用（贝塞尔工具）绘制橘子的外形并填充橘色，如图11-11所示。

STEP11 再使用（贝塞尔工具）绘制橘子叶，效果如图11-12所示。

STEP12 复制橘子并调整大小。至此背景部分制作完毕，效果如图11-13所示。

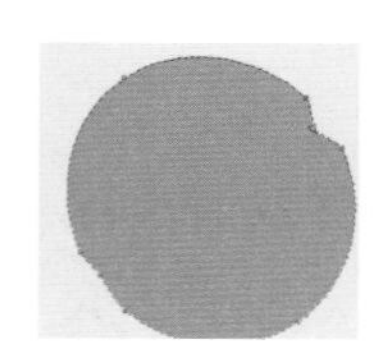

图11-11 绘制橘子

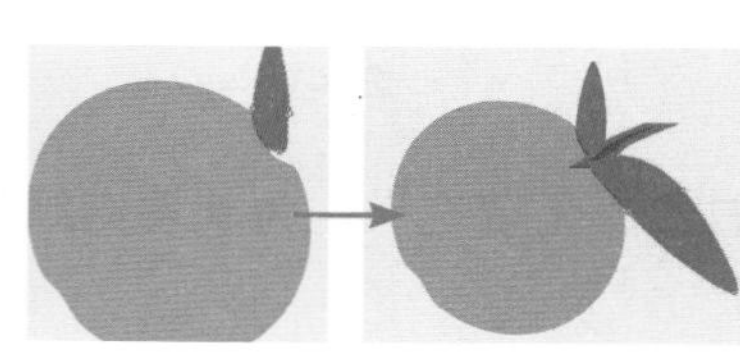

图11-12 绘制橘子叶

图11-13 背景部分

绘制卡通小人

STEP13 首先使用（椭圆工具）在文档中绘制人物头部的椭圆，按Ctrl+Q键将椭圆转换为曲线，再使用（形状工具）对头部进行形状调整，如图11-14所示。

STEP14 在“颜色”泊坞窗中找到与脸部颜色最接近的色块单击填充颜色，如图11-15所示。

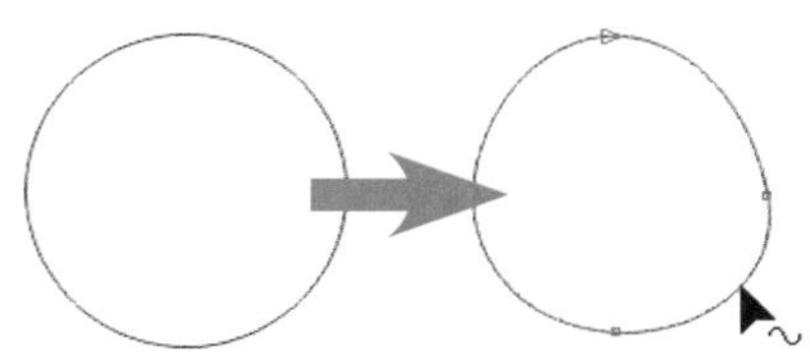

图11-14 调整椭圆曲线

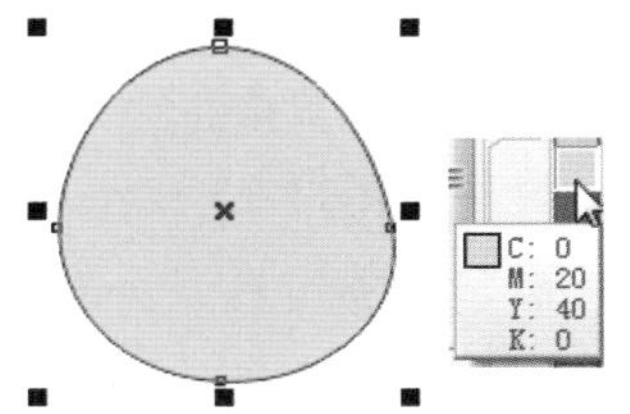

图11-15 填充面部颜色

STEP15 使用（椭圆工具）在脸上绘制眼睛并填充黑色与白色，效果如图11-16所示。

STEP16 使用（多边形工具）在眼睛下面绘制三角形作为人物的鼻子，效果如图11-17所示。

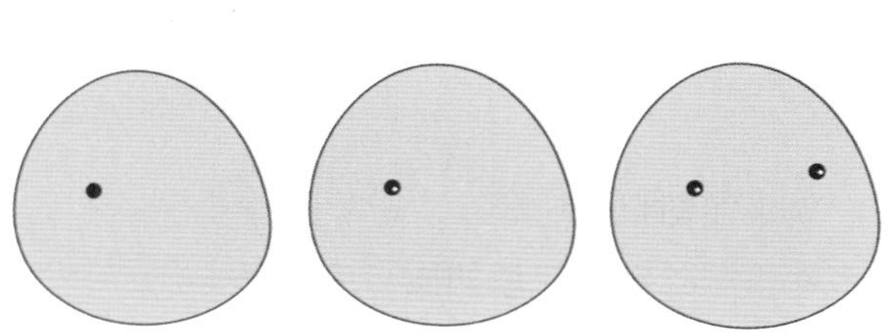

图11-16 绘制眼睛

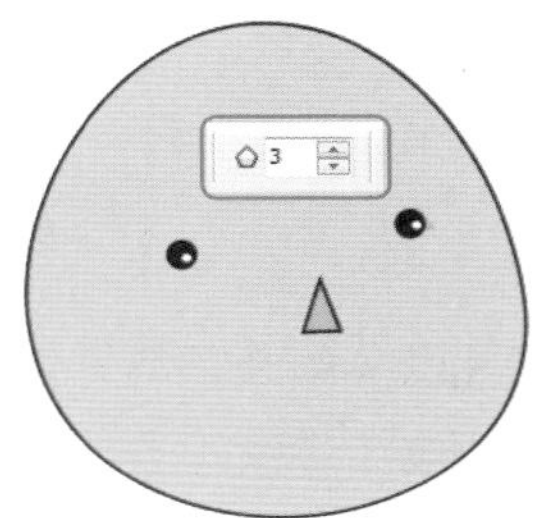

图11-17 绘制鼻子

STEP17 使用（钢笔工具）在鼻子下面绘制一条曲线作为人物的嘴巴，效果如图11-18所示。

STEP18 使用（椭圆工具）在嘴角处绘制一个灰色的椭圆，效果如图11-19所示。

STEP19 使用（钢笔工具）在头顶处绘制头发轮廓并填充黑色，效果如图11-20所示。

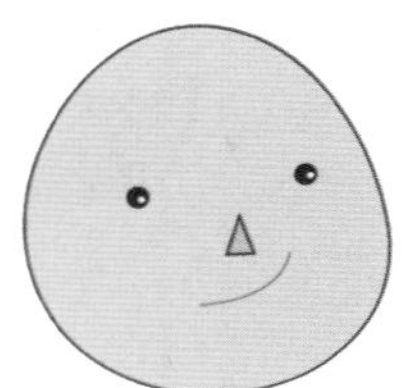

图11-18 绘制嘴巴

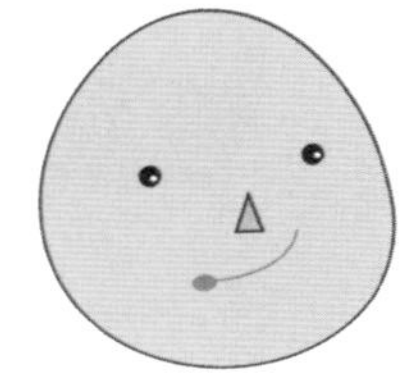

图11-19 绘制嘴角

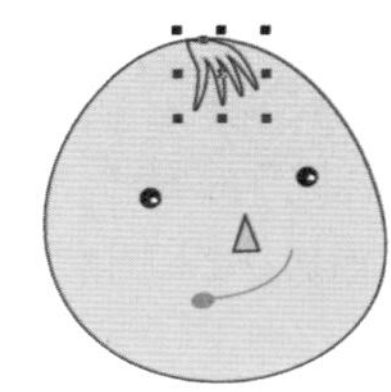

图11-20 绘制头发

STEP20 使用（椭圆工具）结合（贝塞尔工具）绘制人物的耳朵，框选后移动到头部边缘，按Ctrl+PgDn键数次向下调整顺序，直到调整到头部后面为止，效果如图11-21所示。

STEP21 复制耳朵移到另一面，单击属性栏中的（水平镜像）按钮，此时两只耳朵制作完毕，效果如图11-22所示。

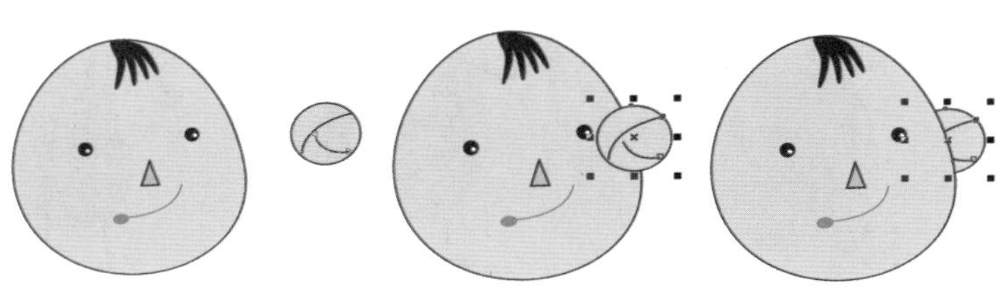

图11-21 绘制耳朵

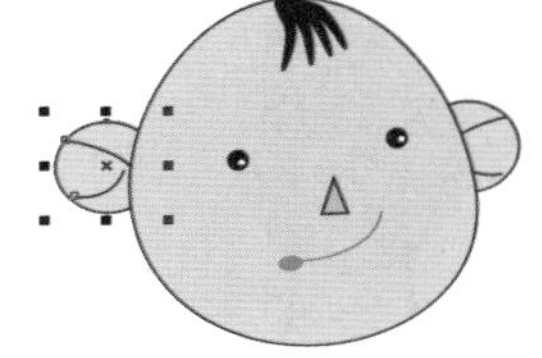

图11-22 绘制耳朵

STEP22 下面绘制人物的身体。使用（椭圆工具）绘制椭圆后，按Ctrl+Q键将其转换为曲线，使用（形状工具）拖动调整曲线，再使用（贝塞尔工具）在身体上绘制两条曲线，框选后调整顺序到后面，效果如图11-23所示。

STEP23 使用（智能填充工具）为人物身体处填充“橘色”和“红色”，效果如图11-24所示。

图11-23 绘制身体

图11-24 填充

STEP24 使用（椭圆工具）绘制衣服扣子，效果如图11-25所示。

STEP25 使用（螺纹工具）在衣服与裤子之间绘制肚脐，效果如图11-26所示。

STEP26 使用（椭圆工具）结合（贝塞尔工具）在衣服上绘制衣兜，效果如图11-27所示。

图11-25 衣服扣子

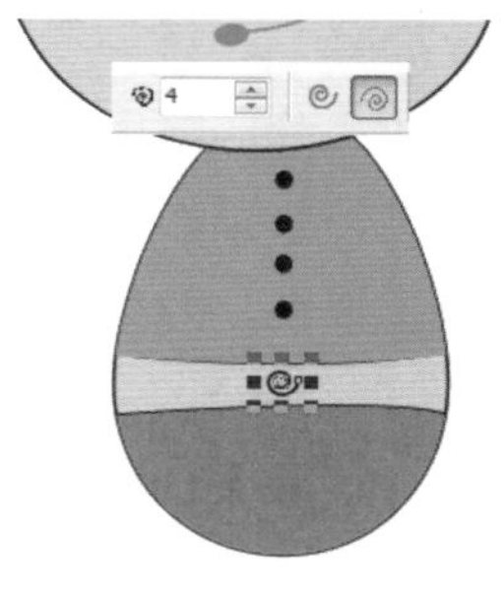

图11-26 肚脐

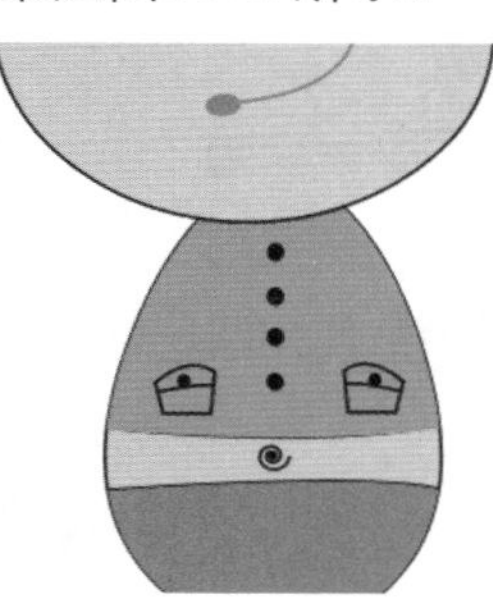

图11-27 衣兜

STEP27 下面再绘制人物的四肢，首先使用（贝塞尔工具）在身体边缘绘制曲线，如图11-28所示。

STEP28 使用（贝塞尔工具）绘制人物的脚并填充蓝色，如图11-29所示。

STEP29 使用（贝塞尔工具）绘制人物的手并填充与脸同样的颜色，至此人物部分绘制完毕，如图11-30所示。

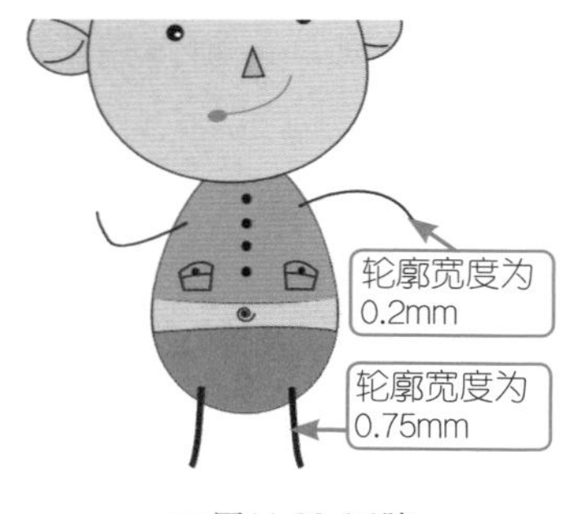

图11-28 四肢

图11-29 脚

图11-30 手

STEP30 框选人物，按Ctrl+G键群组后将其移动到背景上，在人物头部再复制一个橘子，效果如图11-31所示。

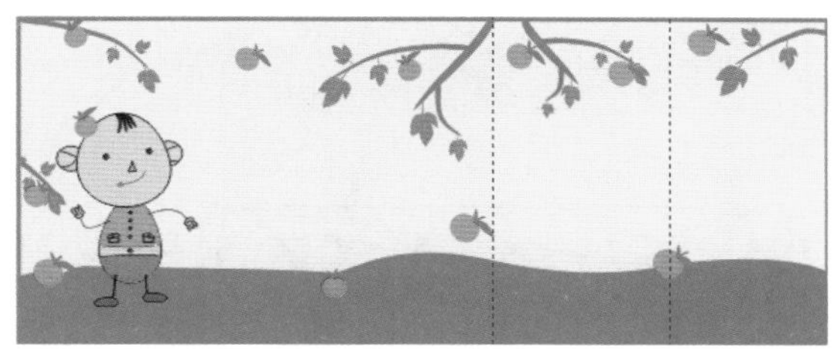

图11-31 人物与背景

绘制包装主体部分修饰

STEP31 选择工具箱中的（艺术笔工具），单击属性栏中的（喷涂）按钮，设置“类别”为“其它”，在下拉列表中选择带小狗的“动物”，在文档上绘制小动物，效果如图11-32所示。

STEP32 按Ctrl+K键打散路径，选择绘制的路径将其删除，再按Ctrl+U键取消群组，选择其中的一个小狗，如图11-33所示。

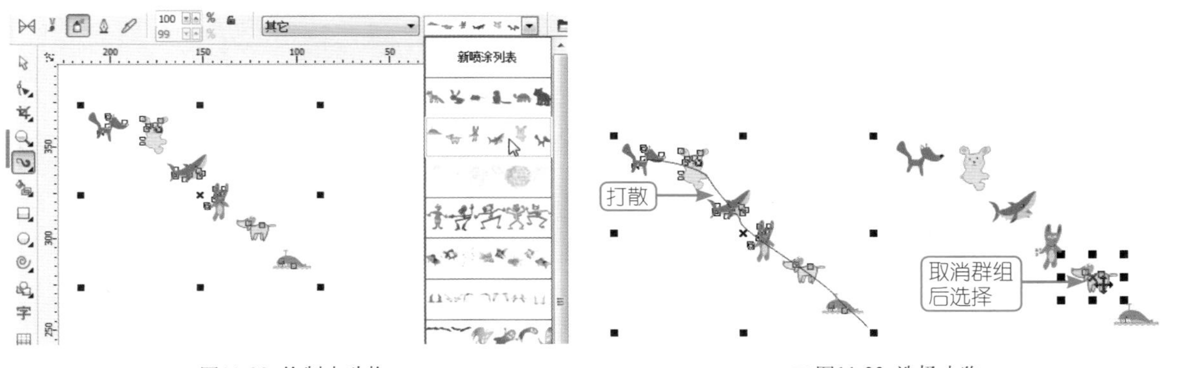

图11-32 绘制小动物　　图11-33 选择小狗

STEP33 将选择的小狗移动到人物的右边，并调整大小，效果如图11-34所示。

STEP34 选择（标题形状工具），在属性栏中的（完美形状）下拉列表中选择一个标题，在背景上绘制并填充相应的颜色，效果如图11-35所示。

图11-34 移动小狗

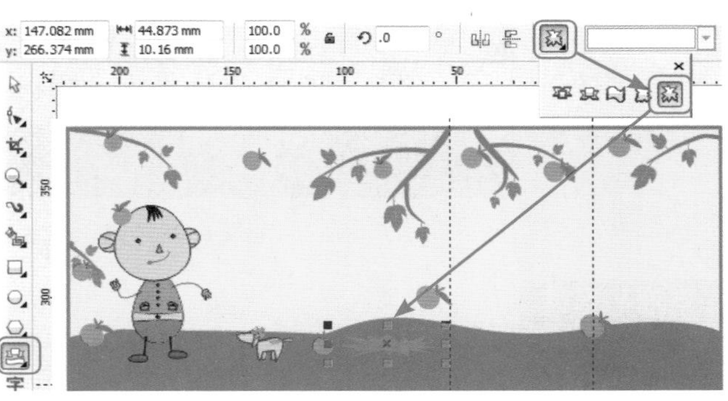

图11-35 绘制形状

STEP35 选择（流程图形状工具），在属性栏中的（完美形状）下拉列表中选择一个形状，在背景上绘制并填充相应的颜色，效果如图11-36所示。

图11-36 绘制形状

STEP36 使用（钢笔工具）在背景处绘制轮廓并填充绿色，效果如图11-37所示。

图11-37 绘制形状

STEP37 使用（文本工具）在背景处相应位置键入需要的文字，并设置与之对应的文字，至此包装主体部分修饰绘制完成，效果如图11-38所示。

图11-38 包装主体部分修饰

制作条形码区域

STEP38 选择（矩形工具），在两根辅助线中间绘制一个矩形，在属性栏中设置“圆角”为5，效果如图11-39所示。

STEP39 选择 (透明度工具)，设置“透明度类型”为“均匀透明度”、“合并模式”为“常规”、“透明度”为31，效果如图11-40所示。

图11-39 绘制圆角矩形

图11-40 设置透明度

STEP40 执行菜单中的“对象/插入条形码”命令，打开“条码向导”对话框，其中的参数设置如图11-41所示。

STEP41 单击“下一步”按钮，其中的参数设置如图11-42所示。

图11-41 设置参数1

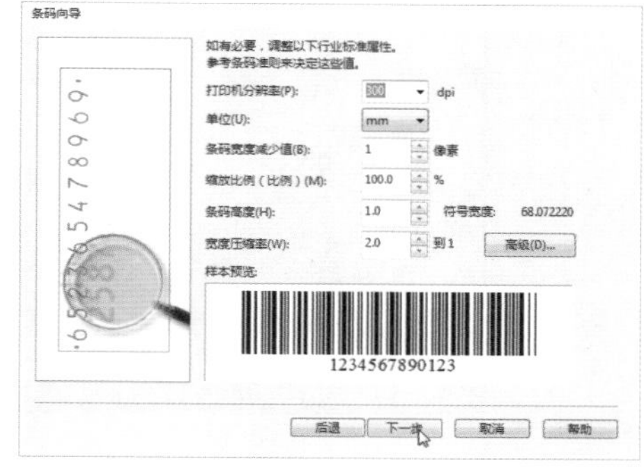

图11-42 设置参数2

STEP42 单击“下一步”按钮，其中的参数设置如图11-43所示。

STEP43 单击“完成”按钮，完成条形码设置，此时文档上会自动插入一个条形码，效果如图11-44所示。

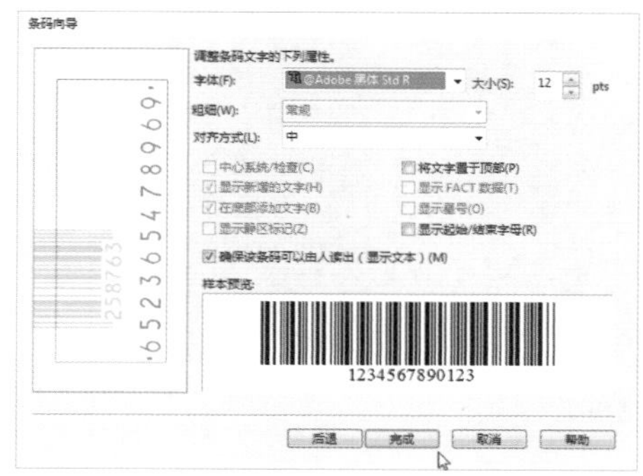

图11-43 设置参数3

图11-44 插入条形码

STEP44 单击将缩放变换框转换为旋转与斜切变换框，将条形码进行-90°旋转，移动到透明圆角矩形上，效果如图11-45所示。

STEP45 使用（钢笔工具）绘制轮廓并填充绿色，效果如图11-46所示。

STEP46 复制小人、小狗和橘子，缩小后移动到相应位置并旋转，效果如图11-47所示。

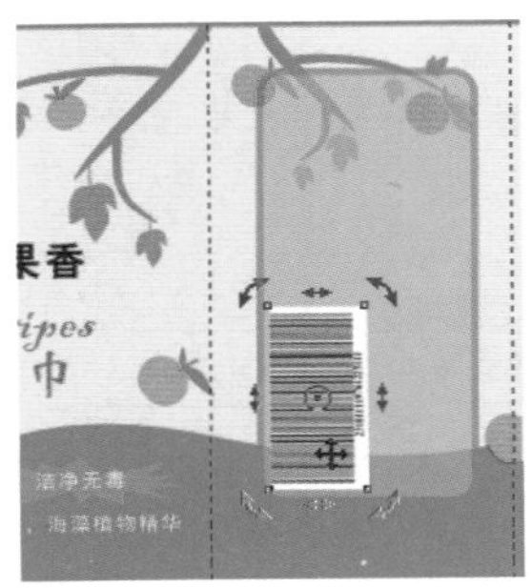

图11-45 旋转条形码

图11-46 绘制轮廓填充绿色

图11-47 复制

STEP47 键入与之对应的文本，绘制5个星形，完成条形码区域的制作，效果如图11-48所示。

图11-48 条形码区域

制作厂家与产品说明

STEP48 使用（矩形工具）在最右侧绘制矩形填充绿色，效果如图11-49所示。

图11-49 绘制矩形

STEP49 选择（透明度工具），设置“透明度类型”为“均匀透明度”、“合并模式”为“常规”、“透明度”为62，效果如图11-50所示。

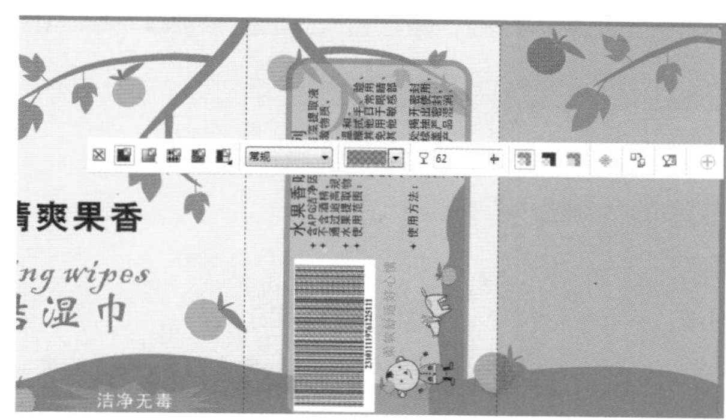

图11-50 设置透明度

STEP50 透明效果制作完毕后，键入公司名称、地址以及产品成分等，至此本例制作完毕，效果如图11-51所示。

图11-51 湿纸巾包装

STEP51 最终效果如图11-52所示。

图11-52 效果图

实例48 酒瓶包装

实例 目的

本实例的目的是让大家了解在CorelDRAW中使用各个工具以及命令相结合制作酒瓶包装的方法。如图11-53所示的效果即为酒瓶包装设计过程。

图11-53 制作流程图

实例 重点

- 调和工具
- 艺术笔描边
- 转换为位图
- 透明度工具

实例 步骤

在该实例的制作过程中，分为制作背景、酒瓶、酒瓶修饰、酒瓶倒影等部分，详细的步骤请扫描右侧的二维码，将电子书推送到自己的邮箱中下载获取，然后进行学习。

本章练习

练习

设计并制作一个化妆品包装，然后为其制作效果图。

第12章

CorelDRAW X7

| 网页设计

网页设计主要讲究的是页面的布局，也就是使各种网页构成要素（如文字、图像、图表、菜单等）在网页浏览器中有效地排列起来。在设计网页页面时，需要从整体上把握好各种要素的布局，利用好表格或网格进行辅助设计。只有充分地利用、有效地分割有限的页面空间，或创造出新的空间，并使其布局合理，才能制作出好的网页。

| 本章重点

- 运动网页界面设计
- 儿童网页界面设计

学习网页设计应对以下几点进行了解：

- 网页设计中的布局分类形式
- 网页的设计制作要求

网页设计中的布局分类形式

设计网页页面时常用的版式有单页和分栏两种，在设计时需要根据不同的网站性质和页面内容选择合适的布局形式，通过不同的页面布局形式可以将常见的网页分为以下几种类型。

- “国”字型：这种结构是网页上使用最多的一种结构类型，是综合性网站常用的版式，即最上面是网站的标题以及横幅广告条，接下来就是网站的主要内容，左右分列小条内容。通常情况下，左侧是主菜单，右侧放友情链接等次要内容，中间是主要内容，与左右一起罗列到底，最底端是网站的一些基本信息、联系方式、版权声明等。这种版面的优点是页面饱满、内容丰富、信息量大；缺点是页面拥挤、不够灵活。

- 拐角型：又称T字型布局，这种结构与上一种相比只是形式上有区别，其实是很相近的，就是网页上边和左右两侧相结合的布局，通常右侧为主要内容，比例较大。在实际运用中还可以改变T布局的形式，如左右两栏式布局，一半是正文，另一半是形象的图像或导航栏。这种版面的优点是页面结构清晰、主次分明，易于使用；缺点是规矩呆板，如果细节色彩上不到位，很容易让人“看之无味”。

- 标题正文型：这种类型即上面是标题，下面是正文，一些文章页面或注册页面多属于

此类型。

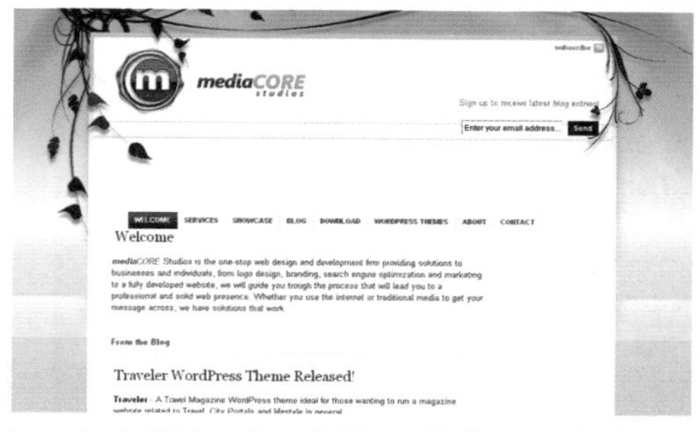

✸ 左右框架型：这是一种分为左右布局的网页，页面结构非常清晰，一目了然。

✸ 上下框架型：与左右框架型类似，区别仅仅是在于上下框架型是一种将页面分为上下结构布局的网页。

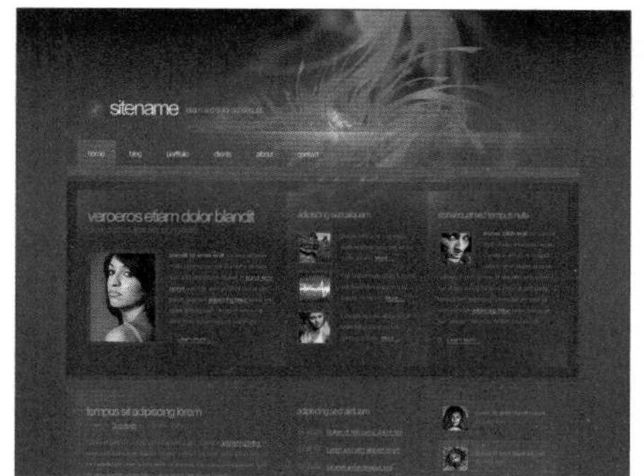

✸ 综合框架型：综合框架型网页是一种将左右框架型与上下框架型相结合的网页结构布局方式。

★ 封面型：这种类型的页面设计一般很精美，通常出现在时尚类网站、企业网站或个人网站的首页，其优点是显而易见、美观吸引人；缺点是速度慢。

★ Flash型：Flash型是目前非常流行的一种页面形式，由于Flash功能的强大，页面所表达的信息更加丰富，且视觉效果出众。

网页的设计制作要求

页面设计通过文字与图像的空间组合，表达出和谐与美感。在设计过程中一定要根据内容的需要，合理地将各类元素按次序编排，使它们组成一个有机的整体，展现给广大的观众。因此在设计中可以依据如下几条原则。

★ 根据网页主题内容确定版面结构。

★ 有共性，才有统一，有细节区别，就有层次，做到主次分明，中心突出。

★ 防止设计与实现过程中的偏差，不要定死具体要放多少条信息。

★ 设计的部分要配合整体风格，不仅页面上各项设计要统一，而且网站的各级别页面也要统一。

★ 页面要“透气”，就是信息不要太过集中，以免文字编排太紧密，可适当留一些空白。但要根据平面设计原理来设计，比如分栏式结构就不宜留白。

★ 图文并茂，相得益彰。注重文字和图片的互补视觉关系，相互衬托，增加页面活跃性。

★ 充分利用线条和形状，增强页面的艺术魅力。

★ 还要考虑到浏览器上部占用的屏幕空间，防止图片截断等造成视觉效果不好。

设计时依据平面设计的基本原理，巧妙安排构成要素进行页面形式结构的设计，要求主题鲜明、布局合理、图文并茂、色彩和谐统一，设计需要能够体现独创性和艺术性。

实例49　运动网页界面设计

实例目的

本实例的目的是让大家了解在CorelDRAW中使用各个工具以及命令相结合制作运动网页界面的方法。如图12-1所示的效果即为运动网页界面设计过程。

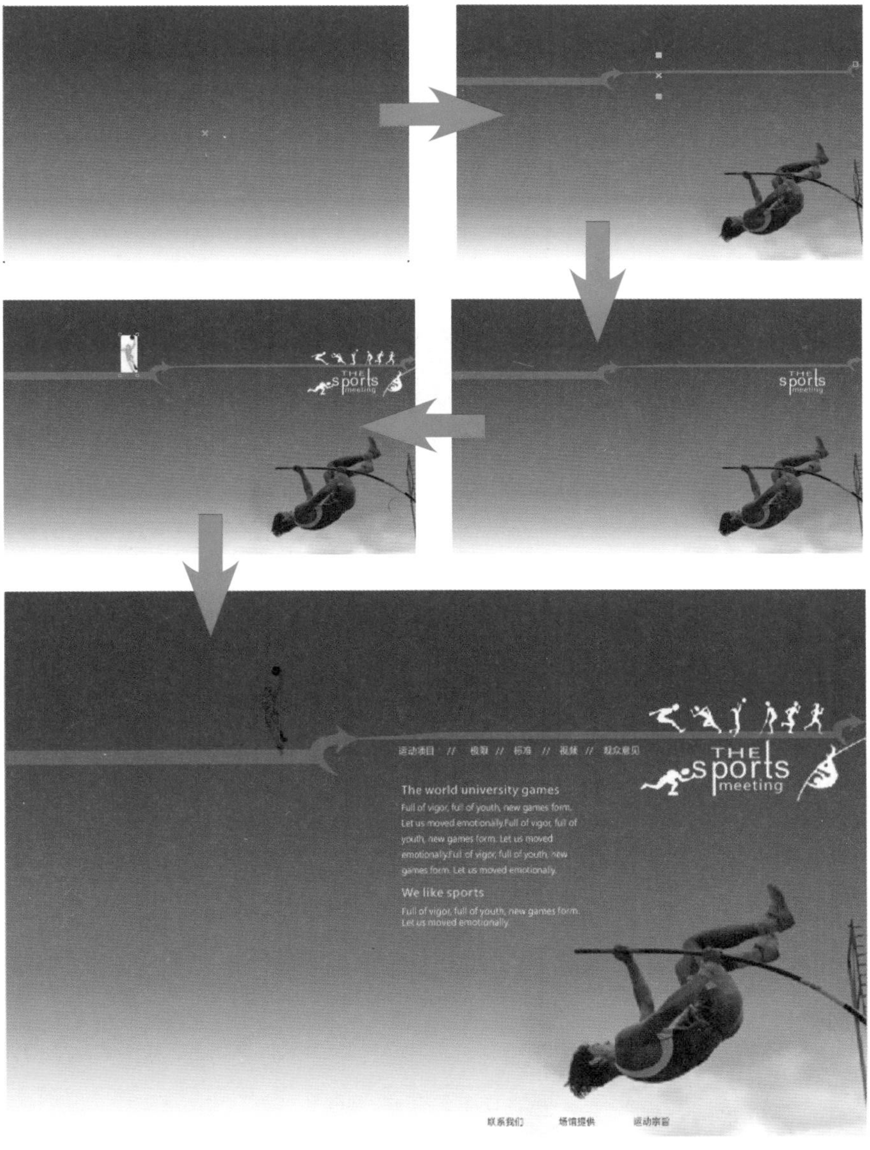

图12-1　制作流程图

实例 重点

- 矩形工具
- 交互式填充工具
- 形状工具
- 透明度工具
- 色度/饱和度/亮度

实例 步骤

制作背景

STEP 1 执行菜单中的“文件/新建”命令，新建一个空白文档，使用□（矩形工具）在文档中绘制一个“宽度”为352mm、“高度”为230mm的矩形，如图12-2所示。

STEP 2 在工具箱中选择（交互式填充工具），打开“编辑填充”对话框，其中的参数设置如图12-3所示。

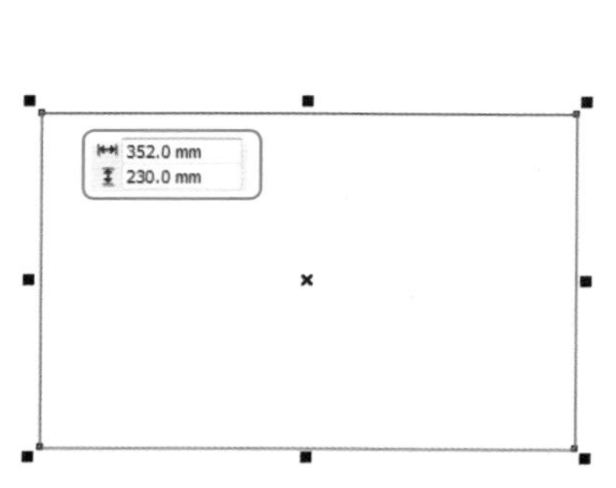

图12-2 绘制矩形

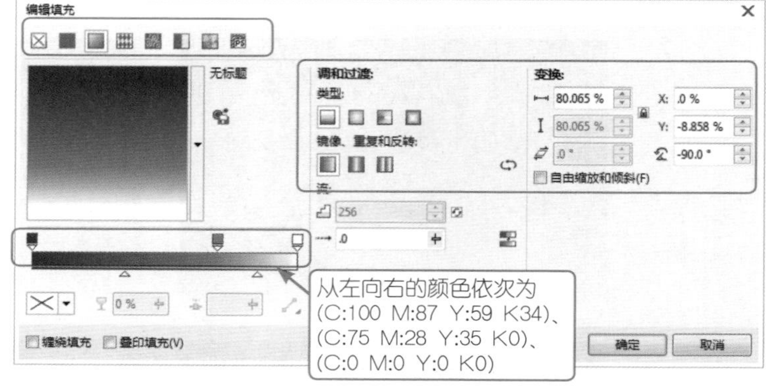

图12-3 “编辑填充”对话框

STEP 3 设置完毕单击“确定”按钮，右击☒（无填充）色块取消矩形的轮廓，此时渐变背景制作完毕，效果如图12-4所示。

图12-4 填充渐变颜色

制作人物与背景混合

STEP 4 导入附赠资源中的“素材/第12章/跳高人物”素材，移入背景上，如图12-5所示。

STEP 5 选择（透明度工具），设置“透明度类型”为“均匀透明度”、“合并模式”为“乘”、“透明度”为0，效果如图12-6所示。

图12-5 导入素材

图12-6 设置透明度

制作修饰与合成文字

STEP 6 使用（贝塞尔工具）结合（形状工具）在背景中上部绘制曲线，如图12-7所示。

图12-7 绘制曲线

STEP 7 在“颜色”泊坞窗中单击“青色”，为曲线填充青色，取消轮廓，如图12-8所示。

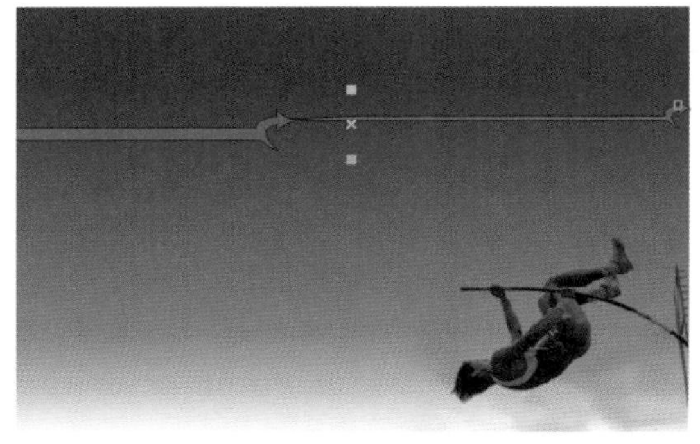

图12-8 填充并取消轮廓

STEP 8 在右上角键入文字，字体选择“微软雅黑”，效果如图12-9所示。

STEP 9 使用（形状工具）选择中间的sports，执行菜单中的“对象/转换为曲线”命令，效果如图12-10所示。

图12-9 键入文字

图12-10 转换为曲线

STEP10 使用（形状工具）框选字母p下面的两个节点，向下按方向键，将其拉长，效果如图12-11所示。

图12-11 拉长文字

STEP11 再使用（形状工具）框选字母t上面的两个节点，向上按方向键，将其拉长，效果如图12-12所示。

图12-12 拉长文字

STEP12 选择文字进行位置上的相应调整，效果如图12-13所示。

STEP13 导入附赠资源中的“素材/第12章/运动人物、运动人物2和运动人物3”，移入背景上，如图12-14所示。

图12-13 调整位置

图12-14 导入素材

STEP14 将导入的素材选取后移动到相应位置，效果如图12-15所示。

STEP15 再次导入“打篮球”素材，移到相应位置，效果如图12-16所示。

图12-15 移动素材

图12-16 导入素材

STEP16 执行菜单中的“效果/调整/色度/饱和度/亮度”命令，打开“色度/饱和度/亮度”对话框，其中的参数设置如图12-17所示。

STEP17 设置完毕单击“确定”按钮，效果如图12-18所示。

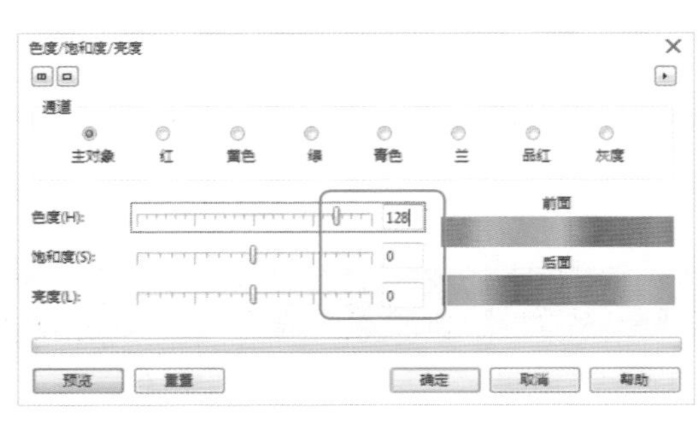

图12-17 “色度/饱和度/亮度”对话框

图12-18 调整色度效果

STEP18 选择（透明度工具），设置“透明度类型”为“均匀透明度”、“合并模式”为“乘”、“透明度”为0，此时修饰语合成文字部分制作完毕，效果如图12-19所示。

图12-19 混合透明

键入文字

STEP19 使用字（文本工具）在背景处相应位置上键入文字，至此本例制作完毕，效果如图12-20所示。

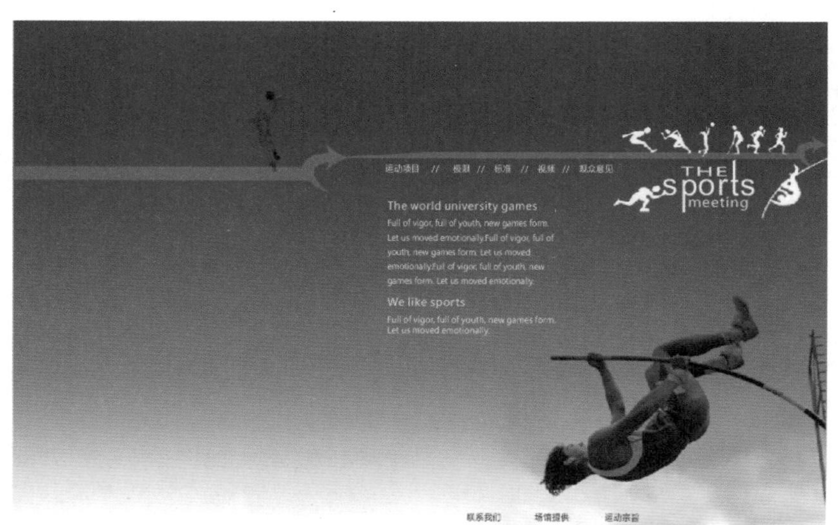

图12-20 最终效果

实例50 儿童网页界面设计

实例 目的

本实例的目的是让大家了解在CorelDRAW中使用各个工具以及命令相结合制作儿童网页界面的方法。如图12-21所示的效果即为儿童网页界面设计过程。

图12-21 制作流程图

实例 重点

- 阴影工具
- 透明度工具
- 矩形绘制圆角矩形

实例 步骤

在该实例的制作过程中，分为制作背景、Logo、导航、文字内容、底部说明等部分，详细的步骤请扫描右侧的二维码，将电子书推送到自己的邮箱中下载获取，然后进行学习。

本章练习

练习

1. 为自己制作一个个人网页。

2. 收集素材制作一个娱乐网页。

习题答案

第1章

1. A　2. A　3. B

第2章

1. B　2. B　3. D　4. C　5. B

第3章

1. D　2. D　3. D　4. B　5. C　6. C

第4章

1. B　2. B

第5章

1. D　2. D　3. B